"十四五"高等职业教育计算机类专业规划教材

OpenStack 云计算基础架构平台应用

陈小中　蒋　熹　冒志建　编著

中国铁道出版社有限公司

CHINA RAILWAY PUBLISHING HOUSE CO., LTD.

内 容 简 介

本书依据教育部《高等职业学校云计算技术与应用专业教学标准》中"云计算基础架构平台应用"课程主要内容和教学要求，结合课程教学实际编写而成，详细阐述了云平台中的计算、网络、存储、服务编排、智能运维等模块中通用技术的关键应用。

全书共包括 12 个项目，按照从基础到应用递进式组织，在各组件讲解环节，兼顾命令行和图形化两类实践环境。内容包括：初识 OpenStack 云平台、体验单节点测试平台、基础环境测试与部署、Keystone 认证服务部署、Glance 镜像服务部署、Nova 计算服务部署、Neutron 网络服务部署、Dashboad 控制界面部署、Cinder 块存储服务部署、Swift 对象存储服务部署、Ceilometer 计量服务部署和 Heat 编排服务部署。本书由浅入深，理实结合，可帮助读者快速掌握 OpenStack 核心功能部署与运维技能。

本书适合作为高等职业院校计算机类专业相关课程的教材，也可供云计算工程师参考使用。

图书在版编目（CIP）数据

OpenStack 云计算基础架构平台应用/陈小中，蒋熹，冒志建编著.—
北京：中国铁道出版社有限公司，2021.6 (2024.11 重印)
"十四五"高等职业教育计算机类专业规划教材
ISBN 978-7-113-27983-7

Ⅰ.①O… Ⅱ.①陈… ②蒋… ③冒… Ⅲ.①云计算－
高等职业教育－教材 Ⅳ.①TP393.027

中国版本图书馆 CIP 数据核字(2021)第 096645 号

书　　名：OpenStack 云计算基础架构平台应用
作　　者：陈小中　蒋　熹　冒志建

策　　划：翟玉峰　　　　　　　　　编辑部电话：（010）51873135
责任编辑：翟玉峰　彭立辉
封面制作：曾　程
责任校对：苗　丹
责任印制：赵星辰

出版发行：中国铁道出版社有限公司（100054，北京市西城区右安门西街 8 号）
网　　址：https:// www.tdpress.com/51eds
印　　刷：三河市兴博印务有限公司
版　　次：2021 年 6 月第 1 版　2024 年 11 月第 5 次印刷
开　　本：787 mm×1 092 mm　1/16　印张：19.75　字数：506 千
书　　号：ISBN 978-7-113-27983-7
定　　价：52.00 元

近年来，云计算因其资源整合、成本控制、灵活扩展等创新优势，备受不同行业和企业关注，并已成为当下众多智能应用落地的重要基石。基础架构作为云计算的平台基础和重要组成部分，为上层应用提供资源支撑。作为众多机构和服务提供商的战略选择，OpenStack 开源项目已公认为当前云计算基础架构平台的事实开放标准，其核心被广泛应用于主流 IT 厂商云计算产品。此外，OpenStack 也是教育部发布的"1+X"证书考核部分。"万物互联、万物上云"时代，迫切需要大量云计算技术人才，尤其是熟练掌握 OpenStack 基础架构平台规划、部署和运维管理新技术的高技能型人才。

OpenStack 作为云计算领域最大的开源项目，结构复杂、内容繁多，官网参考文档无法满足初学者快速入门的要求；目前国内市场上虽有不少 OpenStack 相关图书，但写作水平参差不齐，适用于高职层次教程的不多。最关键的是，现有教材和相关课程资源库大都基于较低版本编写，内容略显陈旧，无法介绍 OpenStack 新功能和前沿技术。因此，为确保相关专业学生云计算基础架构平台应用实战技能的培养质量，建设适合于高职层次学生认知规律的项目式新型实践教材迫在眉睫。

本书基于新版（T版）OpenStack，以官方在线文档为指导，以关键模块架构分析和项目开发为主线，通过 OpenStack 典型组件和若干典型项目，详细阐述云平台中的计算、网络、存储、服务编排、智能运维等模块中通用技术的关键应用，适合于高职云计算及相关专业基础架构平台教学，适应新技术发展需求。

在体例格式设计方面，采用由浅入深、理实结合、项目贯穿策略，帮助读者快速理解和掌握 OpenStack 核心功能部署与运维技能，解决高职院校云计算技术或相关专业云计算架构搭建与应用教学需求，带领读者快速走入 OpenStack 云平台建设与运维环境。

在教材内容选取和组织方面，从云计算实际生产应用出发，以教育部"1+X"证书"云服务操作管理职业技能等级标准""云计算开发与运维职业技能等级标准""云计算中心运维服务职业技能等级标准"（以下简称"X"证书）为指导，以云平台基础架构平台安装、实施和运维环节工作为基线，组织理论和实践内容，充分体现高职高专技术技能型人才培养的实践性。

概括而言，本书编写主要思路和特点包括以下几点：

1. 有机融入课程思政元素

贯彻落实立德树人根本任务，本书将国家战略安全、精益求精的大国工匠精神、科技报国的家国情怀和使命担当等思政元素，通过选取合适的案例和内容并有机地融入教材，引导读者树立正确的人生观和价值观。

2. 对标云计算"X"证书

开发团队联合深度合作企业，广泛深入开展云计算应用调研，准确定位典型技术需求，对标教育部的云计算相关"X"证书，确保教材内容与企业生产环境基本一致、主流技术方向等高度契合，有助于读者适应典型岗位工作环境。

3. 任务驱动式项目化实施

提炼企业真实项目典型案例，面向基础架构平台建设、实施与运维岗位，以"项目为载体、任务为驱动"思路组织教材。遵循高职学生学习认知规律，有效结合"任务目标、实施细则和任务验收"等岗位流程与环节，做到知识、技能训练有针对性，任务目标操作具体化，项目管理突显规范性。

4. 实践教学资源配套完善

OpenStack 结构复杂、模块众多。结合当下高职学生特质和学情，将云平台基础架构按照功能模块和组件进行解剖，按照项目和组件之间的关联与耦合，由简单到复杂，结合实际项目建设流程，设计大量实践内容，同时融入必要的技术原理，使得读者能自然地将理论和实践学习有机融合。此外，基于虚拟机方式部署实践环境，实践层面设计开发大量图形和命令行界面实践资源和视频教学资源，便于读者随时随地进行实践练习，进而理解功能原理、掌握系统部署实践技能。限于教材篇幅，本书体例格式中未包含习题，课程题库和脚本程序作为配套资源提供给读者。

本书由常州工程职业技术学院云计算教学团队组织编写，由陈小中、蒋熹、冒志建编著。感谢江苏省"青蓝工程"项目资助。感谢腾讯新工科项目总经理郭永、腾讯云华东运营总监曾理、联想教育经理解明玲、南京机敏科技有限公司副总经理王珞乐、江苏首创高科信息工程技术有限公司高级工程师印军等企业专家和专业技术人员的大力支持。

由于时间仓促，编者水平所限，书中难免存在疏漏和不妥之处，恳请读者不吝赐教。

编　者

2021 年 1 月于江苏常州

目　录

项目一

→ 初识 OpenStack 云平台

在全球公有云市场，亚马逊 AWS、微软 Azure、谷歌 Cloud 等起步早，技术相对成熟、领先，占比较高已成为不争的事实。然而，在日益复杂的国际环境下，依赖国外云系统的网络、服务器、存储等平台处理和存储数据，无疑存在很大的信息安全风险。因此，从国家信息战略角度而言，大力发展国家"新基建"中的云计算产业意义重大，建设和发展国内云计算平台和系统尤为重要。可喜的是，近年来，阿里云、腾讯云、电信云、华为云等发展势头迅猛，其功能和服务日益成熟和完善；云计算产业的发展需要大量的技术支持人员。因此，作为云计算相关专业未来从业者，应该努力钻研技术，有勇挑云平台建设和系统运维重担、为服务国家战略发展、数字经济转型贡献力量的决心和能力。

本项目通过知识讲解、参阅资料和校园网数据中心参观等形式，带领读者学习云计算技术发展、特征、功能以及应用等内容，初步了解 OpenStack 平台框架结构及其组件。通过本项目中两个典型工作任务的学习，初学者能初步了解 OpenStack 云计算平台。

学习目标

- 了解云计算的特征、分类、功能；
- 了解园区网络中数据中心设施与环境；
- 了解 OpenStack 的发展与框架；
- 了解 OpenStack 系统的核心组件。

任务一　初识云计算

任务描述

云计算技术与应用专业毕业生小王刚入职常工公司助理工程师岗位后，公司计划将原有物理机服务器系统升级为云计算系统。公司部门主管要求小王对云计算相关应用做初步调研，了解云计算服务模式、基本特征、分类以及实际数据中心云平台的应用现状，为后续公司云计算系统部署做好平台选型、方案制定、部署实施等技术储备。

知识准备

一、云计算概述

云计算（Cloud Computing）概念在 2006 年 8 月的搜索引擎会议上被首次提出，云计算的核心是将资源协调在一起，使用户通过网络就可以获取无限的资源并且不受时间和空间的限制，为用户提供一种全新的体验。云计算已成为继互联网、计算机后信息时代的又一种革新（互联网第三次革命）。

云计算是一种按使用量付费的模式（资源服务模式），该模式可以实现随时随地、便捷按需地从可配置资源共享池中获取所需的资源。云计算，一种简单的理解就是网络计算。用户不再需要了解"云"中基础设施的细节，就可以按需通过网络共享软硬件资源和信息。对于一名用户，提供者提供的服务所代表的网络元素都是看不见的，仿佛被云掩盖。图 1-1 所示为云计算典型架构。

中小型企业信息化环境中，通常需要存储企业运营数据、部署库存、采购进货、销售、财务、人力资源、生产等管理系统。普通 PC 的运算性能有限，难以满足多个复杂业务系统的需求，因此，通常部署运算能力更强的主机——服务器（Server）。但对于大型企业，一台服务器显然是不够的，比如 Google 拥有上百万台服务器，通常需要建立一个数据中心（IDC）。如图 1-2 所示，在数据中心，众多机架上部署着大量服务器，服务器数量越多，业务处理能力越强；同时，大量服务器设备同时运转相当耗能，为了散热，需要部署空调等设备。因此，对于中小型企业而言，独立建立数据中心成本较高。

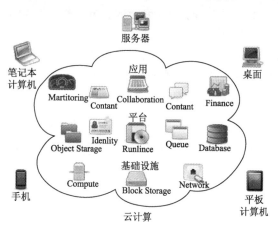

图 1-1　云计算典型架构

图 1-2　数据中心视图

如果能将机房设备维护、管理与软件升级交给专人处理，根据自身的需求量租借空间与服务，像水电一样，随时按需供应计算、服务和应用等资源，则可省去许多麻烦。云计算应运而生，云服务提供商通过付费租用方式，将计算、网络、存储、安全等资源通过高速网络提供给普通用户使用，并负责 IDC 硬件和软件系统的运维。

二、服务模式

云计算主要包括三种服务类型：基础设施即服务（IaaS）、平台即服务（PaaS）和软件即服务（SaaS）。IaaS 提供商提供虚拟化计算资源，如虚拟机、存储、网络和操作系统。PaaS 提供商通过互联网为开发人员提供构建应用程序和服务的平台。SaaS 则是通过互联网为用户提供按需软件付费应用程序。

单独去理解三个级别服务，往往难度较大。下面通过一个简单的生活中的例子（制作比萨）类比三种服务，如图 1-3 所示。

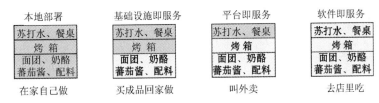

图 1-3　吃比萨类比云服务

某人要能吃到比萨，可以采用 4 种方式：

在家自己做比萨，类似于在本地部署服务器系统，需要采购所有原材料，厨艺水平（运维水平）直接影响最终效果。买好成品比萨回家自己做，类似于 IaaS，只需要从比萨店里买回成品，自己需要回家烘焙，提供餐桌，与自己在家做不同，需要一个比萨供应商。打电话叫外卖将比萨送到家中，比萨就送到家门口，用户只要提供餐桌等即可使用。去比萨店里吃比萨，用户什么都不需要准备，连餐桌也是比萨店里的，服务最全面。

对于一家云服务提供商，拥有硬件基础设施、软件应用等，可以简单地分为三层：基础设施（Infrastructure）、平台（Platform）和软件（Software），层次结构如图 1-4 所示。云计算的三个分层，基础设施在最下层，平台在中间，软件在顶层，分别代表基础设施作为服务（IaaS）、平台作为服务（PaaS）、软件作为服务（SaaS），其他一些"软"的层可以在这些层上面添加，如图 1-5 所示。

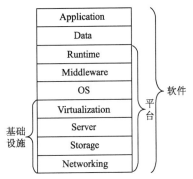

图 1-4　云计算系统分层组件

IaaS 就是出租服务器、存储和网络设备，让租用者初期不必花大价钱购买硬件设备，也更加弹性，业务增长时增加租用量，业务下降时减少租用量。

PaaS 是在 SaaS，也就是线上软件之后兴起的一种新构架，它提供完整的云端开发环境，意味着软件开发者无须本地安装开发工具，直接在远端进行开发，这不但节省了开发者的成本和时间，且加快了产品上线时间。

SaaS 是软件放在云端，用户需要的时候可上网通过浏览器或客户端线上使用软件，不必本地下载再安装，比如人们经常使用的 Evernote、iCloud、Hotmail、Office 365 等。不只是计算机，手机也可以登入同一服务，实时同步。

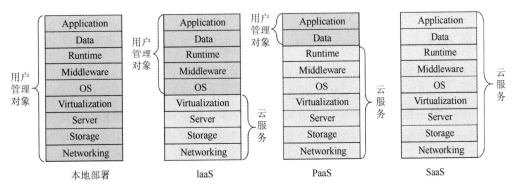

图 1-5　本地部署及云计算三类服务结构

三、特点与分类

（一）云计算特征

简而言之，云计算就是要让信息服务像水、电和气等公共设施一样，通过网络灵活地按需提供计算、存储、应用等资源，从而方便广大用户的生产与生活，激发创新与商业发展。其主要特点包括：

（1）按需部署：根据用户的需求快速配备计算能力及资源分配。

（2）自助服务：消费者不需要或很少需要云服务提供商协助，即可单方按需获取云端的计算资源。

（3）资源池化：供应商的资源被池化，以多用户租用模式被不同客户使用。只有池化才能根据消费者需求动态分配或再分配各种物理和虚拟资源。消费者通常不知道正在使用的计算资源的确切位置。

（4）快速伸缩：资源可以弹性部署和释放。消费者能方便、快捷地按需获取和释放计算资源。简言之，需要时能快速获取资源从而扩展计算能力，不需要时能迅速释放资源以便降低计算能力，从而减少资源的使用费用。对于消费者来说，云端的计算资源是无限的，可以随时申请并获取任何数量的计算资源。对于投资巨大的工程，也不一定具备超大规模的运算能力。其实一台计算机就可以组建一个最小的云端，云端建设方案务必采用可伸缩性策略，刚开始是采用几台计算机，然后根据用户数量规模来增减计算资源。

（5）可靠性高：服务器故障也不影响计算与应用的正常运行。

（6）计费服务：消费者使用云端计算资源是要付费的，付费的计量方法有很多，比如根据某类资源（如存储、CPU、内存、网络带宽等）的使用量和时间长短计费，也可以按照使用次数来计费。但不管如何计费，对消费者来说，价码要清楚，计量方法要明确。而服务提供商需要监视和控制资源的使用情况，并及时输出各种资源的使用报表，做到供/需双方费用结算清楚、明白。

（二）云系统分类

云系统的最终落地实现依赖于云平台。从技术应用角度划分，云平台主要包括三类：以数据存储为主的存储型云平台、以数据处理为主的计算型云平台、计算和存储兼顾的综合型云平台。

按照平台是否收费，主要划分为两类：一类是开源云平台，如 AbiCloud、Hadoop、Eucalyptus、MongoDB、OpenStack；另一类是商业化云平台，如 Google、IBM、Oracle、Amazon、阿里云等。

四、部署模式

针对不同需求和解决方案，云计算的部署模型主要包括以下四种：

（1）私有云：其核心特征是云端资源通常仅给一个单位组织内的用户使用。云端的所有权、日程管理和操作的主体一般是本单位。云端可能位于本单位内部，也可能托管在其他地方。

（2）社区云：云端资源专门给固定的几个单位内的用户使用，这些单位对云端具有相同的诉求。云端的所有权、日常管理的操作主体可能是本社区内的一个或多个单位，也可能是社区外的第三方机构，还可能是二者的联合。云端可能部署在本地，也可能部署于他处。

（3）公有云：云端资源开发给社会公众使用。云端的所有权、日常管理和操作的主体可以是一个商业组织、学术机构、政府部门或者其中的几个联合，如阿里云、腾讯云等。云端一般属于不同区域。

（4）混合云：由两个或两个以上不同类型的云（私有云、社区云、公共云）组成，它们各自独立，但用标准的或专有的技术组合起来，这些技术能实现云之间的数据和应用程序的平滑流转。由多个相同类型的云组合在一起，混合云属于多云的一种。私有云和公共云构成的混合云是目前最流行的——当私有云资源短暂性需求过大时，自动租赁公共云资源来平抑私有云资源的需求峰值。例如，网店在节假日期间点击量巨大，这时就会临时使用公共云资源应急。

任务实施

一、了解私有云应用

任务实施目标：

参观高校校园网数据中心，初步认识数据中心主要设施环境，了解数据中心 IDC 内设备、功能及其应用情况。

参观所在单位或者学校的网络数据中心，了解主要设备、环境、典型需求以及应用服务的使用情况，了解设备和系统的管理模式。

二、了解公有云应用

任务实施目标：

登录阿里和腾讯云官网，了解公有云产品及解决方案。

（1）登录阿里云官方网站（http://www.aliyun.com），了解阿里云提供的公有云云计算服务功能与应用场景。

（2）登录腾讯云官方网站（http://cloud.tencent.com），了解腾讯云提供的公有云产品与解决方案。

任务验收

（1）简要描述"云计算"的概念、发展历史和系统的优势。

（2）对比描述 IaaS、PaaS、SaaS 服务功能和特点。

（3）对比描述公有云、私有云、混合云的特点及其应用场合。

（4）简述数据中心（IDC）主要设备和环境设施。

（5）简述阿里云和腾讯云的主要服务功能及租用方式。

任务二 初识 OpenStack

任务描述

考虑到公司即将采用开源系统 OpenStack 部署公司私有云基础架构平台，部门主管要求云计算助理工程师小王通过查阅相关资料，初步了解 Openstack 的架构、起源、功能、核心组件和版本。

📖 知识准备

自从 2010 年由 NASA 和 Rackspace 首次推出 Openstack 以来，本书编著时，已经推出了 22 个版本。OpenStack 社区于 2020 年 10 月发布了最新的版本 Victoria（简称 V 版本），考虑到版本稳定性与先进性，在本书中使用第 20 个版本 Train（简称 T 版）。

一、OpenStack 架构

2010 年，OpenStack 作为 Rackspace Hosting 和 NASA 的联合项目，后来成为一个自由和开放源代码软件平台，由 OpenStack Foundation 管理。OpenStack Foundation 是一家于 2012 年 9 月成立的非营利性公司实体，旨在推广 OpenStack 软件及其社区。截至 2016 年，超过 500 家公司加入了该项目。OpenStack 作为一个云操作系统，通过数据中心可控制大型的计算、存储、网络等资源池。所有的管理通过前端界面管理员就可以完成，同样也可以通过 Web 接口让最终用户部署资源。OpenStack 主要提供云计算 IaaS，其逻辑架构如图 1-6 所示。

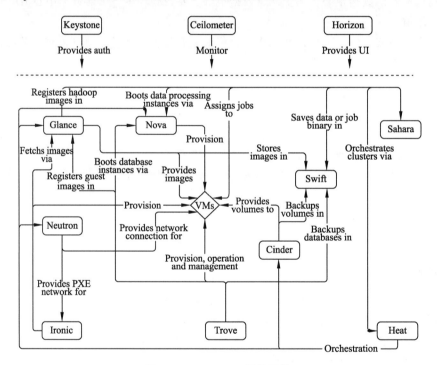

图 1-6　OpenStack 逻辑架构

二、核心项目

OpenStack 由多个独立子项目（或组件）构成，有效降低组件间的耦合性，项目间的关联如图 1-7 所示。核心服务组件主要包括：

（1）认证服务（Identity Service）：提供其余所有组件的认证信息/令牌的管理、创建、修改等，使用 MySQL 作为统一的数据库。

（2）镜像服务（Image Service）：提供了对虚拟机部署时所能提供的镜像管理，包含镜像的导入、格式，以及制作相应的模板。

（3）计算服务（Compute）：负责维护和管理云计算资源，维护和管理计算和网络。

（4）网络服务（Network）：提供了对网络节点的网络拓扑管理，同时提供 Neutron 在 Horizon 的管理面板。

（5）Web 界面服务（Dashboard）：提供了以 Web 形式对所有节点的所有服务的管理。

（6）块存储服务（Block Storage）：为运行实例提供稳定的数据块存储服务。

（7）对象存储（Object Storage）：为 Glance 提供镜像存储和卷备份服务。

（8）测量（Metering）：提供对物理资源及虚拟资源的监控，并记录这些数据，对该数据进行分析，在一定条件下触发相应动作。

（9）部署编排（Orchestration）：提供了基于模板来实现云环境中资源的初始化，依赖关系处理、部署等基本操作，也可以解决自动收缩，负载均衡等高级特性。

（10）数据库服务（Database Service）：提供可扩展和可靠的关系和非关系数据库引擎服务。

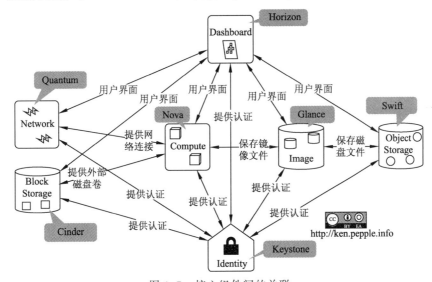

图 1-7　核心组件间的关联

此外，核心组件间的交换需要多个共享服务组件。例如：

（1）数据库服务（Database Service）Mariadb 及 Mongodb。

（2）消息传输（Message Queues）RabbitMQ。

（3）缓存（Cache）Memcached。

（4）时间同步（Time Sync）ntp。

（5）存储（Storge Provider）ceph、GFS、LVM、ISICI 等。

（6）高可用及负载均衡 pacemaker、HAproxy、keepalived、lvs。

三、节点部署

整个 OpenStack 由控制节点、计算节点、网络节点、存储节点四部分组成。四个节点也可以安装在一台机器上，即单机部署。其中：

（1）控制节点：负责对其余节点的控制，包含虚拟机建立、迁移、网络分配、存储分配等。

（2）计算节点：负责虚拟机运行。

（3）网络节点：负责对外网络与内网络之间的通信。

（4）存储节点：负责对虚拟机的额外存储管理。

任务实施

任务实施目标：

阅读教材和查阅国内外在线资源，进一步了解 OpenStack 平台架构与功能。如果直接阅读英文网站存在一定困难，请参考中文网站，初步了解 OpenStack。

参考学习网站主要包括：

（1）OpenStack 官网 https://www.openstack.org/。

（2）OpenStack 官方文档库 https://docs.openstack.org/train/。

（3）OpenStack 中文文档库 https://docs.openstack.org/zh_CN/。

（4）华为鲲鹏云平台解决方案 https://support.huaweicloud.com/dpmg-kunpengcpfs/kunpengopenstacksteinhybrid_04_0093.html。

（5）OpenStack 中文社区 https://www.openstack.cn/。

任务验收

（1）复述 OpenStack 的起源和主要功能。

（2）复述 OpenStack 的版本进化及最新版本。

（3）简单描述 OpenStack 的核心业务模块，如 keystone、nova、glance、neutron。

项目二

→ **体验单节点测试平台**

如今，大数据、人工智能等新技术的落地应用，正推动着我国互联网产业和数字经济的迅猛发展，彻底改变了人们的生活和消费方式。大量智慧应用成功落地，离不开幕后英雄——云计算技术。人们日常使用的平台，如淘宝双十一活动、12306 铁路售票、百度网盘等的顺利运行都需要大量计算、存储和网络资源。显然，单个或者多个服务器无法满足该需求。云计算应运而生，其显著特点在于提供强大可靠的资源和服务。为避免早期双十一网购支付系统"瘫痪"、网盘数据丢失等严重事件的再次发生，需要提供更高可靠、安全和可用的云系统。因此，云计算从业者不仅仅是对云服务商或企业的系统和设备的构建与运维，更重要的是为数字经济和人们的智能生活提供高效服务。

鉴于云系统平台结构相对复杂，本项目通过 OpenStack 测试环境的一键部署，让读者对 OpenStack 架构及主要应用有直观认识，便于后续功能独立的多节点部署中相关概念的理解。

学习目标

- 能熟练安装部署 CentOS 7 系统环境；
- 能参考文档配置 yum 网络源和本地源；
- 能利用 RDO 方式一键安装 OpenStack；
- 能参考文档创建、访问云主机实例。

任务一　单节点环境一体化部署

任务描述

公司业务主管要求云计算助理工程师小王基于 VMware Workstation 虚拟机环境新建主机，通过国内网易 yum 源或者本地源，采用 PackStack 方式，完成 OpenStack Train 版本一键安装。

虚拟机最低配置要求和相关信息如表 2-1 和表 2-2 所示。

视频

一键部署环境介绍

表 2-1　虚拟机最低配置要求

硬　　件	详　细　信　息
CPU	支持 Intel 64 或者 AMD64 CPU 扩展，并启用虚拟化，逻辑 CPU 个数 4 核
内存	6 GB
磁盘	30 GB
网络	1 Gbit/s 网卡

表 2-2　主机配置信息

主　机　名	IP 地址	角　　色	备　　注
train	192.168.154.101	安装 Openstack T 版默认组件	网卡使用 NAT 或桥接方式接入网络

知识准备

一、虚拟机网络模式

VMware 为用户提供了三种网络工作模式：Bridged（桥接模式）、NAT（网络地址转换模式）、Host-Only（仅主机模式）。打开 VMware 虚拟机，可以在选项栏"编辑"下的"虚拟网络编辑器"中看到对应的虚拟网卡：VMnet0（桥接模式）、VMnet1（仅主机模式）、VMnet8（NAT 模式）。

（一）桥接模式

桥接模式是将主机物理网卡与虚拟机网卡连接在同一个真实网络中，即将虚拟机连接至主机所在的物理网络，因此，虚拟机网卡需要配置与主机物理网卡同网段 IP 地址和网关。

（二）仅主机模式

Host-Only 模式下，虚拟机与外网隔开，只能与宿主机通信，其网卡与主机中 VMnet1 同网段。

（三）NAT 模式

NAT 模式下，虚拟机所在网络类似于内网，主机物理网卡所在网络类似于外网，虚拟机访问外网时，通过 NAT 技术实现内网地址转换为外网地址。在物理网络中，无法直接访问虚拟机信息。

二、RDO 安装方式

Packstack 是 RDO 的 OpenStack 安装工具，用于取代手动设置 OpenStack。PackStack 基于 Puppet 工具部署 OpenStack 各组件。PackStack 工具的基本用法如下：

packstack [选项] [--help]

--gen-answer-file=GEN_ANSWER_FILE：产生应答文件模板。

--answer-file=ANSWER_FILE：依据应答文件的配置信息以非交互模式运行该工具。

--install-hosts=INSTALL_HOSTS：在一组主机上一次性安装，主机列表以逗号分隔。

--allinone：所有功能集中安装在单一主机上。

相比 DevStack，PackStack 更适合于多节点大规模系统，适用于生产环境和 OpenStack 运维人员，详细方法读者可自行参阅其他资料。

任务实施

一、安装环境准备

任务实施目标：

在 VMware Workstation 15 或以上版本中创建虚拟机，采用最小化方式安装 64 位 CentOS 7.6 系统。

（一）创建虚拟机

依据表 2-1 要求，创建虚拟机，结果如图 2-1 所示。

图 2-1　CentOS 虚拟机参数设置

注意

CPU 必须选中"虚拟化 Inter VT-x/EPT 或 AMD-V/RVI（V）"。

（二）安装 Centos 系统

（1）采用最小化安装 CentOS 7.6，使用英语版本，其他均使用默认设置。

（2）查看 CentOS 版本：cat /etc/centos-release；查看 Linux 内核版本：uname –a。

二、网络与主机配置

任务实施目标：

完成 CentOS 7 系统初始化配置，为后续安装提供基础环境。

（一）修改主机名

（1）修改主机名为 train。执行命令：

```
hostnamectl set-hostname train
```

（2）查看主机名。执行命令：

```
bash;hostname
cat/etc/hostname
```

视频

网络与主机配置

（二）配置网卡

（1）配置网卡信息：

vi /etc/sysconfig/network-scripts/ifcfg-ens33，完成以下配置：

```
[root@train ~]# cat /etc/sysconfig/network-scripts/ifcfg-ens33
TYPE="Ethernet"
PROXY_METHOD="none"
BROWSER_ONLY="no"
BOOTPROTO="none"
DEFROUTE="yes"
IPV4_FAILURE_FATAL="no"
NAME="ens33"
UUID="eb55ef57-3e04-492a-a6d4-acc1fedc4a15"    #注意 UUID 为随机值。
DEVICE="ens33"
ONBOOT="yes"
```

```
IPADDR="192.168.154.101"
PREFIX="24"
GATEWAY="192.168.154.2"
DNS1="192.168.154.2"
```

（2）重启网络服务：

```
systemctl restart network
```

（3）验证网卡信息：

```
[root@train ~]# ifconfig
ens33: flags=4163<UP,BROADCAST,RUNNING,MULTICAST>  mtu 1500
        inet 192.168.154.101  netmask 255.255.255.0  broadcast 192.168.154.255
        inet6 fe80::20c:29ff:feb4:6da5  prefixlen 64  scopeid 0x20<link>
        ether 00:0c:29:b4:6d:a5  txqueuelen 1000  (Ethernet)
        RX packets 414  bytes 43281 (42.2 KiB)
        RX errors 0  dropped 51  overruns 0  frame 0
        TX packets 261  bytes 43896 (42.8 KiB)
        TX errors 0  dropped 0 overruns 0  carrier 0  collisions 0
```

（三）关闭防火墙和网络管理

（1）关闭和禁止启动防火墙：

```
systemctl disable firewalld
systemctl stop firewalld
```

（2）关闭和禁止启动 NetworkManager：

```
systemctl disable NetworkManager
systemctl stop NetworkManager
```

（3）查看 firewalld 和 NetworkManager 状态：

systemctl status firewalld NetworkManager，如图 2-2 所示。

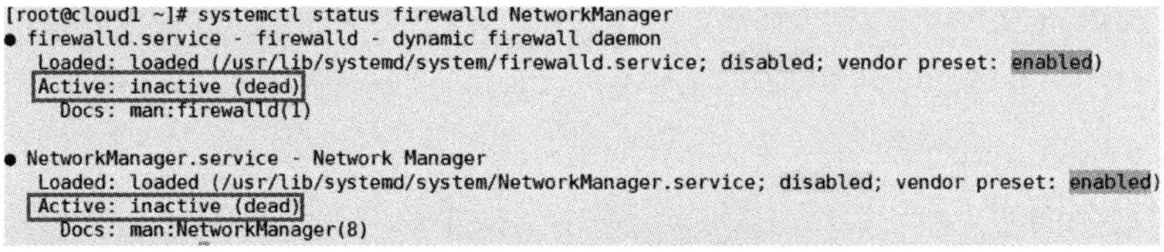

图 2-2　防火墙和管理网络关闭状态

```
[root@train ~]# systemctl status firewalld NetworkManager
● firewalld.service - firewalld - dynamic firewall daemon
   Loaded: loaded ( /usr/lib/systemd/system/firewalld.service; disabled;
vendor preset: enabled )
   Active: inactive (dead)
     Docs: man:firewalld (1)
● NetworkManager.service - Network Manager
   Loaded:loaded (/usr/lib/systemd/system/NetworkManager.service; disabled;
vendor preset: enabled )
   Active: inactive (dead) since Wed 2020-07-15 04:21:22 CST; 15h ago
     Docs: man:NetworkManager (8)
 Main PID: 818 (code=exited, status=0/SUCCESS )
```

（4）关闭 SELINUX：

```
setenforce 0
getenforce
```

vi /etc/selinux/config，完成以下配置：

```
SELINUX=disabled
```

（四）修改主机记录

vi /etc/hosts，增加以下记录：

```
192.168.154.101  train
```

📖 **经验提示**：如果 hosts 未配置或者配置错误，将导致后续自动化安装报错。

（五）更改语言编码

对于非英语版本，vi /etc/environment，插入以下内容：

```
LANG=en_US.utf-8
LC_ALL=en_US.utf-8
```

三、网络源配置

任务实施目标：

安装 OpenStack 和 repo 源，修改 yum 源为 163 源，提高 yum 安装稳定性和速度。

视 频

国内源配置

（一）安装 OpenStack 源

安装 yum 源：

```
yum install centos-release-openstack-train -y
```

（二）修改为国内源

（1）查看 yum 源列表：

```
cd /etc/yum.repos.d/;ll
total 52
-rw-r--r--. 1 root root 1664 Nov 23  2018 CentOS-Base.repo
-rw-r--r--. 1 root root  956 Jun 19  2019 CentOS-Ceph-Nautilus.repo
-rw-r--r--. 1 root root 1309 Nov 23  2018 CentOS-CR.repo
-rw-r--r--. 1 root root  649 Nov 23  2018 CentOS-Debuginfo.repo
-rw-r--r--. 1 root root  314 Nov 23  2018 CentOS-fasttrack.repo
-rw-r--r--. 1 root root  630 Nov 23  2018 CentOS-Media.repo
-rw-r--r--. 1 root root  717 Mar 23 22:42 CentOS-NFS-Ganesha-28.repo
-rw-r--r--. 1 root root 1290 Oct 22  2019 CentOS-OpenStack-train.repo
-rw-r--r--. 1 root root  612 Feb  1  2019 CentOS-QEMU-EV.repo
-rw-r--r--. 1 root root 1331 Nov 23  2018 CentOS-Sources.repo
-rw-r--r--. 1 root root  353 Jul 31  2018 CentOS-Storage-common.repo
-rw-r--r--. 1 root root 5701 Nov 23  2018 CentOS-Vault.repo
```

（2）编辑 CentOS-OpenStack-train.repo，修改 baseurl，修改配置

将第 8 行 baseurl=http://mirror.centos.org/$contentdir/$releasever/cloud/$basearch/openstack-train/

修改为：baseurl= http://mirrors.163.com/centos/7.9.2003/cloud/x86_64/openstack-train/。

（3）更新缓冲：

```
yum clean all
yum makecache
yum repolist
```

📖 **经验提示**：除网易外，常用国内 OpenStack 源还包括北南邮、上海交大源，读者可以自行设置。

南邮：https://mirrors.njupt.edu.cn/centos/7/cloud/x86_64/。

上海交大：http://ftp.sjtu.edu.cn/centos/7/cloud/x86_64/。

四、本地源部署

任务实施目标：

部署本地 pip 源和 yum 源；实现离线软件安装包安装、离线源代码安装，提高系统安装稳定性和速度。

注意

本例采用独立 yum 源主机（虚拟机部署），配置为：1 核 CPU、1 GB 内存、30 GB 硬盘、NAT 上网（192.168.154.100）。

提示

（一）～（四）步在 yum 源主机上部署。

（一）软件安装

```
yum clean all
yum makecache
yum -y install vim reposync createrepo yum-utils httpd net-tools
yum -y install centos-release-openstack-train
ls -l /etc/yum.repos.d/
yum repolist
```

（二）同步本地

```
mkdir /var/www/html/yumrepository
reposync -p /var/www/html/yumrepository/
ll /var/www/html/yumrepository/
```

（三）本地制作

```
cd /var/www/html/yumrepository
cd ./base
createrepo .
cd ../centos-ceph-nautilus
createrepo .
cd ../centos-nfs-ganesha28
createrepo .
cd ../centos-openstack-train
createrepo .
cd ../centos-qemu-ev
createrepo .
cd ../extras
createrepo .
cd ../updates
createrepo .
cd ..
reposync -p /var/www/html/yumrepository/
createrepo --update .
```

（四）配置 http 服务

```
systemctl start httpd;systemctl enable httpd;systemctl status httpd
systemctl stop firewalld NetworkManager.service
systemctl disable firewalld NetworkManager.service
systemctl status firewalld NetworkManager.service
setenforce 0
```

（五）配置使用本地源

> **提示**
>
> 本步在 Openstack 部署主机中执行。

（1）移除原系统自带的 repo 文件，避免和新建的配置文件内容冲突：

```
mkdir ori_repo-config
mv /etc/yum.repos.d/* ./ori_repo-config/
```

（2）新建一个名为 CentOS-PrivateLocal 的 repo：

```
touch /etc/yum.repos.d/CentOS-PrivateLocal.repo
cat <<EOF> /etc/yum.repos.d/CentOS-PrivateLocal.repo
[base]
name=CentOS-$releasever - Base
baseurl=http://192.168.154.100/yumrepository/base/
gpgcheck=0
enabled=1
[updates]
name=CentOS-$releasever - Updates
baseurl=http://192.168.154.100/yumrepository/updates/
gpgcheck=0
enabled=1
[extras]
name=CentOS-$releasever - Extras
baseurl=http://192.168.154.100/yumrepository/extras/
gpgcheck=0
enabled=1
[centos-openstack-train]
name=CentOS-7 - OpenStack train
baseurl=http://192.168.154.100/yumrepository/centos-openstack-train/
gpgcheck=0
enabled=1
[centos-qemu-ev]
name=CentOS-$releasever - QEMU EV
baseurl=http://192.168.154.100/yumrepository/centos-qemu-ev/
gpgcheck=0
enabled=1
[centos-ceph-nautilus]
name=CentOS-7 - Ceph Nautilus
baseurl=http://192.168.154.100/yumrepository/centos-ceph-nautilus/
gpgcheck=0
enabled=1
[centos-nfs-ganesha28]
name=CentOS-7 - NFS Ganesha 2.8
```

```
baseurl=http://192.168.154.100/yumrepository/centos-nfs-ganesha28/
gpgcheck=0
enabled=1
EOF
yum clean all; yum makecache
```

五、一键安装 OpenStack 系统

视 频

OpenStack
一键安装

任务实施目标：

完成 OpenStack 安装，并排查相关错误，查看自动化安装过程。

（一）安装 packstack 软件包

```
yum install openstack-packstack -y
```

（二）一键部署 packstack

执行以下命令：

```
packstack --allinone
```

（三）安装过程

```
Installing:
Clean Up                                                    [ DONE ]
Discovering ip protocol version                             [ DONE ]
# 设置 SSH 密钥
Setting up SSH keys                                         [ DONE ]
# 准备服务器
Preparing servers                                           [ DONE ]
# 预安装 Puppet 和探测主机详情
Pre installing Puppet and discovering hosts' details        [ DONE ]
# 准备预装的项目
Preparing pre-install entries                               [ DONE ]
# 设置证书
Setting up CACERT                                           [ DONE ]
# 准备 AMQP（高级消息队列协议）项目
Preparing AMQP entries                                      [ DONE ]
# 准备 MariaDB（现已代替 MySQL）数据库项目
Preparing MariaDB entries                                   [ DONE ]
# 修正 Keystone LDAP 参数
Fixing Keystone LDAP config parameters to be undef if empty [ DONE ]
# 准备 Keystone（认证服务）项目
Preparing Keystone entries                                  [ DONE ]
# 准备 Glance（镜像服务）项目
Preparing Glance entries                                    [ DONE ]
# 检查 Cinder（卷存储服务）是否有卷
Checking if the Cinder server has a cinder-volumes vg       [ DONE ]
# 准备 Cinder（卷存储服务）项目
Preparing Cinder entries                                    [ DONE ]
# 准备 Nova API（Nova 对外接口）项目
Preparing Nova API entries                                  [ DONE ]
# 为 Nova 迁移创建 SSH 密钥
Creating SSH keys for Nova migration                        [ DONE ]
Gathering SSH host keys for Nova migration                  [ DONE ]
```

```
# 准备 Nova Compute（计算服务）项目
Preparing Nova Compute entries                              [ DONE ]
# 准备 Nova Scheduler（调度服务）项目
Preparing Nova Scheduler entries                           [ DONE ]
# 准备 Nova VNC（虚拟网络控制台）代理项目
Preparing Nova VNC Proxy entries                           [ DONE ]
# 准备 OpenStack 与网络相关的 Nova 项目
Preparing OpenStack Network-related Nova entries           [ DONE ]
# 准备 Nova 通用项目
Preparing Nova Common entries                              [ DONE ]
# 以下准备 Neutron（网络组件）项目
Preparing Neutron API entries                              [ DONE ]
Preparing Neutron L3 entries                               [ DONE ]
Preparing Neutron L2 Agent entries                         [ DONE ]
Preparing Neutron DHCP Agent entries                       [ DONE ]
Preparing Neutron Metering Agent entries                   [ DONE ]
Checking if NetworkManager is enabled and running          [ DONE ]
# 准备 OpenStack 客户端项目
Preparing OpenStack Client entries                         [ DONE ]
# 准备 Horizon 仪表板项目
Preparing Horizon entries                                  [ DONE ]
# 以下准备 Swift（对象存储）项目
Preparing Swift builder entries                            [ DONE ]
Preparing Swift proxy entries                              [ DONE ]
Preparing Swift storage entries                            [ DONE ]
# 准备 Gnocchi（用于计费的时间序列数据库作为服务）项目
Preparing Gnocchi entries                                  [ DONE ]
# 准备 Redis（用于计费的数据结构服务器）项目
Preparing Redis entries                                    [ DONE ]
# 准备 Ceilometer（计费服务）项目
Preparing Ceilometer entries                               [ DONE ]
# 准备 Aodh（警告）项目
Preparing Aodh entries                                     [ DONE ]
# 准备 Puppet 模块和配置清单
Preparing Puppet manifests                                 [ DONE ]
Copying Puppet modules and manifests                       [ DONE ]
# 应用控制节点（测试时可能需要较长时间）
Applying 192.168.154.101_controller.pp
192.168.154.101_controller.pp:                             [ DONE ]
# 应用网络节点（测试时可能需要较长时间）
Applying 192.168.154.101_network.pp
192.168.154.101_network.pp:                                [ DONE ]
# 应用计算节点（测试时可能需要较长时间）
Applying 192.168.154.101_compute.pp
192.168.154.101_compute.pp:                                [ DONE ]
# 应用 Puppet 配置清单
Applying Puppet manifests                                  [ DONE ]
Finalizing                                                 [ DONE ]
# 安装成功完成应用并给出其他提示信息
**** Installation completed successfully ******
```

17

Additional information:
提示信息：二层网络代理参数
 * Parameter CONFIG_NEUTRON_L2_AGENT: You have chosen OVN Neutron backend. Note that this backend does not support the VPNaaS or FWaaS services. Geneve will be used as the encapsulation method for tenant networks
执行命令产生的应答文件
 * A new answerfile was created in: /root/packstack-answers-20200716-170314.txt
未安装时间同步，需要确认 CentOS 7 当前的系统时间正确，如果不正确，则需要修改
 * Time synchronization installation was skipped. Please note that unsynchronized time on server instances might be problem for some OpenStack components.
在用户主目录下产生 keystonerc_admin 文件，使用命令行工具需要使用它作为授权凭据
 * File /root/keystonerc_admin has been created on OpenStack client host 192.168.154.101. To use the command line tools you need to source the file.
访问 OpenStack Dashboard（Web 访问接口），请使用 keystonerc_admin 中的登录凭据
 * To access the OpenStack Dashboard browse to http://192.168.154.101/dashboard.
Please, find your login credentials stored in the keystonerc_admin in your home directory.
安装日志文件名及其路径
 * The installation log file is available at: /var/tmp/packstack/20200716-170313-BQKe7J/openstack-setup.log
Puppet 配置清单路径
 * The generated manifests are available at: /var/tmp/packstack/20200716-170313-BQKe7J/manifests

（四）典型故障

❖ 典型故障 1：应用控制节点失败。

分析：无法解析主机名 train。

解决：检查并完成任务实施第二步。

❖ 典型故障 2：应用控制节点失败，报错信息：Error: Cannot allocate memory – fork。

分析：内存不足。

解决：增加虚拟机内存至 6 GB 以上。

❖ 典型故障 3：应用计算节点失败。

分析：主要是因为 qemu-kvm 版本太低。

解决：安装 qemu-image-ev.x86_64、qemu-kvm-ev.x86_64、qemu-kvm-ev.x86_64 等 2.9 以上版本，可以使用 yum 安装最新版。

六、工程化操作

任务实施目标：

基于脚本方式配置系统。
基于终端软件使用 SSH 方式登录 CentOS 主机，执行以下代码：
```
#任务1
hostnamectl set-hostname train
bash;hostname
```

```
cat /etc/hostname
sed -i '/^BOOTPROTO/s/dhcp/static/' /etc/sysconfig/network-scripts/ifcfg-ens33
sed -i '/^ONBOOT/s/no/yes/' /etc/sysconfig/network-scripts/ifcfg-ens33
sed -i '$a\IPADDR=192.168.154.101' /etc/sysconfig/network-scripts/ifcfg-ens33
sed -i '$a\PREFIX=24' /etc/sysconfig/network-scripts/ifcfg-ens33
sed -i '$a\GATEWAY=192.168.154.2' /etc/sysconfig/network-scripts/ifcfg-ens33
sed -i '$a\DNS1=192.168.154.2' /etc/sysconfig/network-scripts/ifcfg-ens33
systemctl restart network
ifconfig
systemctl disable firewalld; systemctl stop firewalld
systemctl disable NetworkManager; systemctl stop NetworkManager
setenforce 0; getenforce
sed -i '/^SELINUX/s/enforcing/disabled/' /etc/selinux/config
#上一行可使用命令 sed -i 's#SELINUX=enforcing#SELINUX=disabled#g' /etc/
sysconfig/selinux 代替
echo '
192.168.154.101 train
'>> /etc/hosts
echo '
LANG=en_US.utf-8
LC_ALL=en_US.utf-8
'>> /etc/environment
#任务 2
yum install centos-release-openstack-train -y
sed -i '8a baseurl=http://mirrors.163.com/centos/7.9.2003/cloud/x86_64/
openstack-train/' /etc/yum.repos.d/CentOS-OpenStack-train.repo
yum clean all
yum makecache
yum repolist
#任务 3 使用本地源
mkdir ori_repo-config
mv /etc/yum.repos.d/* ./ori_repo-config/
touch /etc/yum.repos.d/CentOS-PrivateLocal.repo
cat <<EOF> /etc/yum.repos.d/CentOS-PrivateLocal.repo
[base]
name=CentOS-$releasever - Base
baseurl=http://192.168.154.100/yumrepository/base/
gpgcheck=0
enabled=1
[updates]
name=CentOS-$releasever - Updates
baseurl=http://192.168.154.100/yumrepository/updates/
gpgcheck=0
enabled=1
[extras]
name=CentOS-$releasever - Extras
baseurl=http://192.168.154.100/yumrepository/extras/
gpgcheck=0
enabled=1
[centos-openstack-train]
```

```
name=CentOS-7 - OpenStack train
baseurl=http://192.168.154.100/yumrepository/centos-openstack-train/
gpgcheck=0
enabled=1
[centos-qemu-ev]
name=CentOS-$releasever - QEMU EV
baseurl=http://192.168.154.100/yumrepository/centos-qemu-ev/
gpgcheck=0
enabled=1
[centos-ceph-nautilus]
name=CentOS-7 - Ceph Nautilus
baseurl=http://192.168.154.100/yumrepository/centos-ceph-nautilus/
gpgcheck=0
enabled=1
[centos-nfs-ganesha28]
name=CentOS-7 - NFS Ganesha 2.8
baseurl=http://192.168.154.100/yumrepository/centos-nfs-ganesha28/
gpgcheck=0
enabled=1
EOF
yum clean all; yum makecache
#任务 4
yum install openstack-packstack -y
packstack --allinone
```

任务验收

（1）查看节点主机名、主机记录、网卡、防火墙等信息，执行命令：
- bash;hostname。
- cat /etc/hosts。
- ifconfig。
- systemctl status firewalld NetworkManager。

（2）查看国内或者本地 yum 源配置，执行命令：
- yum clean all。
- yum makecache。
- yum repolist。

（3）使用浏览器登录 OpenStack 系统（http://192.168.154.10/dashboard）。

任务二　体验 OpenStack 环境

任务描述

部门主管要求云计算助理工程师小王采用 Web 方式登录 OpenStack 单节点系统，了解云平台功能架构，理解认证过程，初步学会网络配置、云主机新建方法。

知识准备

一、云平台登录

OpenStack 管理主要采用命令行 CLI 和图形界面 GUI 两类方式。图形化界面方式管理相对直观清晰，用于常规管理操作，登录地址为 http://控制节点 IP 地址/dashboard。OpenStack 基于项目（租户）方式管理资源信息，管理员账户为 admin，权限最高，可以对整个系统进行管理；普通账户为 demo，仅限于本项目中资源管理。命令行方式相比界面方式，功能更加强大，尤其在故障诊断排错中应用较多。

二、实例与网络

OpenStack 的主要功能是提供 IaaS，简言之，提供虚拟机（即实例）。实例的使用必须通过网络环境提供给外部环境使用。使用 Packstack 一键默认安装后，默认 ovs 相关配置，需要对网络做适当修改，才能提供外部访问服务，详见本项目任务二中任务实施第二步。

任务实施

一、初识 OpenStack 环境

任务实施目标：

通过查看认证凭证文件获取密码，以 Web 方式登录系统，重置账户密码为 123，初识 OpenStack 主要功能模块。

（一）查看管理凭证

1. 查看凭证文档

在 root 家目录下，使用 ll 命令查看：

```
[root@train ~]# ll
total 64
-rw-------. 1 root root  1321 Jul 14 11:19 anaconda-ks.cfg
-rw-------  1 root root   375 Jul 16 17:06 keystonerc_admin
-rw-------  1 root root   320 Jul 16 17:06 keystonerc_demo
drwxr-xr-x 2 root root   187 Jul 16 17:02 ori_repo-config
-rw-------  1 root root 51662 Jul 16 17:03 packstack-answers-20200716-
170314.txt
```

可以发现 admin 和 demo 账户的认证凭证文件：keystonrc_admin 和 keystonerc_demo。

2. 查看凭证内容

查看 keystonerc_admin 文件：

```
[root@train ~]# cat keystonerc_admin
unset OS_SERVICE_TOKEN
    export OS_USERNAME=admin
    export OS_PASSWORD='1ba8b5038cc64d29'
    export OS_REGION_NAME=RegionOne
```

```
export OS_AUTH_URL=http://192.168.154.101:5000/v3
export PS1='[\u@\h \W (keystone_admin)]\$ '
```

...

可以看到 admin 的当前认证密码（1ba8b5038cc64d29），采用同样方法可以查看 demo 用户密码。

> ── 注意 ──
> admin 和 demo 账户密码都是随机生成的，读者自行安装后，看到的字符串有所不同。

（二）管理员登录管理

1. 登录界面

在浏览器中输入 http://192.168.154.101/dashboard/，进入登录界面，如图 2-3 所示。

● 视频

OpenStack
登录

图 2-3　OpenStack 登录界面

输入用户名 admin，密码为 Keystonrc_admin 文件中密码，登录 OpenStack 管理界面，如图 2-4 所示。

图 2-4　OpenStack 管理界面

左侧包括三栏：项目、管理员和身份管理；"项目"部分是对 admin 项目的相关操作菜单；"管理员"是对整个 OpenStack 系统管理；"身份管理"是对 OpenStack 项目、用户等认证管理。

2. 修改 admin 管理密码

考虑到默认密码不便于记忆,这里将 admin 管理密码修改为 123,如图 2-5 和图 2-6 所示。

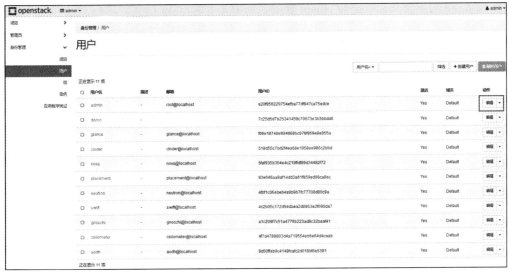

图 2-5 用户管理界面

图 2-6 修改密码界面

此外,将 demo 管理密码也修改为 123。

> **注意**
>
> 实际生产环境不建议使用过于简单的密码,以确保网络的安全性。

3. 查看项目列表

OpenStack 基于项目(Project)管理资源,可以发现,一键安装完成后,包含 3 个项目:services、demo 和 admin,分别用于组件服务项目、测试项目和管理项目,如图 2-7 所示。

图 2-7 项目管理界面

（三）普通用户登录

1. 登录界面

使用 demo 用户登录，方法同 admin 登录，如图 2-8 所示。

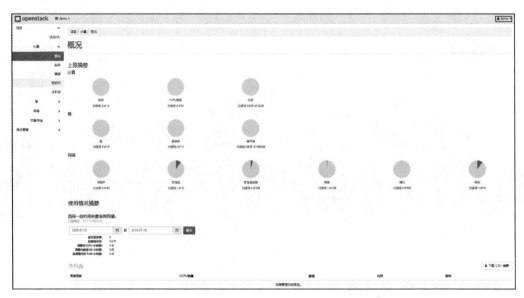

图 2-8　demo 账户管理界面

可以发现，demo 账户登录后左侧包含"项目"和"身份管理"，只能对 demo 项目下的资源进行操作。

视　频

外网地址修改

二、配置公网连接环境

任务实施目标：

查看网络配置信息，修改网络接口，管理 OpenStack 外网。

（一）查看网络配置信息

1. 查看云端口信息

在命令行下，使用 ifconfig 命令查看端口 IP 信息：

```
[root@train ~]# ifconfig
br-ex: flags=4163<UP,BROADCAST,RUNNING,MULTICAST>  mtu 1500
        inet 172.24.4.1  netmask 255.255.255.0  broadcast 0.0.0.0
        inet6 fe80::a0df:96ff:fedf:934f  prefixlen 64  scopeid 0x20<link>
        ether a2:df:96:df:93:4f  txqueuelen 1000  (Ethernet)
        RX packets 5  bytes 140 (140.0 B)
        RX errors 0  dropped 0  overruns 0  frame 0
        TX packets 8  bytes 656 (656.0 B)
        TX errors 0  dropped 0 overruns 0  carrier 0  collisions 0
ens33: flags=4163<UP,BROADCAST,RUNNING,MULTICAST>  mtu 1500
        inet 192.168.154.101  netmask 255.255.255.0  broadcast 192.168.154.255
        inet6 fe80::20c:29ff:feb4:6da5  prefixlen 64  scopeid 0x20<link>
        ether 00:0c:29:b4:6d:a5  txqueuelen 1000  (Ethernet)
        RX packets 279760  bytes 416933800 (397.6 MiB)
```

```
RX errors 0  dropped 0  overruns 0  frame 0
TX packets 17050  bytes 5288434 （5.0 MiB）
TX errors 0  dropped 0  overruns 0  carrier 0  collisions 0
```

可以发现 br-ex 网桥的地址默认为 172.24.4.1。

2. 查看公网地址

在图形化管理界面中（见图 2-9）公网地址也是 172.24.4.1，如图 2-10 所示。

图 2-9　网络管理界面

图 2-10　子网管理界面

可以发现，当前 IP 地址（172.24.4.1）与实际公网 IP 地址段不匹配，需要将 br-ex 网桥地址修改为当前外网地址（192.168.154.101）。

（二）修改接口信息

任务要求：将 ens33 端口 IP 地址配置到 br-ex 网桥上，同时删除 ens33 网卡的 IP 信息，将 br-ex 与 ens33 关联。

1. 复制 ens33 配置为 br-ex 配置

```
cd /etc/sysconfig/network-scripts;
cp ifcfg-ens33 ifcfg-br-ex
```

2. 修改 br-ex 配置

vi ifcfg-br-ex，完成以下配置，注意关注加粗部分内容。

```
TYPE="Ethernet"
PROXY_METHOD="none"
BROWSER_ONLY="no"
BOOTPROTO="static"
IPADDR=192.168.154.101
NETMASK=255.255.255.0
GATEWAY=192.168.154.2
DEFROUTE="yes"
IPV4_FAILURE_FATAL="no"
```

```
NAME="br-ex"
DEVICE="br-ex"
ONBOOT="yes"
```

3. 修改 ens33 的 IP 相关配置

vi ifcfg-ens33，完成以下配置：

```
TYPE="Ethernet"
PROXY_METHOD="none"
BROWSER_ONLY="no"
BOOTPROTO="static"
DEFROUTE="yes"
IPV4_FAILURE_FATAL="no"
IPV6INIT="yes"
IPV6_AUTOCONF="yes"
IPV6_DEFROUTE="yes"
IPV6_FAILURE_FATAL="no"
IPV6_ADDR_GEN_MODE="stable-privacy"
NAME="ens33"
#UUID="23f80385-d2e1-4971-ab72-03879cce32f4"
DEVICE="ens33"
ONBOOT="yes"
```

4. 查看 br-ex 网桥中端口信息

执行命令 ovs-vsctl show，查看 br-ex 网桥中端口信息，如图 2-11 所示。

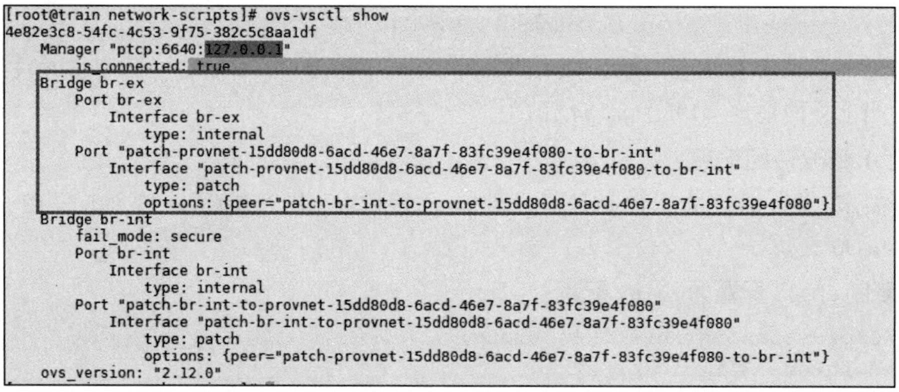

图 2-11　查看 ovs 信息

5. 将 ens33 口加入 br-ex 网桥

执行命令：`ovs-vsctl add-port br-ex ens33`

> **注意**
>
> 如果使用终端 SSH 方式管理主机，此时网络将断开，下一步需要在主机上操作。

6. 重启网络

执行命令：`systemctl restart network`

7. 再次查看 br-ex 网桥端口信息

> **提示**
>
> 此步可以使用终端 SSH 方式管理主机。

执行命令：ovs-vsctl show，可以发现 ens33 接口添加至 br-ex 网桥，如图 2-12 所示。

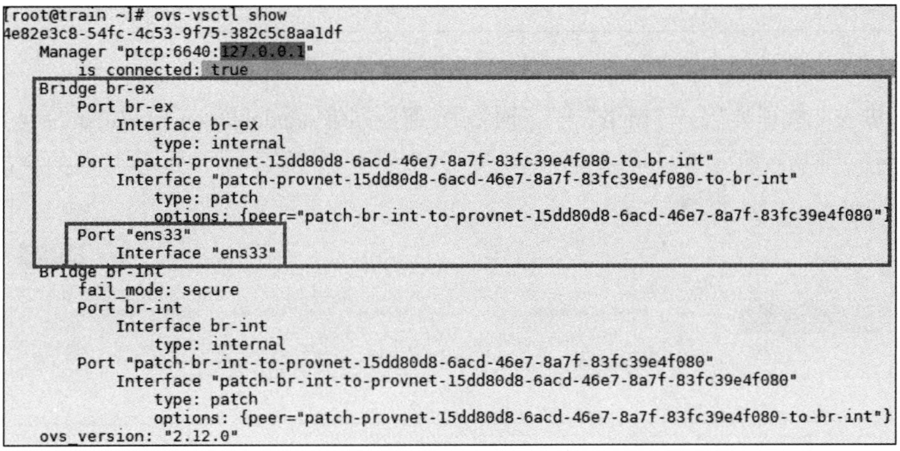

```
[root@train ~]# ovs-vsctl show
4e82e3c8-54fc-4c53-9f75-382c5c8aa1df
    Manager "ptcp:6640:127.0.0.1"
        is_connected: true
    Bridge br-ex
        Port br-ex
            Interface br-ex
                type: internal
        Port "patch-provnet-15dd80d8-6acd-46e7-8a7f-83fc39e4f080-to-br-int"
            Interface "patch-provnet-15dd80d8-6acd-46e7-8a7f-83fc39e4f080-to-br-int"
                type: patch
                options: {peer="patch-br-int-to-provnet-15dd80d8-6acd-46e7-8a7f-83fc39e4f080"}
        Port "ens33"
            Interface "ens33"
    Bridge br-int
        fail_mode: secure
        Port br-int
            Interface br-int
                type: internal
        Port "patch-br-int-to-provnet-15dd80d8-6acd-46e7-8a7f-83fc39e4f080"
            Interface "patch-br-int-to-provnet-15dd80d8-6acd-46e7-8a7f-83fc39e4f080"
                type: patch
                options: {peer="patch-provnet-15dd80d8-6acd-46e7-8a7f-83fc39e4f080-to-br-int"}
    ovs_version: "2.12.0"
```

图 2-12 查看 ovs 信息

8. 查看端口 IP 信息

执行命令：ifconfig，查看 br-ex 地址是否设置成功。

```
[root@train ~]# ifconfig
br-ex: flags=4163<UP,BROADCAST,RUNNING,MULTICAST>  mtu 1500
        inet 192.168.154.101  netmask 255.255.255.0  broadcast 192.168.154.255
        inet6 fe80::20c:29ff:feb4:6da5  prefixlen 64  scopeid 0x20<link>
        ether 00:0c:29:b4:6d:a5  txqueuelen 1000  (Ethernet)
        RX packets 118  bytes 11922 (11.6 KiB)
        RX errors 0  dropped 0  overruns 0  frame 0
        TX packets 95  bytes 16322 (15.9 KiB)
        TX errors 0  dropped 0 overruns 0  carrier 0  collisions 0
ens33: flags=4163<UP,BROADCAST,RUNNING,MULTICAST>  mtu 1500
        inet6 fe80::20c:29ff:feb4:6da5  prefixlen 64  scopeid 0x20<link>
        ether 00:0c:29:b4:6d:a5  txqueuelen 1000  (Ethernet)
        RX packets 281037  bytes 417055156 (397.7 MiB)
        RX errors 0  dropped 0  overruns 0  frame 0
        TX packets 18186  bytes 5416590 (5.1 MiB)
        TX errors 0  dropped 0 overruns 0  carrier 0  collisions 0
```

> **注意**
>
> 上述任务必须使用 admin 账户登录，且在"管理员"配置部分操作，在"项目"中操作会报权限错误。

（三）删除现有外网配置

（1）进入"管理员"→"网络"→"路由"，删除路由 demo，如图 2-13 所示。

图 2-13　路由管理界面

（2）进入"管理员"→"网络"→"网络"，删除网络 admin 和 demo，如图 2-14 所示。

图 2-14　网络管理界面

注意

必须先删除路由，才能删除网络。

（四）新建外网配置

（1）进入"管理员"→"网络"→"网络"，新建外网网络 public。

物理网络名称：extnet 与/etc/neutron/plugins/ml2/openvswitch_agent.ini 文件中 bridge_mappings 参数值一致。

```
bridge_mappings=extnet:br-ex
```

选中"外部网络""共享的"复选框，以便其他项目可以使用该网络，如图 2-15 所示。

图 2-15　创建网络界面

（2）创建子网。"网关 IP"为实际网络中规划，本例中 cloud1 主机使用 NAT 方式接入外网，网关地址为 192.168.154.2，如图 2-16 所示。

（3）配置子网 DHCP，如图 2-17 所示。

图 2-16　创建子网界面　　　　　　　图 2-17　创建子网网络界面

（4）查看 public 网络、子网、端口信息，如图 2-18 所示。

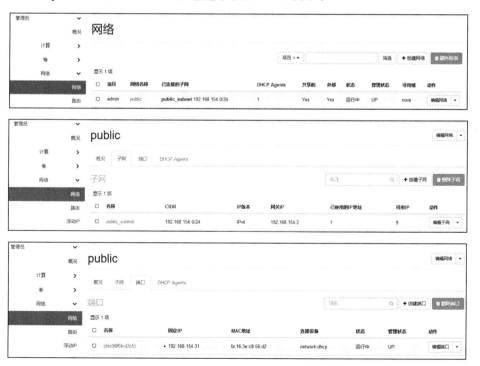

图 2-18　查看网络、子网和端口界面

（5）进入"项目"→"网络"→"网络拓扑"，查看拓扑结构，如图 2-19 所示。

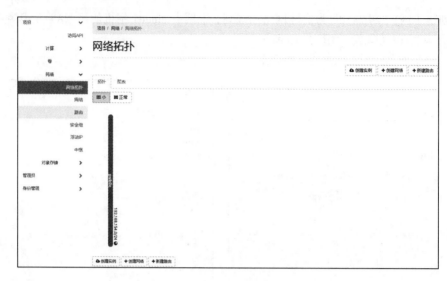

图 2-19　查看网络拓扑界面

（6）删除 DHCP Agent，如图 2-20 所示。

图 2-20　删除 DHCP Agents

（7）删除端口，如图 2-21 所示。

图 2-21　删除网络端口

视　频

创建主机实例

三、新建云主机

任务实施目标：

基于 Web 方式，管理安全组、密钥对、镜像，创建和登录主机。

（一）管理安全组

（1）进入"项目"→"网络"→"安全组"，查看 default，默认包含 4 条规则，如图 2-22 所示。

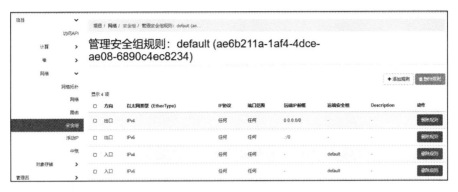

图 2-22　查看默认安全组规则

（2）允许通过 ping 流量添加 ALL ICMP 规则，如图 2-23 所示。

图 2-23　添加安全组 ALL ICMP 规则

（3）允许通过 SSH 流量添加定制 TCP 规则，如图 2-24 所示。

图 2-24　添加定制 TCP 规则

（二）添加密钥对

进入"项目"→"计算"→"密钥对"，新增密钥对，如图 2-25 和图 2-26 所示。

图 2-25　新建密钥对

图 2-26　密钥对列表

（三）上传镜像

（1）进入"项目"→"计算"→"镜像"，创建镜像 my_cirros，如图 2-27 所示。

图 2-27　创建镜像界面

📖 经验提示：cirros-0.3.4-x86_64-disk.img 文件需要预先从官网下载。

（2）查看镜像，如图 2-28 所示。

图 2-28　镜像列表界面

（四）新建实例主机

（1）进入"项目"→"计算"→"镜像"，启动镜像 my_cirros，如图 2-29 和图 2-30 所示。

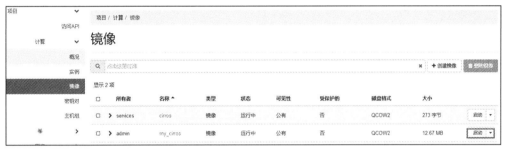

图 2-29　镜像列表界面

图 2-30　创建实例界面（1）

（2）配置源、实例类型、网络、安全组和密钥对参数，其他使用默认值，如图 2-31~图 2-35 所示。

图 2-31 创建实例界面（2）

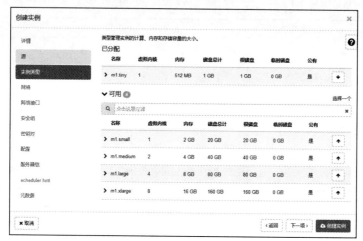

图 2-32 创建实例界面（3）

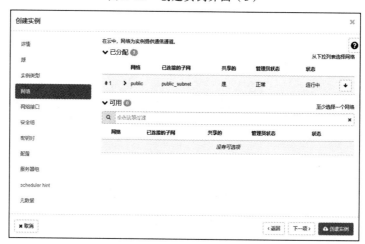

图 2-33 创建实例界面（4）

图 2-34 创建实例界面（5）

图 2-35 创建实例界面（6）

（3）查看实例。进入"项目"→"计算"→"实例"，查看新建实例，如图 2-36 所示。

图 2-36 实例列表界面

（4）查看实例控制台，如图 2-37 所示。

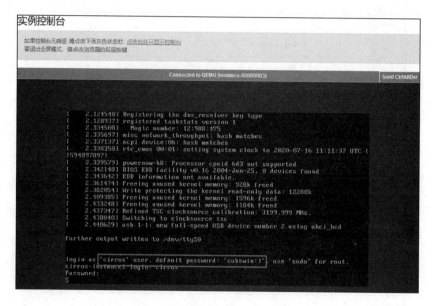

图 2-37　实例控制台管理界面

（五）典型故障

❖ 典型故障 1：实例创建失败。

分析：主机资源不足。

解决：尝试重新启动节点主机。

❖ 典型故障 2：vnc 1006 错误，如图 2-38 所示。

分析：因为 host 记录错误，导致无法访问 vnc server。

解决：修改/etc/nova/nova.conf 文件中 vncserver_proxyclient_address 原有值 cloud1.localdomain 为，修改为 train。

图 2-38　vnc 1006 错误界面

❖ 典型故障 3：无法加载系统，报错如图 2-39 所示。

分析：libvirt 类型不匹配。

解决：修改/etc/nova/nova.conf 中 virt 类型，即[libvirt]节中 virt_type 值，切换 qemu 和 kvm，重启 nova 和 libvirt 服务，并测试。测试命令如下：

```
systemctl restart libvirtd.service openstack-nova-compute.service
```

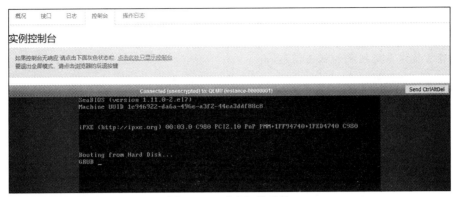

图 2-39 无法加载系统

（六）SSH 访问实例

（1）使用 SSH 客户端（如 MobaXterm），如图 2-40 所示。

视 频

两种主机实例
访问方式

图 2-40 SSH 登录输入密码界面

如图 2-40 所示，SSH 连接成功。（username :cirros　　password :cubswin: ）

（2）输入密码，登录系统，如图 2-41 和图 2-42 所示。

图 2-41 ifconfig 命令查询结果

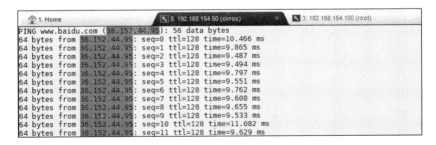

图 2-42 ping 百度结果

任务验收

（1）查看 admin 和 demo 用户默认密码，并登录系统。

（2）对比分析 admin 和 demo 用户登录后系统界面的区别。

（3）查看网卡、虚拟网桥 IP 地址信息。

（4）查看安全组、密钥对信息。

（5）查看镜像系统列表和状态信息。

（6）查看主机实例列表。

（7）使用 noVNC 和 SSH 两种方式登录主机实例。

（8）在主机中测试外网联通性 ping www.baidu.com。

项目三

　　系统规划设计必须经过多方面、全面细致的分析研究，最终方能确定。一个项目能否成功，规划设计至关重要。相比传统服务器集群架构而言，企业私有云应该体现其在管理、性能、成本和能耗等方面的绝对优势。然而，很多项目评审中，不难发现一些典型问题：项目总费用超出项目预算较多；技术与实际需求相差较大；一味追求方案高大上，实用性差；非必要投入太多。这些问题的源头主要是相关从业者的趋利思想、职业和道德素质缺失、责任心不够等。因此，前期规划与设计直接决定着项目的建设成效，优秀的设计方案也是设计者综合实力和职业素养的充分体现。

　　本项目主要介绍多节点 OpenStack 部署框架设计与基本信息配置。通过 3 个典型工作任务的学习，带领读者按照系统规划，独立部署节点主机的基本信息，并在控制节点安装通用组件。

学习目标

- 了解 OpenStack 架构及主要节点；
- 掌握节点主机信息配置要求和方法；
- 掌握控制节点组件功能及其安装方法。

任务一　OpenStack 云架构设计

任务描述

　　为公司部署多主机 OpenStack 系统，部门主管要求云计算助理工程师小王了解多主机部署方案，熟悉 OpenStack 云平台架构，并按照规划部署主机（或者虚拟机），构建 OpenStack 部署前提环境。

　　具体要求如下：

（1）理解 OpenStack 架构主要节点。

（2）掌握主机和网络规划设置。

（3）基于报错信息定位和排查对象存储故障。

　　本项目中，拓扑结构如图 3-1 所示。其中，控制节点、计算节点、块存储节点各 1 个，2 个主机部署 Swift 对象存储服务，相关参数规划如表 3-1 所示。如果资源有限，读者可以将块存储、卷存储部署于计算节点中，即采用两个节点：controller 和 compute1。

视频

环境部署

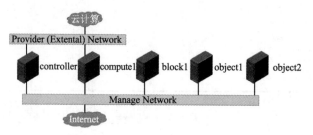

图 3-1   OpenStack 部署拓扑结构

表 3-1   OpenStack 基础架构规划

角 色	主 机	OS	硬 件	网 络
控制节点	controller	CentOS7	2CPU+4 GB 内存+60 GB 硬盘	提供者网络、管理网络
计算节点	compute1	CentOS7	2CPU+4 GB 内存+50 GB 硬盘	提供者网络、管理网络
块存储节点	block1	CentOS7	1CPU+4 GB 内存+30 GB 硬盘+10 GB 硬盘	管理网络
对象存储节点 1	object1	CentOS7	1CPU+1 GB 内存+30 GB 硬盘+10 GB 硬盘+10 GB 硬盘	管理网络
对象存储节点 2	object2	CentOS7	1CPU+1 GB 内存+30 GB 硬盘+10 GB 硬盘+10 GB 硬盘	管理网络

知识准备

OpenStack 架构中，主要包括控制、计算、块存储、对象存储节点，其中控制和计算节点为核心服务，存储节点则为可选服务。不同节点推荐配置信息如图 3-2 所示。

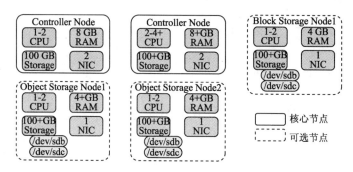

图 3-2   OpenStack 节点结构

OpenStack 的最终实现，依赖于节点中各项组件服务，如图 3-3 所示。控制节点需要跟各节点交互，部署服务组件最多；计算节点和存储节点组件相对集中。

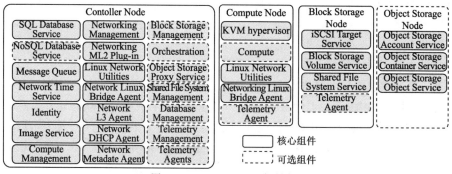

图 3-3   OpenStack 组件结构

任务实施

一、实施环境部署

任务实施目标：

基于 VMware 环境，按照规划创建虚拟机，合理规划控制、计算和块存储节点。

> **注意**
>
> 本项目中，采用一台高配主机的 VMware 系统构建实践环境，目的在于使用快照功能的优势，帮助读者恢复阶段性实验状态，以免从头开始部署，从而提高实践效率。

在 VMware Workstation 环境，参考表 3-2 创建节点（VMware 虚拟机），每个虚拟机配置两张千兆网卡，ens33 和 ens34 分别采用仅主机（或桥接）和 NAT 连接，NAT 方式可以连接外网。为实现节点管理，采用 192.168.154.11 ~ 192.168.154.16 地址。

表 3-2 节点主机规划

主　　机	OS	硬　　件	网　　络	网卡 IP	网　　关	虚拟机网卡
controller	CentOS7	2CPU+4 GB 内存+60 GB 硬盘	提供者网络 ens33			仅主机（VMnet10）
			管理网络 ens34	192.168.154.11/24	192.168.154.2	NAT（VMnet8）
compute1	CentOS7	2CPU+4 GB 内存+50 GB 硬盘	提供者网络 ens33			仅主机（VMnet10）
			管理网络 ens34	192.168.154.12/24	192.168.154.2	NAT（VMnet8）
block1	CentOS7	1CPU+1 GB 内存+30 GB 硬盘+10 GB 硬盘	管理网络 ens34	192.168.154.13/24	192.168.154.2	NAT（VMnet8）

二、控制节点系统安装

任务实施目标：

基于 VMware 环境，创建 controller 主机，按照 CentOS 系统配置主机名和网络地址，确保主机能访问外网。

（一）创建 vm 虚拟机

在 VMware Workstation 环境，创建虚拟机 controller：

（1）设置"虚拟网络编辑器"，并配置 192.168.154.0 和 203.0.113.0 网络，其中 192.168.154.0 模拟管理内网，203.0.113.0 模拟公网，如图 3-4 所示。

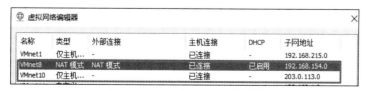

图 3-4 网络编辑器网段规划

（2）创建虚拟机，参数如图 3-5 所示。

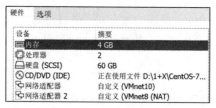

图 3-5　控制节点虚拟机配置

> **注意**
>
> "网络适配器"和"网络适配器 2"分别对应系统中的 ens33 和 ens34。

（二）安装 CentOS 系统

（1）以最小化系统方式安装，配置 ens34 静态 IP 地址（如 192.168.154.11），确保能访问外网。

（2）设置 hostname 为 controller。

三、计算节点系统安装

任务实施目标：

基于 VMware 环境，创建 compute1 主机，按照 CentOS 系统配置主机名和网络地址，确保可以访问外网。

（一）创建 vm 虚拟机

在 VMware Workstation 环境，创建虚拟机 compute1，参数如图 3-6 所示。

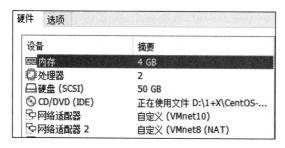

图 3-6　计算节点虚拟机配置

> **注意**
>
> "网络适配器"和"网络适配器 2"分别对应系统中的 ens33 和 ens34。

（二）安装 CentOS 系统

（1）配置 ens34 静态 IP 地址（192.168.154.12），确保能访问外网。

（2）设置 hostname 为 compute1。

四、块存储节点系统安装

任务实施目标：

基于 VMware 环境，创建 block1 主机，按照 CentOS 系统配置主机名和网络地址，确保可以访问外网。

（一）创建 vm 虚拟机

在 VMware Workstation 环境，创建虚拟机 block1，参数如图 3-7 所示。

图 3-7　卷存储节点虚拟机配置

（二）安装 CentOS 系统

（1）以最小化系统方式安装计算节点，配置 ens34 静态 IP 地址（192.168.154.13），确保能访问外网。

（2）设置 hostname 为 block1。

📖 **任务验收**

（1）检查控制、计算和块存储节点主机参数配置是否正确。

（2）检查各主机 IP 和 hostname 配置是否符合规划要求。

任务二　节点主机信息配置

💻 **任务描述**

为避免各主机使用本地时钟导致的时间不同步问题，公司业务主管要求云计算助理工程师小王部署 NTP 服务，实现各节点主机时间与阿里时间服务器时间同步。

📖 **知识准备**

一、Chrony 服务概述

NTP 是网络时间协议（Network Time Protocol），用来同步网络中各台主机时间，NTP 使用 UDP 协议 123 号端口。

Chrony 是一个开源的自由软件，能保持系统时钟与时间服务器同步，让时间保持精确。它由两个程序组成：chronyd 和 chronyc。chronyd 是一个后台运行的守护进程，用于调整内核运行的系统时钟和时间服务器同步，确定计算机增减时间的比率，并对此进行补偿；chronyc 为管理命令。

二、Chrony 配置文件

默认配置文件/etc/chrony.conf，相关信息如下：

Use public servers from the pool.ntp.org project.（使用 pool.ntp.org 项目中的公共服务器）

Please consider joining the pool (http://www.pool.ntp.org/join.html).
#理论上，以 server 开头添加的公共服务器可以添加任意台
server 0.centos.pool.ntp.org iburst
server 1.centos.pool.ntp.org iburst
server 2.centos.pool.ntp.org iburst
server 3.centos.pool.ntp.org iburst

Record the rate at which the system clock gains/losses time.
#chronyd程序的主要行为之一，根据实际时间计算出服务器增减时间的比率，
#然后记录到一个文件中，在系统重启后为系统做出最佳时间补偿调整。
driftfile /var/lib/chrony/drift

Allow the system clock to be stepped in the first three updates
if its offset is larger than 1 second.
#通常，chronyd 将根据需求通过减慢或加速时钟，
#使得系统逐步纠正所有时间偏差。在某些特定情况下，
#系统时钟可能会漂移过快，导致该调整过程消耗很长的时间来纠正系统时钟。
#该指令强制 chronyd 在调整期大于某个阈值时步进调整系统时钟，
#但只有在因为 chronyd 启动时间超过指定限制（可使用负值来禁用限制），没有更多时钟更新时才生效。
makestep 1.0 3

Enable kernel synchronization of the real-time clock (RTC).
#将启用一个内核模式，在该模式中，系统时间每11分钟会拷贝到实时时钟（RTC）
rtcsync

Enable hardware timestamping on all interfaces that support it.
#在支持它的所有接口上启用硬件时间戳。
#hwtimestamp *
#hwtimestamp eth0
#hwtimestamp ens33

Increase the minimum number of selectable sources required to adjust
#增加调整所需的最小可选来源数量
the system clock.
#minsources 2

Allow NTP client access from local network.
#允许NTP客户端从本地网络访问。可以指定一台主机或者一个网段允许或拒绝访问
#allow 192.168.0.0/16
#deny 192.168.10.0/24

任务实施

一、节点网络配置

任务实施目标：

参考规划表格，配置管理网络地址信息。

（一）配置管理网络

详细参考项目二任务一中任务实施第二步中的方法，配置所有节点 IP 地址信息。

（二）停止网络服务

（1）停用管理网络：

```
systemctl disable NetworkManager; systemctl stop NetworkManager
```

（2）停用防火墙：

```
systemctl disable firewalld; systemctl stop firewalld
setenforce 0; getenforce
sed '7c SELINUX=disabled' /etc/sysconfig/selinux
```

二、NTP 服务部署

视频

NTP 服务部署

任务实施目标：

部署 NTP 服务统一所有节点时间：

部署 NTP 服务器是未来实现所有节点时间同步，可以采用两种方法：一种是无
NTP 服务器模式，所有节点均设置为 NTP 客户端，采用网络中的同一 NTP 服务器；
另一种是 NTP 服务器模式，设置 controller 为 NTP Server，其他节点作为 NTP 客户端。

（一）安装软件包

> **注意**
> 在所有节点中部署。

```
yum install -y chrony
systemctl enable chronyd.service; systemctl start chronyd.service
```

（二）配置 host 记录

> **注意**
> 在所有节点中部署。

```
echo'
192.168.154.11 controller
192.168.154.12 compute1
192.168.154.13 block1
'>> /etc/hosts
```

（三）方法 1：无 NTP 服务器模式

> **注意**
> 本例将 ntp1.aliyun.com 作为时间服务器，在所有节点中部署。

（1）修改配置文件：

```
vi /etc/chrony.conf
server ntp1.aliyun.com iburst
```

（2）查看服务器状态，如图 3-8 所示。

```
systemctl restart chronyd.service
chronyc sourcestats
```

```
[root@controller ~]# chronyc sourcestats
210 Number of sources = 1
Name/IP Address            NP  NR  Span  Frequency  Freq Skew  Offset  Std Dev
===============================================================================
120.25.115.20               0   0     0    +0.000   2000.000     +0ns  4000ms
```

图 3-8　查看 NTP 状态

（3）设置时区，如图 3-9 所示。

```
timedatectl set-timezone Asia/Shanghai
timedatectl status
```

```
[root@controller ~]# timedatectl status
      Local time: Sat 2020-05-23 13:54:22 CST
  Universal time: Sat 2020-05-23 05:54:22 UTC
        RTC time: Sat 2020-05-23 05:54:22
       Time zone: Asia/Shanghai (CST, +0800)
```

图 3-9　查看时间状态（1）

（四）方法 2：NTP 服务器模式

注意

本例将 controller 作为时间服务器。

1. 控制节点

（1）修改配置文件：

```
vi /etc/chrony.conf
server ntp1.aliyun.com iburst
allow 192.168.154.0/24
```

（2）重启服务：

```
systemctl restart chronyd.service
```

（3）设置时区，如图 3-10 所示。

```
timedatectl set-timezone Asia/Shanghai
timedatectl status
```

```
[root@controller ~]# timedatectl status
      Local time: Sat 2020-05-23 13:54:22 CST
  Universal time: Sat 2020-05-23 05:54:22 UTC
        RTC time: Sat 2020-05-23 05:54:22
       Time zone: Asia/Shanghai (CST, +0800)
```

图 3-10　查看时间状态（2）

2. 其他节点

（1）修改配置文件：

```
vi /etc/chrony.conf
server controller iburst
allow 192.168.154.0/24
```

（2）重启服务：

```
systemctl restart chronyd.service
```

（3）设置时区，如图 3-11 所示。

```
timedatectl set-timezone Asia/Shanghai
timedatectl status
```

```
[root@controller ~]# timedatectl status
      Local time: Sat 2020-05-23 13:54:22 CST
  Universal time: Sat 2020-05-23 05:54:22 UTC
        RTC time: Sat 2020-05-23 05:54:22
       Time zone: Asia/Shanghai (CST, +0800)
```

图 3-11 查看时间状态（3）

三、工程化操作

任务实施目标：

基于脚本方式配置系统：基于终端软件使用 SSH 方式登录 CentOS 主机。执行以下代码：

```
#任务1: 节点网络配置
systemctl disable NetworkManager; systemctl stop NetworkManager
systemctl disable firewalld; systemctl stop firewalld
setenforce 0; getenforce
sed '7c SELINUX=disabled' /etc/sysconfig/selinux
# 任务2: NTP 服务部署
#（1）所有节点安装 chrony
yum install -y chrony
systemctl enable chronyd.service; systemctl start chronyd.service
#（2）所有节点修改 hosts 记录
echo'
192.168.154.11 controller
192.168.154.12 compute1
192.168.154.13 block1
'>> /etc/hosts
#（3）所有节点中使用阿里云 ntp
sed -i '/^server/s/server/#server/' /etc/chrony.conf
sed -i '2a server ntp1.aliyun.com iburst' /etc/chrony.confsystemctl restart
chronyd.service
timedatectl set-timezone Asia/Shanghai
timedatectl status
```

任务验收

查看各节点网络、防火墙以及主机记录等配置，并验证时间服务器配置是否一致。相关验收命令如下：

（1）systemctl status NetworkManager；

（2）systemctl status firewalld；

（3）systemctl status chronyd.service；

（4）cat /etc/hosts；

（5）chronyc sourcestats。

任务三 节点通用组件安装

任务描述

小王在前期任务一和任务二的基础上,要求在控制节点安装通用组件,包括 mysql、rabbitmq、memcached 服务, 为 OpenStack 安装部署做准备。

知识准备

一、RabbitMQ

RabbitMQ 实现了 AMQP(高级消息队列协议)的流行消息队列系统,用于在分布式系统中存储转发消息,在易用性、扩展性、高可用性等方面表现较好。其工作原理如下:

(1)客户端连接到消息队列服务器,打开一个 channel。

(2)客户端声明一个 exchange,并设置相关属性。

(3)客户端声明一个 queue,并设置相关属性。

(4)客户端使用 routing key,在 exchange 和 queue 之间建立好绑定关系。

(5)客户端投递消息到 exchange。

(6)exchange 接收到消息后,就根据消息的 key 和已经设置的 binding,进行消息路由,将消息投递到一个或多个队列中。

二、Memcached

Memcached 是一个开源的、高性能的分布式内存对象缓存系统。通过在内存中缓存数据和对象来减少读取数据库的次数,从而提高网站的访问速度,加速动态 Web 应用、减轻数据库负载。缓存流程如下:

(1)检查客户端请求的数据是否在 Memcache 中。如果在,直接将请求的数据返回;如果不在,可对数据进行任何操作。

(2)如果请求的数据不在 Memcache 中,就去数据库查询,把从数据库中获取的数据返回给客户端,同时把数据缓存一份在 Memcache 中。

(3)每次更新数据库的同时更新 Memcache 中的数据库,确保数据信息一致性。

(4)当分配给 Memcache 内存空间用完后,会使用 LRU 策略加到其失效策略,失效的数据首先被替换掉,然后再替换掉最近未使用的数据。

任务实施

一、准备 RDO 安装资源库

任务实施目标:

安装 OpenStack 和 repo 源,修改 yum 源为 163 源,提高 yum 安装稳定性和速度。

> **注意**
> 在所有节点中配置。

（一）安装 OpenStack 源

安装 yum 源：

```
yum install centos-release-openstack-train-y
```

（二）修改为本地源

（1）查看 yum 源列表：

具体步骤详见项目二中对应内容。

（2）更新缓冲：

```
yum clean all
yum makecache
```

视 频

数据库服务
配置

二、安装包

任务实施目标：

安装 OpenStack 客户端软件。

> **注意**
> 在所有节点中配置。

```
yum install python-openstackclient -y
yum install openstack-selinux -y
yum install openstack-utils -y    #用于 OpenStack 配置文件的快速配置
```

三、数据库服务器配置

任务实施目标：

在 controller 节点上，安装 MySQL 数据库、Rabbit 消息队列和 Etcd 服务。

（一）安装 MySQL

1. 安装组件

（1）设安装 mariadb 数据库：

```
yum install mariadb mariadb-server python2-PyMySQL -y
```

（2）创建/etc/my.cnf.d/openstack.cnf 文件：

```
[mysqld]
bind-address=192.168.154.11
default-storage-engine=innodb
innodb_file_per_table=on
max_connections=4096
collation-server=utf8_general_ci
character-set-server=utf8
```

2. 启动与初始化

（1）重启服务：

```
systemctl enable mariadb.service; systemctl start mariadb.service
```

（2）初始化密码为 123：

```
mysql_secure_installation
```

命令执行后，第一次按【Enter】键，选择 Y，设置密码（本例为 123），然后一直选择 Y，按【Enter】键，直至安装成功。

（二）安装 RabbitMQ 消息队列

1. 安装组件

```
yum install rabbitmq-server -y
systemctl enable rabbitmq-server.service; systemctl start rabbitmq-server
```

❖ 典型故障 1：如果找不到源。

解决：安装 centOS 的 epel 的扩展源。

```
yum -y install epel-release;yum upgrade
```

❖ 典型故障 2：服务无法启动。

解决：检查 hostname，并删除/var/lib/rabbitmq/mnesia 目录下内容。

```
rm - rf *
```

2. 实现 Web 管理（可选）

（1）启用 rabbitmq_management 插件实现 Web 管理。

（2）执行 rabbitmq-plugins list 命令，查看支持的插件，如图 3-12 所示。

```
[root@controller ~]# rabbitmq-plugins list
Configured: E = explicitly enabled; e = implicitly enabled
| Status:   * = running on rabbit@controller
|/
[  ] amqp_client                          3.6.16
[  ] cowboy                               1.0.4
[  ] cowlib                               1.0.2
[  ] rabbitmq_amqp1_0                      3.6.16
[  ] rabbitmq_auth_backend_ldap            3.6.16
[  ] rabbitmq_auth_mechanism_ssl           3.6.16
[  ] rabbitmq_consistent_hash_exchange     3.6.16
[  ] rabbitmq_event_exchange               3.6.16
[  ] rabbitmq_federation                   3.6.16
[  ] rabbitmq_federation_management         3.6.16
[  ] rabbitmq_jms_topic_exchange            3.6.16
[  ] rabbitmq_management                    3.6.16
[  ] rabbitmq_management_agent              3.6.16
[  ] rabbitmq_management_visualiser         3.6.16
[  ] rabbitmq_mqtt                          3.6.16
[  ] rabbitmq_random_exchange               3.6.16
[  ] rabbitmq_recent_history_exchange       3.6.16
[  ] rabbitmq_sharding                      3.6.16
[  ] rabbitmq_shovel                        3.6.16
[  ] rabbitmq_shovel_management             3.6.16
[  ] rabbitmq_stomp                         3.6.16
[  ] rabbitmq_top                           3.6.16
[  ] rabbitmq_tracing                       3.6.16
[  ] rabbitmq_trust_store                   3.6.16
[  ] rabbitmq_web_dispatch                  3.6.16
[  ] rabbitmq_web_mqtt                      3.6.16
[  ] rabbitmq_web_mqtt_examples             3.6.16
[  ] rabbitmq_web_stomp                     3.6.16
[  ] rabbitmq_web_stomp_examples            3.6.16
[  ] sockjs                                 0.3.4
```

图 3-12　查看插件列表

（3）启用 Web 管理插件，需要重启服务使之生效：

```
rabbitmq-plugins enable rabbitmq_management
systemctl restart rabbitmq-server.service
systemctl status rabbitmq-server.service
```

```
rabbitmq-plugins list
```
Web 界面 http://192.168.154.11:15672/，用户名密码 guest，或者 ps –aux | grep 15672。

📖 **经验提示**：如果无法访问，请查看控制节点的防火墙配置状态。Web 界面中，可以进入选择 admin，点击 openstack 用户名，设置 openstack 用户的密码和权限，然后输入 update user 命令，退出当前 guest 用户，使用用户名 openstack、密码 openstack 登录。

3. 创建 openstack 账户

（1）添加一个 openstack 用户，密码为 rb123：
```
rabbitmqctl add_user openstack rb123
```
（2）授予 openstack 用户配置、写入和读取权限：
```
rabbitmqctl set_permissions openstack ".*" ".*" ".*"
```

4. 查看 25672 和 5672 端口

使用 netstat –tnlup 命令查看，如果有图 3-13 所示的 25672 和 5672 端口，则表示安装成功。

tcp	0	0 0.0.0.0:9191	0.0.0.0:*	LISTEN	8978/python2
tcp	0	0 0.0.0.0:25672	0.0.0.0:*	LISTEN	8979/beam.smp
tcp	0	0 192.168.154.11:3306	0.0.0.0:*	LISTEN	9320/mysqld
tcp	0	0 192.168.154.11:11211	0.0.0.0:*	LISTEN	8969/memcached
tcp	0	0 127.0.0.1:11211	0.0.0.0:*	LISTEN	8969/memcached
tcp	0	0 0.0.0.0:9292	0.0.0.0:*	LISTEN	8977/python2
tcp	0	0 0.0.0.0:111	0.0.0.0:*	LISTEN	8690/rpcbind
tcp	0	0 0.0.0.0:4369	0.0.0.0:*	LISTEN	1/systemd
tcp	0	0 0.0.0.0:22	0.0.0.0:*	LISTEN	8983/sshd
tcp	0	0 127.0.0.1:25	0.0.0.0:*	LISTEN	9366/master
tcp	0	0 0.0.0.0:6080	0.0.0.0:*	LISTEN	8965/python2
tcp6	0	0 :::5672	:::*	LISTEN	8979/beam.smp

图 3-13 查看端口

（三）安装 memcached

认证 Keystone 服务使用 Memcached 缓存令牌。缓存服务 memecached 运行在控制节点。在生产部署中，推荐联合启用防火墙、认证和加密保证它的安全。

（1）安装组件：
```
yum install memcached python-memcached -y
```
（2）编辑配置/etc/sysconfig/memcached：
```
OPTIONS="-l 127.0.0.1,::1,controller"
```
（3）启动服务：
```
systemctl enable memcached.service;systemctl restart memcached.service
```
（4）查看 11211 端口：使用 netstat -tnlup 查看端口情况，如果看到 11211 端口有程序在侦听，则表示 memcache 安装成功，如图 3-14 所示。

tcp	0	0 192.168.154.11:11211	0.0.0.0:*	LISTEN	8969/memcached
tcp	0	0 127.0.0.1:11211	0.0.0.0:*	LISTEN	8969/memcached

图 3-14 查看端口

memcached 参数：

-d：作为守护进程在后台运行。

-m：分配给 Memcache 使用的内存数量，单位是 MB。

-u：运行 Memcache 的用户。

-l：监听的服务器 IP 地址。

-p：设置 Memcache 监听的端口。

-c：最大运行的并发连接数，默认是 1024。

-P：设置保存 Memcache 的 pid 文件。

-vv：以 very vrebose 模式启动，将调试信息和错误输出到控制台。

（四）安装 Etcd（可选，集群部署）

Etcd 服务是新加入的，可选安装，用于集群。

（1）安装组件：

```
yum install etcd -y
```

（2）编辑配置/etc/etcd/etcd.conf：

```
[Member]
ETCD_DATA_DIR="/var/lib/etcd/default.etcd"
ETCD_LISTEN_PEER_URLS="http://192.168.154.11:2380"
ETCD_LISTEN_CLIENT_URLS="http://192.168.154.11:2379"
ETCD_NAME="controller"
[Clustering]
ETCD_INITIAL_ADVERTISE_PEER_URLS="http://192.168.154.11:2380"
ETCD_ADVERTISE_CLIENT_URLS="http://192.168.154.11:2379"
ETCD_INITIAL_CLUSTER="controller=http://192.168.154.11:2380"
ETCD_INITIAL_CLUSTER_TOKEN="etcd-cluster-01"
ETCD_INITIAL_CLUSTER_STATE="new"
```

（3）启动服务：

```
systemctl start etcd.service; systemctl enable etcd.service
systemctl status etcd.service
```

（4）查看 2379 和 2380 端口：

使用 netstat -tnlup 查看端口情况，如果看到 2379 和 2380 端口有程序在侦听，则表示 etcd 安装成功，如图 3-15 所示。

```
[root@controller ~]# netstat -tnlup | grep etcd
tcp        0      0 192.168.154.11:2379      0.0.0.0:*               LISTEN      48570/etcd
tcp        0      0 192.168.154.11:2380      0.0.0.0:*               LISTEN      48570/etcd
```

图 3-15　查看端口

四、工程化操作

任务实施目标：

基于脚本方式配置系统：

使用终端软件使用 SSH 方式登录 CentOS 主机，执行以下代码：

```
yum install mariadb mariadb-server python2-PyMySQL -y
cat <<EOF /etc/my.cnf.d/openstack.cnf
[mysqld]
bind-address=192.168.154.11
default-storage-engine=innodb
innodb_file_per_table=on
max_connections=4096
```

```
collation-server = utf8_general_ci
character-set-server = utf8
EOF
systemctl enable mariadb.service;systemctl restart mariadb.service
mysql_secure_installation

yum install rabbitmq-server -y
systemctl enable rabbitmq-server.service;systemctl restart rabbitmq-server.
service
rabbitmqctl add_user openstack rb123
rabbitmqctl set_permissions openstack ".*" ".*" ".*"
netstat -tnlup

yum install memcached python-memcached -y
sed -i '/^OPTIONS=/cOPTIONS="-l 127.0.0.1,::1,controller"' /etc/sysconfig/
memcached
systemctl enable memcached.service;systemctl restart memcached.service
netstat -tnlup
```

任务验收

（1）使用命令（yum search mariadb mariadb-server python2-PyMySQL）查看 MySQL 安装包。

（2）使用密码 123 登录管理 MySQL。

（3）使用命令（yum search rabbitmq-server）查看 RabbitMQ 安装包。

（4）使用命令（rabbitmqctl list_users）查看 RabbitMQ 中 OpenStack 账户信息。

（5）使用命令（ps -aux | grep）查看 15672、25672、5672、11211 端口是否启动。

项目四

→ **Keystone 认证服务部署**

2020 年以来，对于包括中国在内的全世界比以往任何时候都更需要云技术的支持。在此期间，云系统几乎 7×24 小时全天候运转，而为了保障业务运行永不间断，技术人员也是 24 小时时刻待命。有了云的支撑，我们能集中力量办大事，可以通过会议、办公、电子商务、物流等系统确保学习、工作、生产等不耽误。因此，云计算已成为众多互联网和智能应用的基石，云计算人也承担着前所未有的责任与担当。

作为 OpenStack 框架的重要组件之一，Keystone（OpenStack Identity Service）负责管理身份验证、服务规则和服务令牌功能。无论是用户访问资源前的用户身份与权限验证，还是服务执行操作前的权限检测，都需要通过 Keystone 来处理。Keystone 类似一个服务总线，或者说是整个 OpenStack 框架的注册表，Nova（计算）、Glance（镜像）、Swift（对象存储）、Cinder（块存储）、Neutron（网络），以及 Horizon（Dashboard）等其他服务，都通过 Keystone 注册其服务端点 Endpoint（服务访问的 URL）。通过本项目中 3 个典型工作任务的学习，读者能在理解组件原理的基础上，独立安装、部署和管理 Keystone 组件。

学习目标

- 了解 Keystone 的基本概念和功能；
- 理解 Keystone 服务应用的典型框架流程；
- 掌握项目、用户、角色、服务管理方法；
- 掌握"用户项目对"权限分配方法。

任务一　初识组件与流程

任务描述

前期 OpenStack 云平台一键部署完成，业务主管安排云计算助理工程师小王结合 Web 图形化管理界面，学习 Keystone 认证服务，熟悉 Keystone 组件架构与基本概念，了解认证服务原理和部署方法。具体要求如下：

（1）学习 Keystone 基本功能。

（2）了解 Keystone 系统中域、项目、用户、角色、组等概念。

（3）结合 Dashboard 登录与操作，分析查询镜像操作对应的 Keystone 流程。

知识准备

一、认证服务功能

OpenStack 任何服务使用中，都需要先经过 Keystone 验证身份，然后获得目标服务端点 Endpoint，最后调用。Keystone 的主要功能可以概括为以下几部分：

（1）用户管理（Account）：管理用户账户信息。

（2）身份认证（Authentication）：令牌的方法与校验。

（3）用户授权（Authorization）：授予用户在服务中的权限。

（4）服务目录管理（Service Catalog）：提供服务 Service 和对应的 API 端点 Endpoint，无论任何服务或者用户访问 OpenStack，都要访问 Keystone 获取服务列表以及对应的 Endpoint。

二、Keystone 基本概念

在学习 Keystone 认证服务前，读者必须了解以下概念，初步了解其应用场景。

（1）用户（User）：指使用 OpenStack Service 的用户，可以是人、服务和系统。即所有访问 OpenStack Service 的对象统称为 User，这其中也包括其他组件服务。

（2）服务（Service）：即 OpenStack 的各个组件，如 Nova、Glace、Cinder、Neutron 等。

（3）凭证（Credentials）：用于确认用户身份的凭证，类似于"信物"。可以采用用户名+密码或者 API Key（秘钥），或者采用 Keystone 分配的身份令牌 Token。

（4)认证(Authentication):指用户身份验证的过程,Keystone 服务通过检查用户的 Credentials 来确定用户身份。第一次验证身份使用用户名与密码或者用户名与 API Key 的形式；当用户的 Credentials 被验证后,Keystone 会给用户分配一个 Authentication Token 供该用户后续请求操作,Token 中包含 User 的 Role 列表。

（5）令牌（Token）：通常是一串数字字符串，在 Keystone 中引入令牌机制来保护用户对资源的访问。同时，引入 PKI、PKIZ、fernet、UUID 其中一个随机加密产生一串数字，对令牌 Token 加以保护。Token 有时效性，规定 User 在有效时间内可以访问资源。

（6）角色（Role）：一组 ACL 集合，主要用于权限的划分。可以给 User 指定 Role，使得 User 获得 Role 对应的操作权限。系统默认使用的管理 Role 角色包括：管理员用户为 admin，普通用户为 user（member）；User 验证时必须带有项目 Project。

（7）策略（Policy）：一个 JSON 文件，rpm 安装默认是在/etc/keyston/policy.json。通过配置这个文件，Keystone 实现基于 Role 权限对 User 的管理（Policy→Role→User）。简言之，Policy 用来控制 User 对 Project（tenant）中资源的操作权限。

（8）项目（Project）：指一个资源集合。不同的 Project 之间资源是隔离的，资源可以设置配额。Project 中可以有多个 User，每一个 User 会根据权限的划分来使用 Project 中的资源。User 在使用 Project 资源前，必须要与这个 Project 关联，并且指定 User 在 Project 下的 Role，三者关联（Assignment）关系为 Project-User-Role。

（9）端点（Endpoint）：一个 URL，用来访问和定位某个 Service 的地址，不同 Region 有不同的 Endpoint。OpenStack 组件之间的通信基于 Restful API。任何服务访问 Openstack Service 中的资源时，都要访问 Keystone。Endpoint 分为三类：

- Admin url：管理员用户使用，Port 为 35357（V3 后统一改为 5000）。
- Internal url：内部组件间互相通信，Port 为 5000。
- Public url：其他用户访问，Port 为 5000。

（10）Service 与 Endpoint 的关系：

- 在 OpenStack 中，每一个 Service 中都有 3 种 Endpoint：Admin、Public、Internal（创建完 Service 后需要为其创建 API Endpoint）。
- Admin 使用者为管理员，能够修改 User Project。
- Public 使用者为外网客户端，管理自己的云服务器。
- Internal 使用者为内部人员，组件间相互调用。
- 3 种 Endpoint 在网络上开放的权限也不同：Admin 通常只能对内网开放；Public 通常可以对外网开放；Internal 只能对有安装 OpenStack 服务的机器开放。

注意

在版本 v1、v2 之后，Keystone v3 做出了许多变化和改进：

（1）Tenant 改为 Project，Member 改为 User。

（2）添加了 Domain，在 Project 之上添加 Domain 的概念，这更加符合现实世界和云服务的映射。

（3）利用 Domain 实现真正的多租户（Multi-Tenancy）架构，Domain 担任 Project 的高层容器。云服务的客户是 Domain 的所有者，他们可以在自己的 Domain 中创建多个 Projects、Users、Groups 和 Roles。通过引入 Domain，云服务客户可以对其拥有的多个 Project 进行统一管理，而不必再像过去那样对每一个 Project 进行单独管理，同时可以对系统资源进行限额。

（4）添加了 Group，目的是为了更好地管理用户，例如，Linux 下对组授权，其组下面的用户也有了相应的权限。Group 是一组 Users 的容器，可以向 Group 中添加用户，并直接给 Group 分配角色，那么在这个 Group 中的所有用户就都拥有了 Group 所拥有的角色权限。通过引入 Group 的概念，Keystone v3 实现了对用户组的管理，达到了同时管理一组用户权限的目的。

三、概念与对象关联

用户认证过程中，上述概念所属对象间的联系如图 4-1 所示。

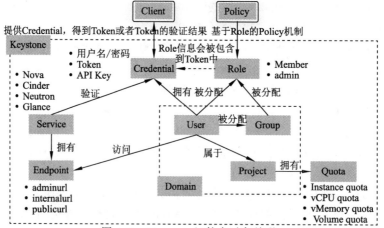

图 4-1　Keystone 组件中对象关联

图 4-2 举例说明了域、项目、组、用户、角色之间的关系。在一个 Domain 中包含 3 个 Project，可以通过 Group1 将 Role 1（Admin）直接赋予 Domain，那么 Group1 中的所有用户将会对 Domain 中的所有 Project 都拥有管理员权限。也可以通过 Group2 将 Role 2（Member）只赋予 Project3，这样 Group2 中的 User 就只拥有对 Project3 相应的权限，而不会影响其他 Project。

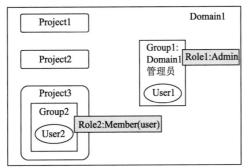

图 4-2　Domain、Group、Project、User 和 Role 间关系

四、认证基本流程

用户认证过程中涉及的主要流程如图 4-3 所示。

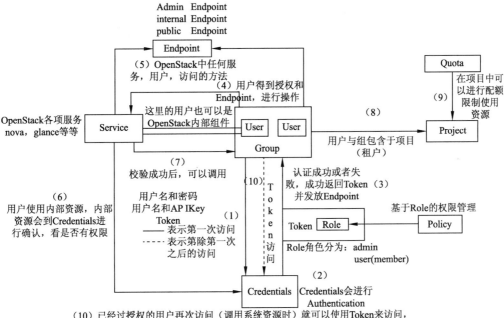

图 4-3　认证过程中对象关联

（1）User 首次向 Keystone 进行凭证（Credentials）认证。

（2）认证结果：成功或失败。

（3）成功则返回带有 Role 的 Token，并发放待访问服务 Service 的端点 Endpoint。

（4）User 带着 Token，通过 Endpoint 访问某一服务（如 nova、glance 等）。

（5）确定 User 访问采用何种 Endpoint。

（6）User 如需访问内部资源，需要再次到 Keystone 鉴权。

（7）鉴权成功后，可以访问调用。

（8）Group 是 User 的组合，属于 Project，可以进行配额设置。

（9）在项目中设置配额 Quota。

（10）已授权账户访问时，直接使用令牌 Token，无须重新认证。

五、实例创建流程

以创建一个 VM 实例为例，简要描述相关工作流程，如图 4-4 所示。

（1）User（API）首先会将自己的 Credentials 发给 Keystone（使用用户名+密码方式）。

（2）Keystone 读取数据库验证，验证成功后，Keystone 颁给 User（API）一个临时 Token 和一个访问 Service（Nova）的 Endpoint。

（3）User（API）带着临时 Token，通过 Endpoint 访问 nova Service。

（4）Nova 会拿着 User（API）的临时 Token，去 Keystone 认证，是否可用；若可用，则下一步。

（5）认证成功后，进入下一步。

（6）Nova 带着临时 Token 向镜像 Service（glance）申请所需镜像。

（7）Glance 会拿着临时 Token，去 Keystone 认证，是否可用；若可用，则提供镜像。

（8）Nova 带着临时 Token 向网络 Service（Neutron）申请所需网络。

（9）Neutron 带着临时 Token 去 Keystone 认证，是否可用；若可用，则提供网络。

（10）Nova 获取到 Services（Glance、Neutron）后，创建虚拟机，返回 User（API）信息。

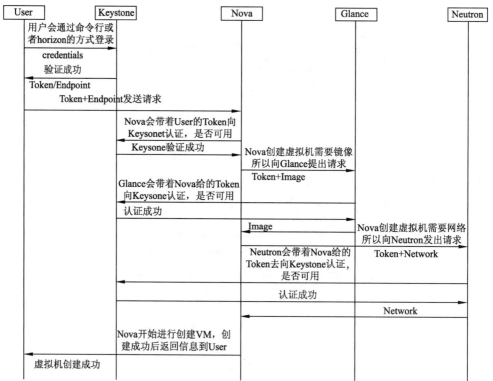

图 4-4　创建虚拟机实体流程

任务实施

一、账户登录分析

任务实施目标:

基于 Web 管理方式登录一键部署平台,理解登录认证过程。

在浏览器地址栏中输入 http://controller/dashboard(controller 为一键部署节点管理 IP 地址),登录访问 OpenStack,输入用户名 admin 和登录密码(登录密码查看配置文档);单击"连接"按钮,如图 4-5(a)所示。

若登录成功,分析该阶段认证过程有哪些。认证流程如图 4-5(b)所示,Keystone 返回 admin 用户,其中包含 admin 用户所在的角色 Role 信息。

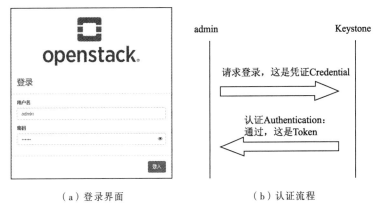

(a)登录界面　　　　　　　　　(b)认证流程

图 4-5　登录界面和认证流程

二、操作显示分析

任务实施目标:

基于 Web 管理方式登录一键部署平台,分析资源访问操作过程中的认证过程。

登录之后,点击项目,可以显示 admin 可管理的项目列表,模板包含 3 个:admin、services 和 demo,如图 4-6 所示。其实际流程如图 4-7(a)所示。

图 4-6　项目列表

单击"项目"大类中"实例""卷""映像"等服务时，访问项目功能组件，流程如图 4-7（b）所示。

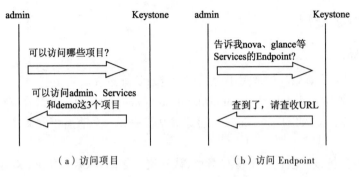

（a）访问项目　　　　　　　（b）访问 Endpoint

图 4-7　访问项目与资源

三、查看镜像列表

任务实施目标：

基于 Web 管理方式登录一键部署平台，分析资源访问操作过程中认证过程。

单击"映像"，会显示映像列表，如图 4-8（a）所示。具体流程如下：

（1）用户 admin 将请求发送到镜像服务 Glance 的 Endpoint。

（2）Glance 向 Keystone 询问 admin 身份是否有效。

（3）若有效，Glance 会查看/etc/glance/policy.json，判断 admin 是否有查看 image 的权限。

（4）权限判定通过，Glance 将 image 列表发给 admin。

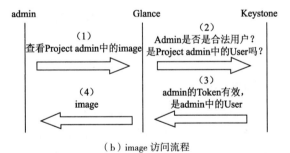

（a）访问卷资源　　　　　　　（b）image 访问流程

图 4-8　访问卷资源与流程

📖 任务验收

（1）复述 OpenStack 的主要组件。

（2）简要说明 OpenStack 认证流程。

任务二　手工安装部署 Keystone

任务描述

在对 Keystone 组件和流程有一定认识的基础上，主管要求云计算助理工程师小王在控制节点 Controller（192.168.154.11）上独立安装 Keystone 服务，学习项目、账户管理及认证授权等。具体要求如下：

（1）掌握 Keystone 服务手工安装方法。

（2）掌握项目、账户、用户和角色创建管理方法。

（3）学会使用脚本方式申请认证令牌。

相关账号、密码和实例设置如表 4-1 所示。

表 4-1　认证账号与密码信息

用　　途	账　　号	密　　码	本例密码
mysql 管理员登录	root	MYSQL_DBPASS	123
kestone 库访问	keystone	KEYSTONE_DBPASS	ks123
admin 身份认证	admin	ADMIN_DBPASS	admin123
myuser 身份认证	myuser	MYUSER_DBPASS	myz123

知识准备

一、MySQL 库管理命令

（1）登录服务器：mysql –h mysql-server –u root –p。

说明：使用 root 账户登录服务器（mysql-server 为服务器 IP 地址），如果登录本地，可以忽略 "–h mysql-server" 部分；输入 root 密码即可登录服务器。

（2）退出服务器：exit 或者按【Ctrl +C】组合键。

（3）新建数据库：create database 库名。

（4）数据库授权访问：grant all privileges on 库名.* to '账户'@'localhost' by '访问密码'；如果不限定地址，将'localhost'修改为'%'。

（5）查看用户授权：show grants for 用户名。

（6）撤销用户授权：revoke all privileges on 库名.* from '账户'@'localhost。

二、Linux 相关命令

1. yum 命令

yum（Yellow dog Updater, Modified）是一个在 Fedora 和 RedHat 及 SUSE 中的 Shell 前端软件包管理器。基于 RPM 包管理，能够从指定的服务器自动下载 RPM 包并且安装，可以自动处理依赖性关系，并且一次安装所有依赖的软件包，无须烦琐地一次次下载、安装。

（1）安装扩展源：yum install –y epel-release。

（2）升级软件包：yum upgrade。

（3）升级软件包和系统内核：yum update。

（4）清除缓存目录：yum clean all，yum 会把下载的软件包和 header 存储在 Cache 中而不自动删除。如果清理磁盘空间，使用 yum clean 指令清除缓存。

（5）建立域名缓存：yum makecache，在更新 yum 源或者出现配置 yum 源之后，通常都会使用 yum makecache 生成缓存。

2．chmod 命令

文件调用权限分为三级：文件拥有者、群组、其他。利用 chmod 可以控制文件如何被他人所调用。语法规则如下：

```
chmod [-cfvR] [--help] [--version] mode file...
```

参数 mode 权限设置字符串，格式为[ugoa...][[+-=][rwx]...][,...]，其中 u 表示该文件的拥有者，g 表示与该文件的拥有者属于同一个群体（group）者，o 表示其他以外的人，a 表示这三者皆是。+表示增加权限，-表示取消权限，=表示唯一设置权限。r 表示可读取，w 表示可写入，x 表示可执行。

其他参数说明：-c 表示若该文件权限确实已经更改，才显示其更改动作；-f 表示若该文件权限无法更改也不要显示错误信息；-v 显示权限变更的详细资料；-R 对目前目录下的所有文件与子目录进行相同的权限变更（即以递回的方式逐个变更）；--help 显示辅助说明；--version 显示版本。

任务实施

一、创库授权

任务实施目标：

在 controller 节点上，创建 Keystone 所需的数据库，并授权访问。

视 频

创库授权

（一）建立 openstack 库

（1）登录本地 mysql 服务器：

```
#mysql -u root -p
```

本例登录密码为 123。

（2）创建 keystone 数据库：

```
>create database keystone;
```

（3）验证数据库：

方法 1：

```
MariaDB [(none)]> show databases;
+--------------------------+
| Database                 |
+--------------------------+
| information_schema       |
| keystone                 |
| mysql                    |
| performance_schema       |
+--------------------------+
4 rows in set (0.00 sec)
```

方法 2:

```
#mysql -uroot -p123 -e "show databases"
```

（二）授权访问库

（1）账户授权访问。授权账户 keystone 本地和任意地点访问，密码均为 ks123。

```
>grant all privileges on keystone.* to 'keystone'@'localhost' identified by 'ks123';
>grant all privileges on keystone.* to 'keystone'@'%' identified by 'ks123';
```

（2）验证授权:

```
>flush privileges;
>show grants for keystone;
```

```
+------------------------------------------------------------------------------------+
| Grants for keystone@%                                                              |
+------------------------------------------------------------------------------------+
| GRANT USAGE ON *.* TO 'keystone'@'%' IDENTIFIED BY PASSWORD '*5819256CD3465BBAEC46B77A2156ABD4DEAA1685' |
| GRANT ALL PRIVILEGES ON `keystone`.* TO 'keystone'@'%'                             |
+------------------------------------------------------------------------------------+
```

```
>select user,host from mysql.user;
```

二、安装和配置组件

视频

安装和配置组件

任务实施目标:

通过修改国内 yum 源，安装和配置认证组件。

（一）安装软件与连库

1. 安装软件包

（1）下载相关 repo，修改国内 OpenStack 源，具体方法参考项目三的任务三中任务实施一的相关内容。

（2）安装软件包:

```
#yum install openstack-keystone httpd mod_wsgi openstack-utils -y
```

提示:httpd(基于 http 对外提供服务)mod_wsgi(python 应用和 Web 服务中间件，支持 Python 应用部署到 Web 服务上) openstack-utils（用于 openstack-config ）。

2. 配置数据库连接

修改配置文件 keystone.conf:

```
vi /etc/keystone/keystone.conf
```
完成以下配置:

```
[database]
connection=mysql+pymysql://keystone:ks123@controller/keystone
                          账户   密码      数据库
[token]
provider=fernet
```

> **注意**
>
> 若配置文件和目录为空，原因是 keystone 组件安装不成功。

（二）初始化库

1. 初始化数据库

使用 keystone 账号，执行 keystone-manage db_sync 命令，对数据库 keystone 初始化。

```
#su -s /bin/sh -c "keystone-manage db_sync" keystone
```

注意

原来新建数据库 keystone 中表为空，初始化后，将自动创建相关预定义表。

---

2. 验证

进入 SQL 中，查看数据库导入结果；或者直接执行以下命令：

```
#mysql -ukeystone -pks123 -e "use keystone;show tables"    49 行对象
+----------------------------------+
| Tables_in_keystone               |
+----------------------------------+
| access_rule                      |
| access_token                     |
| application_credential           |
| application_credential_access_rule|
| application_credential_role      |
| assignment                       |
| config_register                  |
| consumer                         |
| credential                       |
| endpoint                         |
| endpoint_group                   |
| federated_user                   |
| federation_protocol              |
| group                            |
| id_mapping                       |
| identity_provider                |
| idp_remote_ids                   |
| implied_role                     |
| limit                            |
| local_user                       |
| mapping                          |
| migrate_version                  |
| nonlocal_user                    |
| password                         |
| policy                           |
| policy_association               |
| project                          |
| project_endpoint                 |
| project_endpoint_group           |
| project_option                   |
| project_tag                      |
| region                           |
| registered_limit                 |
| request_token                    |
| revocation_event                 |
| role                             |
| role_option                      |
| sensitive_config                 |
| service                          |
```

```
| service_provider              |
| system_assignment             |
| token                         |
| trust                         |
| trust_role                    |
| user                          |
| user_group_membership         |
| user_option                   |
| whitelisted_config            |
+-------------------------------+
```

（三）初始化 Fernet keys

初始化 Fernet 秘钥库，生成用于 API 的安全信息格式 token：Fernet keys。

```
keystone-manage fernet_setup --keystone-user keystone --keystone-group
keystone
keystone-manage credential_setup --keystone-user keystone --keystone-group
keystone
```

🖉 技术点：

上面的两个步骤是 keystone 对自己授权的一个过程，创建了一个 keystone 用户与一个 keystone 组，并对这个用户和组授权。因为 keystone 是对其他组件认证的服务，所以它先要对自己进行一下认证。

（四）引导身份认证服务

使用 bootstrap 框架引导身份服务：

创建 keystone 用户，初始化服务实体和 API 端点。需要创建一个密码 ADMIN_PASS，作为登录 openstack 的 admin 管理员用户，本例密码为 admin123。创建 keystone 服务实体和身份认证服务，包括 3 种类型：

```
keystone-manage bootstrap --bootstrap-password admin123 \
  --bootstrap-admin-url http://controller:5000/v3/ \
  --bootstrap-internal-url http://controller:5000/v3/ \
  --bootstrap-public-url http://controller:5000/v3/ \
  --bootstrap-region-id RegionOne
```

📖 经验提示：v3 之后，可以使用一个端口 5000，不再使用 35357。

（五）典型故障

❖ 典型故障 1：报错——/etc/keystone/fernet-keys/ does not exist。

分析：前面部分部署未成功。

解决：检查并完成相关操作。

三、配置 Apache HTTP 服务

任务实施目标：

优化 HTTP 服务，便于 API 接口服务。

（一）修改服务器名

编辑配置文件

视 频

配置 Apache HTTP

```
vi /etc/httpd/conf/httpd.conf
```
完成以下配置：
```
ServerName controller
```

（二）创建配置链接

1. 创建链接

创建一个到/usr/share/keystone/wsgi-keystone.conf 文件的链接文件，实际上是为 mod_wsgi 模块添加配置文件，除了做软链接，还可以直接复制该文件。

📖 **经验提示**：可以查看 wsgi-keystone.conf，其中，只有 5000 端口的 http 配置，没有 35357 端口。

```
ln -s /usr/share/keystone/wsgi-keystone.conf /etc/httpd/conf.d/
```

2. 重启服务

```
systemctl start httpd;systemctl enable httpd
```

（三）典型故障

❖ 典型故障 1：httpd 起不来（即 staus 中不是 active running），且报 wsgi 错。

解决：请重新安装 mod_wsgi，否则影响后续工作。

❖ 典型故障 2：httpd 起不来（即 staus 中不是 active running）。

解决：请重新检查/etc/httpd/conf/httpd.conf。

四、临时配置管理员环境变量

任务实施目标：

临时配置管理员账户的相关变量，获取认证令牌。

视频

临时配置管理员环境变量

（一）配置环境变量

用于管理员账户临时认证，执行以下命令：
```
export OS_USERNAME=admin
export OS_PASSWORD=admin123
export OS_PROJECT_NAME=admin
export OS_USER_DOMAIN_NAME=Default
export OS_PROJECT_DOMAIN_NAME=Default
export OS_AUTH_URL=http://controller:5000/v3
export OS_IDENTITY_API_VERSION=3
```

✏️ **技术点：**
```
export OS_PROJECT_NAME=admin  # 项目名，若想让用户获取权限，必须指定所在的项目
export OS_AUTH_URL=http://controller:5000/v3   #认证 url
export OS_IDENTITY_API_VERSION=3   #指定版本
```

┌─ **注意** ──┐
export OS_PASSWORD 值必须与任务实施第四步中配置一致，本例为 admin123。
└──┘

（二）验证 token

（1）使用 openstack token issue 命令，查看 admin 获取的 token。

```
[root@controller yum.repos.d]# openstack token issue
+-----------+------------------------------------------------------------------------------------------------+
| Field     | Value                                                                                          |
+-----------+------------------------------------------------------------------------------------------------+
| expires   | 2020-04-07T09:59:30+0000                                                                       |
| id        | gAAAAABe1EC2qne8E5jo-cF0bJLQwKv3V4I_e45XktzrA01kf3VoX3HR_umir0GJgF2djeQLKUsHEU1BATv6TOnz_1lLCjiN4_UXhTOscI6FUtAXNvO4nsC6HvXUBnnTmMx1jv0F9lh3VjiMw9xhjv95MdN4pCodCZh_EZPDW3-j_NszamKACZ0 |
| project_id| c903c0b1f0ff4beea2f74ad189b36413                                                               |
| user_id   | 6cb4312c5729472db36b19508110bca5                                                               |
+-----------+------------------------------------------------------------------------------------------------+
```

（2）使用 openstack project list 命令，可以查看 admin 项目。

```
[root@controller yum.repos.d]# openstack project list
+----------------------------------+-------+
| ID                               | Name  |
+----------------------------------+-------+
| c903c0b1f0ff4beea2f74ad189b36413 | admin |
+----------------------------------+-------+
```

> **注意**
> OpenStack 中很多 ID 信息都是随机生成的，因此读者实验时一般与书中有所差异。

五、创建域、项目、用户和角色

视频

创建客户端环
境配置脚本

任务实施目标：

在默认域下，创建账户、用户和角色。

本例中 keystone-manage bootstrap 步骤中已存在"默认"域，不再创建其他域。

（一）创建 Service 项目

1. 创建 Service 项目

在 OpenStack 环境中创建一个包含其他组件服务 Service（名为 service）项目（Project），执行以下命令：

```
openstack project create --domain default --description "Service Project"
service
```

```
+-------------+----------------------------------+
| Field       | Value                            |
+-------------+----------------------------------+
| description | Service Project                  |
| domain_id   | default                          |
| enabled     | True                             |
| id          | 648381592f5c48f99787106579f34fdb |
| is_domain   | False                            |
| name        | service                          |
| parent_id   | default                          |
| tags        | []                               |
+-------------+----------------------------------+
```

❖ 典型故障：如果提示 openstack 命令未找到，请安装客户端软件包：yum install -y python2-openstackclient。

❖ 典型故障：如果提示 Missing value auth-url required for auth plugin password，需要重新认证身份。

2. 查看项目

执行命令：#openstack project list

```
+----------------------------------+---------+
| ID                               | Name    |
+----------------------------------+---------+
| 648381592f5c48f99787106579f34fdb | service |
| c903c0b1f0ff4beea2f74ad189b36413 | admin   |
+----------------------------------+---------+
```

执行代码：

```
openstack project create --domain default --description "Service Project"
service
```

```
openstack project list
```

（二）创建 myproject 项目

myprojetc 项目创建目的在于：常规（非管理员）任务应使用非特权项目和用户。本例中创建 myproject 项目和 myuser 账户。（有的教材中定义为 demo 项目，功能基本一致）

```
openstack project create --domain default --description "Demo Project"
myproject
```

```
+-------------+------------------------------------+
| Field       | Value                              |
+-------------+------------------------------------+
| description | Demo Project                       |
| domain_id   | default                            |
| enabled     | True                               |
| id          | a7eaf60d723f45509531025549f7857b   |
| is_domain   | False                              |
| name        | myproject                          |
| parent_id   | default                            |
| tags        | []                                 |
+-------------+------------------------------------+
```

（三）创建 myuser 账户

执行以下命令：

```
openstack user create --domain default --password-prompt myuser
```

#密码设置为 myz123

```
+---------------------+----------------------------------+
| Field               | Value                            |
+---------------------+----------------------------------+
| domain_id           | default                          |
| enabled             | True                             |
| id                  | 4603ff0f90954dc2af52b663413939db |
| name                | myuser                           |
| options             | {}                               |
| password_expires_at | None                             |
+---------------------+----------------------------------+
```

（四）创建 myrole 角色

1. 创建 myrole 角色

执行以下命令：

```
openstack role create myrole
```

```
+-----------+----------------------------------+
| Field     | Value                            |
+-----------+----------------------------------+
| domain_id | None                             |
| id        | aae3484691af481d8903f69eeaa21254 |
| name      | myrole                           |
+-----------+----------------------------------+
```

2. 添加 myuser 至 myproject 项目中并赋予 myrole 的角色

执行以下命令：

```
openstack role add --project myproject --user myuser myrole
```

3. 验证角色

（1）查看 role 列表：

```
#openstack role list
```

```
+----------------------------------+--------+
| ID                               | Name   |
+----------------------------------+--------+
| 3b4918a5c1ce45cfaccc4b7858f6a4ca | reader |
| a63a94fef42b4bb7a41abd9eaadadd1a | admin  |
| aae3484691af481d8903f69eeaa21254 | myrole |
| b10b965a981b4a7f92dfd97ee942b37d | member |
+----------------------------------+--------+
```

其中包含两个系统默认 reader 和 member 角色。

（2）查看用户列表：

```
#openstack user list
```

```
+----------------------------------+---------+
| ID                               | Name    |
+----------------------------------+---------+
| 4603ff0f90954dc2af52b663413939db | myuser  |
| 6cb4312c5729472db36b19508116bca5 | admin   |
+----------------------------------+---------+
```

（3）查看角色分配列表：

`#openstack role assignment list`

```
+----------------------------------+----------------------------------+-------+----------------------------------+--------+--------+-----------+
| Role                             | User                             | Group | Project                          | Domain | System | Inherited |
+----------------------------------+----------------------------------+-------+----------------------------------+--------+--------+-----------+
| aae3484691af481d8903f69eeaa21254 | 4603ff0f90954dc2af52b663413939db |       | a7eaf60d723f45509531025549f7857b |        |        | False     |
| a63a94fef42b4bb7a41abd9eaadadd1a | 6cb4312c5729472db36b19508116bca5 |       | c903c0b1f0ff4beea2f74ad189b36413 |        |        | False     |
| a63a94fef42b4bb7a41abd9eaadadd1a | 6cb4312c5729472db36b19508116bca5 |       |                                  |        | all    | False     |
+----------------------------------+----------------------------------+-------+----------------------------------+--------+--------+-----------+
```

（4）查看某一账户的角色分配：

`#openstack role assignment list --user 用户名或 ID`

```
[root@controller ~]# openstack role assignment list --user 4603ff0f90954dc2af52b663413939db
+----------------------------------+----------------------------------+-------+----------------------------------+--------+--------+-----------+
| Role                             | User                             | Group | Project                          | Domain | System | Inherited |
+----------------------------------+----------------------------------+-------+----------------------------------+--------+--------+-----------+
| aae3484691af481d8903f69eeaa21254 | 4603ff0f90954dc2af52b663413939db |       | a7eaf60d723f45509531025549f7857b |        |        | False     |
+----------------------------------+----------------------------------+-------+----------------------------------+--------+--------+-----------+
```

> **注意**
>
> myrole 角色，将与后续"项目八 Dashboard"相关，myrole 将用于/etc/openstack-dashboard/
> local_settings 中 OPENSTACK_KEYSTONE_DEFAULT_ROLE 字段，即 OPENSTACK_KEYSTONE_
> DEFAULT_ROLE="myrole"。

（五）验证用户

功能类似于子任务四 admin 管理员环境变量认证。

1. 取消临时令牌认证授权机制

鉴于安全因素，除去临时（本项目任务实施第四步）令牌认证机制（OS_AUTH_URL 和 OS_
PASSWORD 环境变量）。

查看当前认证 token：

```
[root@controller ~]# openstack token issue
+------------+---------------------------------------------------------------------------------------------------------------------------------------------+
| Field      | Value                                                                                                                                       |
+------------+---------------------------------------------------------------------------------------------------------------------------------------------+
| expires    | 2020-04-07T12:45:56+0000                                                                                                                    |
| id         | gAAAAABejGf0cdCZ-Jtj8Tou2hiKw19I4WZ4skEYoJuT5ar1Yxku0XvJkDI0AqfMbNnHLZ5UfXDb4of1z-3J7mFYy1sdJ2F4HRhCNp4atHvm-PT09fuAMIQMJAVx-g_F7sfoEjL93udrk8ce73xtg5_b37qMRTnfjtSOmPYd9N-ZPP5-ljJNGO4 |
| project_id | c903c0b1f0ff4beea2f74ad189b36413                                                                                                            |
| user_id    | 6cb4312c5729472db36b19508116bca5                                                                                                            |
+------------+---------------------------------------------------------------------------------------------------------------------------------------------+
```

执行以下命令，取消临时授权；无法查找到 token。

`unset OS_AUTH_URL OS_PASSWORD`

```
[root@controller ~]# unset OS_AUTH_URL OS_PASSWORD
[root@controller ~]# openstack token issue
Missing value auth-url required for auth plugin password
```

2. 以管理员身份验证令牌

```
openstack --os-auth-url http://controller:5000/v3\
--os-project-domain-name Default\
--os-user-domain-name Default\
--os-project-name admin\
--os-username admin token issue
```

输入上面设置的验证密码：admin123 获得令牌。

3. 以 myuser 身份验证令牌

```
openstack --os-auth-url http://controller:5000/v3\
```

```
   --os-project-domain-name Default\
--os-user-domain-name Default\
   --os-project-name myproject\
--os-username myuser token issue
```

输入上面设置的验证密码:myz123 获得令牌。

```
| Field      | Value
| expires    | 2020-04-07T12:49:52+0000
| id         | gAAAAABej6jgUBG7oeFcAE5Vwbwvc8r21BD-lMbhXZwv3A18ZPs-15Ha2o07VwIik8hZIhMpOhIrvMizxKidqBMsVD_1bWnh3PBKd_g4EPIblWwYRFDxZqjO5bhjlXOAz-ZKAh9ONUuzpHWFjms0qeqaVOqUScTjULWxlgrOd8jCzUTSwT27pi0
| project_id | a7eaf60d723f4550953102554Of7857b
| user_id    | 4603ff0f90954dc2af52b663413939db
```

（六）创建客户端环境脚本

openstack 客户端通过添加参数或使用环境变量的方式来与 Identity 服务进行交互，从而提高效率。

1. 创建 admin 用户环境脚本

在家目录下，创建 admin-openrc 文件，添加以下内容：

```
export OS_PROJECT_DOMAIN_NAME=Default
export OS_USER_DOMAIN_NAME=Default
export OS_PROJECT_NAME=admin
export OS_USERNAME=admin
export OS_PASSWORD=admin123
export OS_AUTH_URL=http://controller:5000/v3
export OS_IDENTITY_API_VERSION=3
export OS_IMAGE_API_VERSION=2
```

2. 创建 myuser 用户环境脚本

在家目录下，创建 myuser-openrc 文件，添加以下内容：

```
export OS_PROJECT_DOMAIN_NAME=Default
export OS_USER_DOMAIN_NAME=Default
export OS_PROJECT_NAME=myproject
export OS_USERNAME=myuser
export OS_PASSWORD=myz123
export OS_AUTH_URL=http://controller:5000/v3
export OS_IDENTITY_API_VERSION=3
export OS_IMAGE_API_VERSION=2
```

3. 增加可执行权限

```
chmod +x admin-openrc
chmod +x myuser-openrc
```

4. 使用脚本

（1）执行以下脚本命令：

```
.admin-openrc   或者   source admin-openrc
```

（2）查看令牌：

```
openstack token issue
```

```
[root@controller ~]# . demo-openrc
[root@controller ~]# openstack token issue
| Field      | Value
| expires    | 2020-04-07T12:58:24+0000
| id         | gAAAAABej6rgEJi5NDMI1Opfk9t6AcFRRwuyBDYkuRVBIMnB6Qymx_9b-vCovQwlHih81kbYAIN5IqMODQeRlBfYSX1T__a54ui76JEygWFuYEpOKIPYDLFRvBvUF9BcEFo1AkhPcFw3sVvTBeFp4bPmD600dg0UofuMDyQa6p8hQk9RUQmO5NE
| project_id | a7eaf60d723f4550953102554Of7857b
| user_id    | 4603ff0f90954dc2af52b663413939db
```

📖 经验提示：一个用户终端，每次只能申请一个令牌。

六、工程化操作

任务实施目标：

基于脚本方式配置系统。

基于终端软件使用 SSH 方式登录 CentOS 主机，执行以下代码：

```
#任务 1: 创库授权
mysql -u root -p123
CREATE DATABASE keystone;
GRANT ALL PRIVILEGES ON keystone.* TO 'keystone'@'localhost' IDENTIFIED BY
'ks123';
GRANT ALL PRIVILEGES ON keystone.* TO 'keystone'@'%' IDENTIFIED BY 'ks123';
select user,host from mysql.user;
quit
#任务 2: 安装配置组件
yum install openstack-keystone httpd mod_wsgi openstack-utils-y
openstack-config --set /etc/keystone/keystone.conf database connection
mysql+pymysql://keystone:ks123@controller/keystone
openstack-config --set /etc/keystone/keystone.conf token provider fernet
su -s /bin/sh -c "keystone-manage db_sync" keystone
mysql -uroot -p123 -e "use keystone;show tables;"
mysql -uroot -p123 -e "use keystone;show tables;" | wc -l
keystone-manage fernet_setup --keystone-user keystone --keystone-group
keystone
keystone-manage credential_setup --keystone-user keystone --keystone-group
keystone
openstack-config --set /etc/keystone/keystone.conf database connection
mysql+pymysql://keystone:ks123@controller/keystone
openstack-config --set /etc/keystone/keystone.conf token provider fernet su
-s /bin/sh -c "keystone-manage db_sync" keystone
keystone-manage fernet_setup --keystone-user keystone --keystone-group
keystone
keystone-manage credential_setup --keystone-user keystone --keystone-group
keystone
keystone-manage bootstrap --bootstrap-password admin123 \
  --bootstrap-admin-url http://controller:5000/v3/ \
  --bootstrap-internal-url http://controller:5000/v3/ \
  --bootstrap-public-url http://controller:5000/v3/ \
  --bootstrap-region-id RegionOne
#任务 3: 配置 Apache HTTP
sed -i "s/#ServerName www.example.com:80/ServerName controller/" /etc/httpd/
conf/httpd.conf
sed -i -e '/^ServerName/s/ServerName/#ServerName/' /etc/httpd/conf/httpd.
conf
sed -i '/^#ServerName/a ServerName controller' /etc/httpd/conf/httpd.conf
ln -s /usr/share/keystone/wsgi-keystone.conf /etc/httpd/conf.d/
systemctl enable httpd.service;systemctl restart httpd.service
#任务 4: 临时管理员环境变量export OS_USERNAME=admin
export OS_PASSWORD=admin123
```

```
export OS_PROJECT_NAME=admin
export OS_USER_DOMAIN_NAME=Default
export OS_PROJECT_DOMAIN_NAME=Default
export OS_AUTH_URL=http://controller:5000/v3
export OS_IDENTITY_API_VERSION=3
openstack token issue
openstack project list
#任务5: 创建域、项目、用户和角色
openstack project create --domain default --description "Service Project"
service
openstack project create --domain default --description "Demo Project"
myproject
openstack project list
openstack user create --domain default -password=myz123 myuser
openstack user list
openstack role create myrole
openstack role add --project myproject --user myuser myrole
cat <<EOF> /root/admin-openrc
export OS_PROJECT_DOMAIN_NAME=Default
export OS_USER_DOMAIN_NAME=Default
export OS_PROJECT_NAME=admin
export OS_USERNAME=admin
export OS_PASSWORD=admin123
export OS_AUTH_URL=http://controller:5000/v3
export OS_IDENTITY_API_VERSION=3
export OS_IMAGE_API_VERSION=2
EOF
cat <<EOF> /root/myuser-openrc
export OS_PROJECT_DOMAIN_NAME=Default
export OS_USER_DOMAIN_NAME=Default
export OS_PROJECT_NAME=myproject
export OS_USERNAME=myuser
export OS_PASSWORD=myz123
export OS_AUTH_URL=http://controller:5000/v3
export OS_IDENTITY_API_VERSION=3
export OS_IMAGE_API_VERSION=2
EOF
```

任务验收

（1）使用命令查看数据库信息，验收命令：

- mysql -uroot -p123 -e "show databases"。
- mysql -uroot -p123 -e " select user,host from mysql.user"。

（2）查看数据库初始化结果，验收命令：mysql –uroot –p123 –e "use keystone;show tables;" | wc –l。

（3）分别执行. admin-openrc 和. myuser-openrc 命令，查看管理员和普通租户是否都能成功获取令牌。

（4）查看用户、角色等对象，验收命令：

- openstack role list。
- openstack user list。
- admin-openrc; openstack token issue。
- myuser-openrc; openstack token issue。

任务三　Keystone 认证运维

任务描述

使用命令行和图像化两种界面方式管理项目、用户和角色对象，并创建和管理服务与服务用户。具体要求：

（1）按照表 4-2 新建项目、账户和角色，分配角色。

（2）按照表 4-3 新建服务、服务用户，分配角色。

（3）掌握项目、账户、角色查看和管理方法。

表 4-2　项目-账户-角色规划表

Domain	Project	User/Passwd	Role
Default	project_t1	user_t1/ usr123	role_t1

表 4-3　服务-账户-角色规划表

Domain	Service	Service user/Passwd	Role
Default	glance	glance/ gl123	admin

知识准备

一、域名管理命令

新建域名语法：`openstack domain create --description "域名描述" 域名`

二、项目、用户和角色管理命令

1. 项目 Project 管理语法

（1）创建项目：`openstack project create -description '项目描述' 项目名 --domain 域名`（默认 default）

（2）查看项目列表：`openstack project list`

（3）查看具体项目：`openstack project show 项目名称|ID`

（4）修改项目：

- 临时禁用：`openstack project set 项目名称|ID --disable`
- 激活禁用项目：`openstack project set 项目名称|ID --enable`
- 修改项目名称：`openstack project set 项目名称|ID --name 新项目名`

（5）删除项目：`openstack project delete 项目名称|ID`

2. 用户 user 管理语法

（1）创建用户：`openstack user create --project 项目名 --password 密码 用户名`

（2）查看用户列表：`openstack user list`

（3）修改用户：

- 临时禁用：`openstack user set 用户名|者ID --disable`
- 激活禁用项目：`openstack user set 用户名|ID --enable`
- 修改名称或描述：`openstack user set 用户名|ID --name 新名称 --email 新邮箱`

（4）删除用户：`openstack user delete --domain default 用户名`

3. 角色 role 管理语法

角色的意义：用户可以是多个项目的成员，要将用户分配给多个项目，需要定义角色，并将该角色分配给用户–项目对。

（1）创建角色：`openstack role create 角色名`

（2）查看角色列表：`openstack role list`

（3）查看具体角色：`openstack role show 角色名|ID`

（4）分配角色：`openstack role add --user 用户名|ID --project 项目名|ID 角色名|ID`

（5）验证角色分配：`openstack role assignment list --user 用户名|ID --project 项目名|ID --names`

（6）删除角色：`openstack role remove --user 用户名|ID --project 项目名|ID 角色名|ID`

（7）验证用户角色：`openstack role list --user 用户名|ID --project 项目名|ID`

三、服务和服务用户管理命令

1. 服务 Service 管理语法

（1）查看服务列表：`openstack service list`

（2）创建服务：`openstack service create --name 服务名 --description '服务描述' 服务类型`

服务类型包括：identify、compute、network、image、object-store 等

（3）查看具体服务：`openstack service show 服务名|服务类型|服务ID`

（4）删除服务：`openstack service delete 服务名|服务类型|服务ID`

2. 服务用户管理语法

（1）创建服务专用项目：`openstack project create service --domain 域名（默认 default）`

（2）为待部署服务创建服务用户：`openstack user create --domain 域名（默认 default）--password-prompt 服务用户名`

（3）将 admin 角色分配给用户–项目对：`openstack role add --project service --user 服务用户名 admin`

任务实施

📖 经验提示：需要管理员认证授权后方可实施。

一、项目与用户管理

任务实施目标：

在 controller 节点，独立完成项目、用户、角色管理。

（一）管理项目

（1）查看当前项目列表，执行命令 openstack project list，当前包含 3 个项目：

```
+----------------------------------+-----------+
| ID                               | Name      |
+----------------------------------+-----------+
| 648381592f5c48f99787106579f34fdb | service   |
| a7eaf60d723f45509531025549f7857b | myproject |
| c903c0b1f0ff4beea2f74ad189b36413 | admin     |
+----------------------------------+-----------+
```

（2）新建项目 project_t1，执行命令 openstack project create --description 'new project t1' project_t1 --domain default：

```
+-------------+----------------------------------+
| Field       | Value                            |
+-------------+----------------------------------+
| description | new project t1                   |
| domain_id   | default                          |
| enabled     | True                             |
| id          | 30aad6d8feee48768ea063a9a86c8faa |
| is_domain   | False                            |
| name        | project_t1                       |
| parent_id   | default                          |
| tags        | []                               |
+-------------+----------------------------------+
```

（3）再次查看项目列表：

```
+----------------------------------+------------+
| ID                               | Name       |
+----------------------------------+------------+
| 30aad6d8feee48768ea063a9a86c8faa | project_t1 |
| 648381592f5c48f99787106579f34fdb | service    |
| a7eaf60d723f45509531025549f7857b | myproject  |
| c903c0b1f0ff4beea2f74ad189b36413 | admin      |
+----------------------------------+------------+
```

（二）管理账户

1. 新建账户

在 project_t1 项目中，创建账户 user_t1，设置密码为 usr123，执行命令：openstack user create --project project_t1 –password=usr123 user_t1：

```
+---------------------+----------------------------------+
| Field               | Value                            |
+---------------------+----------------------------------+
| default_project_id  | 30aad6d8feee48768ea063a9a86c8faa |
| domain_id           | default                          |
| enabled             | True                             |
| id                  | ec09a9e3e62d479fa41bbda4127fd293 |
| name                | user_t1                          |
| options             | {}                               |
| password_expires_at | None                             |
+---------------------+----------------------------------+
```

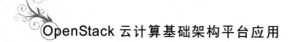

2. 查看账户

执行 openstack user list 命令：

```
+----------------------------------+---------+
| ID                               | Name    |
+----------------------------------+---------+
| 4603ff0f90954dc2af52b663413939db | myuser  |
| 6cb4312c5729472db36b19508116bca5 | admin   |
| ec09a9e3e62d479fa41bbda4127fd293 | user_t1 |
+----------------------------------+---------+
```

（三）管理角色

1. 新建角色

（1）新建角色 role_t1，执行命令 openstack role create role_t1：

```
+-----------+----------------------------------+
| Field     | Value                            |
+-----------+----------------------------------+
| domain_id | None                             |
| id        | ccf9efdbf6ab4b39b7312853ec5cd65d |
| name      | role_t1                          |
+-----------+----------------------------------+
```

（2）查看角色列表，执行命令 openstack role list：

```
+----------------------------------+---------+
| ID                               | Name    |
+----------------------------------+---------+
| 3b4918a5c1ce45cfaccc4b7858f6a4ca | reader  |
| a63a94fef42b4bb7a41abd9eaadadd1a | admin   |
| aae3484691af481d8903f69eeaa21254 | myrole  |
| b10b965a981b4a7f92dfd97ee942b37d | member  |
| ccf9efdbf6ab4b39b7312853ec5cd65d | role_t1 |
+----------------------------------+---------+
```

（3）分配角色

分配 role_t1 给 user_t1 和 project_t1 对，执行命令 openstack role add --user user_t1 --project project_t1 role_t1：

> **注意**
>
> 没有任何提示信息。

2. 验证角色分配

（1）查看所有角色分配：

执行命令：openstack role assignment list，显示 id 对应关系。第 1 行为 glance，第 4 行为 user_t1，可以通过 openstack user list 查看用户与 id 的对应关系：

Role	User	Group	Project	Domain	System	Inherited
aae3484691af481d8903f69eeaa21254	4603ff0f90954dc2af52b663413939db		a7eaf60d723f45509531025549f7857b			False
a63a94fef42b4bb7a41abd9eaadadd1a	6cb4312c5729472db36b19508116bca5		c903c0b1f0ff4beea2f74ad189b36413			False
ccf9efdbf6ab4b39b7312853ec5cd65d	ec09a9e3e62d479fa41bbda4127fd293		30aad6d8feee48768ea063a9a86c8faa			False
a63a94fef42b4bb7a41abd9eaadadd1a	6cb4312c5729472db36b19508116bca5				all	False

（2）查看某一用户、项目、角色分配：

执行命令：openstack role assignment list --user user_t1：

Role	User	Group	Project	Domain	System	Inherited
ccf9efdbf6ab4b39b7312853ec5cd65d	ec09a9e3e62d479fa41bbda4127fd293		30aad6d8feee48768ea063a9a86c8faa			False

二、服务与服务用户管理

任务实施目标：

在 controller 节点，独立完成服务和用户管理。

🖊 **技术点：**

服务都属于项目 service。

（一）管理服务

1. 查看服务列表

查看当前列表，执行命令：openstack service list。当前 OpenStack 中仅包含身份认证 identity 服务 keystone：

```
+----------------------------------+----------+----------+
| ID                               | Name     | Type     |
+----------------------------------+----------+----------+
| adeb8d8e3f4a42faad865c87ea0976ef | keystone | identity |
+----------------------------------+----------+----------+
```

2. 新建服务

新建镜像服务，执行命令：openstack service create --name glance --description "OpenStack Image" image：

```
+-------------+----------------------------------+
| Field       | Value                            |
+-------------+----------------------------------+
| description | OpenStack Image                  |
| enabled     | True                             |
| id          | 3d50d017c73c413d812ce861cb733fd0 |
| name        | glance                           |
| type        | image                            |
+-------------+----------------------------------+
```

📖 **经验提示：** 服务账户不限于特定项目 service，注意对比与项目账户创建结果的区别。

（二）管理服务账户

1. 新建服务账户

新建镜像服账户 glance，执行命令 openstack user create --domain default --password-prompt glance，输入密码 gl123：

```
+---------------------+----------------------------------+
| Field               | Value                            |
+---------------------+----------------------------------+
| domain_id           | default                          |
| enabled             | True                             |
| id                  | 22a21e2ce99547a0a9988f60bb2d5909 |
| name                | glance                           |
| options             | {}                               |
| password_expires_at | None                             |
+---------------------+----------------------------------+
```

2. 分配角色给账户-项目对

（1）将 admin 角色分配给 glance 和 service，执行命令：openstack role add --project service --user glance admin。

（2）查看角色、账户、项目：

```
openstack role assignment list
```

Role	User	Group	Project	Domain	System	Inherited
a63a94fef42b4bb7a41abd9eaadadd1a	22a21e2ce99547a0a9988f60bb2d5909		648381592f5c48f99787106579f34fdb			False
aae3484691af481d8903f69eeaa21254	4603ff0f90954dc2af52b663413939db		a7eaf60d723f45509531025549f7857b			False
a63a94fef42b4bb7a41abd9eaadadd1a	6cb4312c5729472db36b19508116bca5		c903c0b1f0ff4beea2f74ad189b36413			False
ccf9efdbf6ab4b39b7312853ec5cd65d	ec09a9e3e62d479fa41bbda4127fd293		30aad6d8feee48768ea063a9a86c8faa			False
a63a94fef42b4bb7a41abd9eaadadd1a	6cb4312c5729472db36b19508116bca5				all	False

三、工程化操作

任务实施目标：

基于脚本方式配置系统。

基于终端软件使用 SSH 方式登录 Centos 主机，执行以下代码：

```
#项目与用户管理
openstack project create --description 'new project t1' project_t1 --domain
default
openstack user create --project project_t1 --password=usr123 user_t1
openstack user list
openstack role create role_t1
openstack role list
openstack role add --user user_t1 --project project_t1 role_t1
openstack role assignment list
openstack role assignment list --user user_t1
#服务与用户管理
openstack service create --name glance --description "OpenStack Image" image
openstack user create --domain default --password=gl123 glance
openstack role add --project service --user glance admin
openstack role assignment list
```

任务验收

使用 list 和 show 命令查看 OpenStack 系统中账户、角色、服务等信息。验收命令：

（1）openstack role assignment list。

（2）openstack service list。

项目五

→ Glance 镜像服务部署

2020 年 12 月 10 日，习近平总书记致信祝贺首届全国职业技能大赛举办，强调"大力弘扬劳模精神、劳动精神、工匠精神""培养更多高技能人才和大国工匠"。工匠体现了劳动者特别是青年人走技能成才、技能报国的志向和状态，也是中国制造业的重要力量，工匠精神始终是创新创业的重要精神源泉。站在实现"两个一百年"奋斗目标的历史交汇点上，作为新时代 IT 从业者，只有爱岗敬业、精益求精、专注技术，方能展现云计算人工匠的价值取向和精神状态，朝着"大国工匠"目标努力奋斗。

Glance 为虚拟机的创建提供镜像（Image）服务，基于 Openstack 构建基本 IaaS 平台，对外提供虚拟机，而虚拟机在创建时必须为选择需要安装的操作系统，Glance 服务就是为该选择提供不同的操作系统镜像，因此，Glance 镜像服务已成为 OpenStack 的核心服务之一。本项目基于 Glance 镜像基础知识讲解，重点训练读者镜像系统安装、镜像管理和镜像制作等 Glance 服务部署与运维能力。

学习目标

- 了解 Glance 镜像服务相关概念、功能和架构；
- 掌握 Glance 服务安装部署方法；
- 学会镜像上传、管理、创建等服务运维技能；
- 了解镜像创建方法。

任务一　了解 Glance 组件

任务描述

业务主管安排云计算助理工程师小王结合单机 OpenStack 系统，学习 Glance 镜像服务，熟悉 Glance 组件架构与基本概念，了解认证镜像服务原理，熟悉镜像服务管理功能。具体要求如下：

（1）了解镜像和镜像服务相关概念。

（2）了解 Glance 组件系统架构、实例类型。

（3）结合 Dashboard 登录与操作，熟悉镜像服务管理界面。

知识准备

一、镜像与镜像服务

1. 镜像

在传统 IT 环境下，新部署一台主机或者服务器，通常采用从光盘安装或者 Ghost 克隆恢复方式。存在安装系统效率低下、耗时、配置复杂、备份恢复不灵活等缺点。云环境下，将一台装有系统和软件的虚拟机做成模板，然后采用模板克隆方式去创建其他虚拟机，可以分钟级快速部署主机。这里的模板就是镜像，是指包含一系列文件或者磁盘启动器的精确副本，预先安装基本的操作系统和软件。基于模板可以实现统一配置多个实例（Instance）主机的快速、自动化部署。如果从镜像启动的虚拟机被删除后，虚拟机启动的基础模板依然存在。

2. 镜像服务

镜像服务（Image Service）的功能是管理镜像，让用户能够发现、获取和保存镜像。在 OpenStack 中，由 Glance 组件提供镜像服务，提供 RESTful API 让用户或者计算（Nova）服务能够查询和获取镜像的元数据和镜像本身，支持多种方式镜像存储（普通的文件系统、Swift、Amazon S3、HTTP 等），支持对虚拟机实例执行创建快照（Snapshot）命令来创建新镜像。

目前，Images API 提供两个版本（v1 和 v2），使用端口号 9292。v1 只提供基本的镜像和成员操作功能，包括镜像创建、删除、下载、列表、详细信息查询、更新，以及镜像租户成员的创建、删除和列表。v2 则增加了镜像位置的添加、删除和修改，元数据和名称空间（Namespace）操作，镜像标记（Image Tag）操作。

3. 磁盘格式

Glance 中管理镜像，必须制定虚拟机磁盘格式，主要磁盘格式如表 5-1 所示。

表 5-1　镜像磁盘格式

磁盘格式	说明
raw	最大的特点就是简单，数据写入什么就是什么，不做任何修饰，所以性能方面很不错，甚至不需要启动这个镜像的虚拟机，只需要文件挂载即可直接读/写内部数据。并且，由于 raw 格式简单，raw 和其他格式之间的转换也更容易。在 KVM 的虚拟化环境下，有很多使用 raw 格式的虚拟机
vhd	通用虚拟机磁盘格式，可用于 Vmware、Xen、Microsoft Virtual PC/Virtual Server/Hyper-V、VirtualBox 等
vmdk	VMware 的虚拟机磁盘格式，目前也是一个开放的通用格式，除了 VMware 自家的产品外，QEMU 和 VirtualBox 也提供了对 vmdk 格式的支持
vdi	VirtualBox、QEMU 等支持的虚拟机磁盘格式
iso	光盘存档格式
qcow2	支持 QEMU 并且可以动态扩展的磁盘格式。qcow2 是 qcow 的升级版本，它是 QEMU 的 CopyOn Write 特性的磁盘格式，主要特性是磁盘文件大小可以随着数据的增长而增长。例如，创建一个 10 GB 的虚拟机，实际虚拟机内部只用了 5 GB，那么初始的 qcow2 磁盘文件大小就是 5 GB。与 raw 相比，使用这种格式可以节省一部分空间资源
aki	Amazon Kernel 镜像
ari	Amazon Ramdisk 镜像
ami	Amazon 虚拟机镜像

4. 访问权限

Glance 中提供 4 种镜像访问权限：public（公共的）可被所有项目使用，private（私有的）只能被所有者所在项目使用，shared（共享的）是指项目成员将非共有项目共享给其他项目，protected（受保护的）镜像无法删除。

二、Glance 架构

Glance 主要实现镜像管理功能，并不负责实际存储，主要包含 glance-api 和 glance-registry 两个子服务，其架构如图 5-1 所示。通过 C/S 架构，服务器端提供 RESTful API，客户端(OpenStack 命令行工具、Horizon 或者 Nova 服务）通过 API 执行相关镜像操作。

1. glance-api

Glance 门户，负责用户检索对外提供 API，响应 Image 查询、获取和存储的调用。glance-api 不处理请求。一方面，将与 image metadata（元数据）相关操作请求转发给 glance-registry（注册服务）；另一方面，将与 image 自身存取相关请求转发给 store backend（后端存储）。

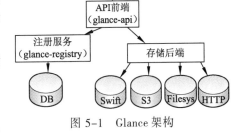

图 5-1　Glance 架构

2. glance-registry

glance-registry 负责处理和存取 image 的 metadata，例如 image 的大小和类型。在控制节点上可以查看 glance-registry 进程。APIv2 之后，glance-registry 已集成至 glance-api 中。

3. Database

Image 的 metadata 会保存到 database 中，默认是 MySQL。

4. 后端存储

Glance 本身并不存储 image。真正的 image 是存放在 backend 中。Glance 支持的 backend 包括：GridFS、Ceph RBD、Amazon S3、Sheepdog、OpenStack Block Storage （Cinder）、OpenStack Object Storage （Swift）、VMware ESX，以及 A directory on a local file system （默认配置），具体使用何种 backend，需要在/etc/glance/glance-api.conf 中配置。

三、实例类型

实例是在物理计算节点上运行的虚拟机个体，通常在基础镜像的副本上运行，对个体实例的任何操作都不影响基础镜像；通过快照方式可以抓取实例当前的磁盘状态，重新建立新的镜像。计算（Nova）服务负责实例、镜像和快照的存储与管理。

实例类型（Flavor）定义一组虚拟资源（CPU 数量、可用内存、磁盘大小），创建实例必须选择一个实例类型（系统默认创建 5 个类型）。

🖧 任务实施

熟悉管理界面

任务实施目标:

进入服务管理界面,了解界面功能。

(一)进入服务管理界面

图 5-2 所示为镜像界面。

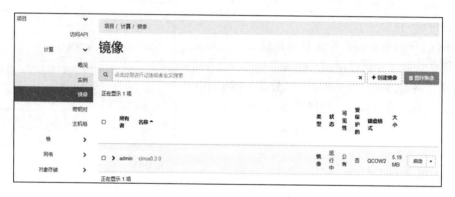

图 5-2　Glance 镜像界面

(二)了解界面管理功能

支持镜像创建、编辑、更新元数据和删除功能,同时支持从镜像启动实例功能,如图 5-3 所示。

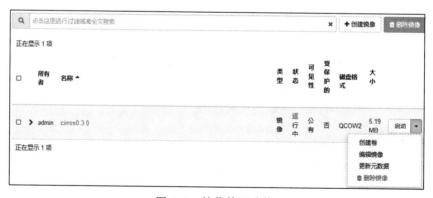

图 5-3　镜像管理功能

📖 任务验收

(1)简述 Glance 服务的主要功能。

(2)简述 Glance 界面与操作框架。

任务二　安装 Glance 服务

📺 任务描述

参考 OpenStack 官方配置文档，在控制节点 controller 上独立安装 Glance 服务，相关账号密码设置如表 5-2 所示。

表 5-2　账号密码设置

—	账　　号	密　　码
MySQL 登录	root	123
glance 库访问	glance	gl123
glance 身份认证	glance	gl123

📖 知识准备

OpenStack 为终端用户提供了图形化界面 Web UI（Horizon）和命令行 CLI 两种管理方式。推荐读者使用 CLI，主要原因在于：

（1）Web UI 的功能没有 CLI 全面，有些操作只提供了 CLI。

（2）即便是都有的功能，CLI 可以使用的参数更多。

（3）一般来说，CLI 返回结果更快，操作起来更高效。

（4）CLI 可放在脚本中进行批处理。

（5）有些耗时的操作，CLI 更合适，如创建镜像等。

一、Glance API 服务器配置文件

API 配置文件为 glance-api.conf，主要包括以下选项配置：

（1）Glance 服务安装日志和调试信息；使用 log_file 定义日志路径。

（2）服务器相关信息，在[default]节定义，使用 bind_host 和 bind_port 分别定义 API 服务绑定 IP 地址和端口。

（3）数据库相关参数，在[database]节定义，包括 connection 定义数据库连接。

（4）后端存储配置，在[glance_store]节定义，filesystem_store_datadir 定义文件存储后端，可以定义多个文件存储后端，swift_store_addressdingyi Swift 存储后端。

（5）身份认证配置，在[keystone_authtoken]节定义。

二、Glance registry 服务器配置文件

Registry 配置文件为 glance-registry.conf，主要选项包括：服务相关信息、日志、数据库、身份认证等参数。

任务实施

一、创库授权

视频

Glance 创库授权

任务实施目标：

为后续工作建库，并授权。

（一）建立/授权 glance 库

（1）登录数据库，本例中 root 登录密码为 123：

```
#mysql -u root -p
>create database glance;
```

（2）本地授权，本例中授权账户 glance 密码为 gl123，方法同 keystone 部分。

```
grant all privileges on glance.* to 'glance'@'localhost' identified by 'gl123';
grant all privileges on glance.* to 'glance'@'%' identified by 'gl123';
```

（二）验证授权

执行以下命令：

```
>show grants for glance;
```

```
| Grants for glance@%                                                                                    |
| GRANT USAGE ON *.* TO 'glance'@'%' IDENTIFIED BY PASSWORD '*4A0C2E6D0986F7CA2BE7B86BD45F11151E9A3C73' |
| GRANT ALL PRIVILEGES ON `glance`.* TO 'glance'@'%'                                                     |
```

二、创建 glance 用户和服务

视频

创建 Glance 用户和服务

任务实施目标：

创建 glance 用户和对应服务信息。

（一）创建用户和服务凭证

（1）加载 admin 环境变量：

```
. admin-openrc
```

> **注意**
>
> 如果以下三项工作前期已完成，请跳过。

（2）创建 glance 用户，密码为 gl123：

```
openstack user create --domain default --password-prompt glance
```

（3）关联 Admin 角色。将管理员（admin）角色授予 glance 用户和 service 项目：

```
openstack role add --project service --user glance admin
```

（4）创建 glance 服务，类型为 image：

```
openstack service create --name glance --description "OpenStack Image" image
```

（二）创建镜像服务 API 端点

（1）创建 public 端点 API：

```
openstack endpoint create --region RegionOne\
```

```
image public http://controller:9292
```

```
+-------------+--------------------------------------+
| Field       | Value                                |
+-------------+--------------------------------------+
| enabled     | True                                 |
| id          | 2c3a128d655d406299ed4d3d9ef05383     |
| interface   | public                               |
| region      | RegionOne                            |
| region_id   | RegionOne                            |
| service_id  | 3d50d017c73c413d812ce861cb733fd0     |
| service_name| glance                               |
| service_type| image                                |
| url         | http://controller:9292               |
+-------------+--------------------------------------+
```

（2）创建 internal 端点 API：

```
openstack endpoint create --region RegionOne\
  image internal http://controller:9292
```

```
+-------------+--------------------------------------+
| Field       | Value                                |
+-------------+--------------------------------------+
| enabled     | True                                 |
| id          | baeda144dd6344618eeba526c879d182     |
| interface   | internal                             |
| region      | RegionOne                            |
| region_id   | RegionOne                            |
| service_id  | 3d50d017c73c413d812ce861cb733fd0     |
| service_name| glance                               |
| service_type| image                                |
| url         | http://controller:9292               |
+-------------+--------------------------------------+
```

（3）创建 admin 端点 API：

```
openstack endpoint create --region RegionOne\
  image admin http://controller:9292
```

```
+-------------+--------------------------------------+
| Field       | Value                                |
+-------------+--------------------------------------+
| enabled     | True                                 |
| id          | aa5be8ba92fd4c1cbdcb044073e2d871     |
| interface   | admin                                |
| region      | RegionOne                            |
| region_id   | RegionOne                            |
| service_id  | 3d50d017c73c413d812ce861cb733fd0     |
| service_name| glance                               |
| service_type| image                                |
| url         | http://controller:9292               |
+-------------+--------------------------------------+
```

> **注意**
>
> RegionOne 后对象是服务类型 image，而非组件名 glance。

三、安装配置组件

任务实施目标：

安装配置 glance 软件包。

（一）安装 glance 软件包

安装与配置
glance

```
yum install openstack-glance python-glance python-glanceclient -y
```

（二）配置 glance-api

#vi /etc/glance/glance-api.conf，完成以下配置：

（1）配置数据库连接：

```
[database]
connection=mysql+pymysql://glance:gl123@controller/glance
```

（2）配置身份服务访问：

```
[keystone_authtoken]
# ...
www_authenticate_uri=http://controller:5000
auth_url=http://controller:5000
memcached_servers=controller:11211
auth_type=password
project_domain_name=Default
user_domain_name=Default
project_name=service
username=glance
password=gl123
```

— 注意 —

注释或删除[keystone_authtoken]中其他部分；"="左右一个空格，两个空格可能会导致认证报错。

```
[paste_deploy]
# ...
flavor=keystone
```

（3）配置本地存储方式、镜像存储位置：

```
[glance_store]
# ...
stores=file,http
default_store=file
filesystem_store_datadir=/var/lib/glance/images/
```

— 注意 —

本案例中存储位置为/var/lib/glance/images/，读者可自行修改。

（4）查看配置文件：

```
cat /etc/glance/glance-api.conf |grep -Ev '^$|#'
```

（三）配置 glance-registry

— 注意 —

vi /etc/glance/glance-registry.conf 与 glance-api.conf 完全一致。

（1）配置数据库连接：

```
[database]
# ...
connection=mysql+pymysql://glance:gl123@controller/glance
```

（2）配置身份服务访问：

```
[keystone_authtoken]
# ...
www_authenticate_uri=http://controller:5000
auth_url=http://controller:5000
memcached_servers=controller:11211
auth_type=password
project_domain_name=Default
user_domain_name=Default
```

```
project_name=service
username=glance
password=gl123
[paste_deploy]
# ...
flavor=keystone
```

（四）初始化镜像服务数据库

（1）初始化：

```
su -s /bin/sh -c "glance-manage db_sync" glance
```

（2）验证：

进入 SQL 中，查看数据库导入结果，或者直接执行以下命令：

```
#mysql -uglance -pgl123 -e "use glance;show tables"
```

或者

```
#mysql -uroot -p123 -e "use glance;show tables"
```

```
+----------------------------------------+
| Tables_in_glance                       |
+----------------------------------------+
| alembic_version                        |
| image_locations                        |
| image_members                          |
| image_properties                       |
| image_tags                             |
| images                                 |
| metadef_namespace_resource_types       |
| metadef_namespaces                     |
| metadef_objects                        |
| metadef_properties                     |
| metadef_resource_types                 |
| metadef_tags                           |
| migrate_version                        |
| task_info                              |
| tasks                                  |
+----------------------------------------+
```

（五）典型故障

❖ 典型故障 1：应用控制节点失败。

分析：无法解析主机名 train。

（1）使用管理员查看，未发现数据表。

（2）使用 glance 查看，提示拒绝访问。

```
[root@controller ~]# mysql -uglance -pgl123 -e "use glance;show tables"
ERROR 1044 (42000) at line 1: Access denied for user 'glance'@'localhost' to database 'glance'
[root@controller ~]# mysql -uroot -p123 -e "use glance;show tables"
```

（3）查看/var/log/glance 中日志文件：

```
[root@controller ~]# cat /var/log/glance/api.log
2020-04-09 16:15:45.892 40137 CRITICAL glance [-] Unhandled error: OperationalError: (pymysql.err.O
perationalError) (1044, u"Access denied for user 'glance'@'%' to database 'glance'") (Background on
 this error at: http://sqlalche.me/e/e3q8)
```

问题定位：glance 用户对于 glance 存在授权问题。

解决方法：检查数据库授权，并添加或修改授权。

（六）启动服务

（1）启动 api 和 registry 服务：

```
systemctl enable openstack-glance-api.service; systemctl enable openstack-
glance-registry.service
systemctl start openstack-glance-api.service; systemctl start openstack-
glance-registry.service
```

（2）查看服务。确保是 active（running）状态：

```
[root@controller ~]# systemctl status openstack-glance
Unit openstack-glance.service could not be found.
[root@controller ~]# systemctl status openstack-glance-api
● openstack-glance-api.service - OpenStack Image Service (code-named Glance) API server
   Loaded: loaded (/usr/lib/systemd/system/openstack-glance-api.service; enabled; vendor preset: disabled)
   Active: active (running) since Thu 2020-04-09 16:50:39 CST; 3h 20min ago
 Main PID: 41939 (glance-api)
   CGroup: /system.slice/openstack-glance-api.service
           ├─41939 /usr/bin/python2 /usr/bin/glance-api
           ├─41968 /usr/bin/python2 /usr/bin/glance-api
           └─41969 /usr/bin/python2 /usr/bin/glance-api

[root@controller ~]# systemctl status openstack-glance-registry
● openstack-glance-registry.service - OpenStack Image Service (code-named Glance) Registry server
   Loaded: loaded (/usr/lib/systemd/system/openstack-glance-registry.service; enabled; vendor preset: disable
d)
   Active: active (running) since Thu 2020-04-09 20:13:38 CST; 2s ago
 Main PID: 45542 (glance-registry)
   CGroup: /system.slice/openstack-glance-registry.service
           ├─45542 /usr/bin/python2 /usr/bin/glance-registry
           ├─45553 /usr/bin/python2 /usr/bin/glance-registry
           └─45555 /usr/bin/python2 /usr/bin/glance-registry
```

四、工程化操作

任务实施目标：

基于脚本方式配置系统。

基于终端软件使用 SSH 方式登录 CentOS 主机，执行以下代码：

```
#3.1
mysql -u root -p123
CREATE DATABASE glance;
GRANT ALL PRIVILEGES ON glance.* TO 'glance'@'localhost' IDENTIFIED BY
'gl123';
GRANT ALL PRIVILEGES ON glance.* TO 'glance'@'%' IDENTIFIED BY 'gl123';
quit
#3.2
. admin-openrc
openstack user create --domain default -password=gl123 glance
openstack role add --project service --user glance admin
openstack service create --name glance --description "OpenStack Image" image
openstack endpoint create --region RegionOne\
  image public http://controller:9292
openstack endpoint create --region RegionOne\
  image public http://controller:9292
openstack endpoint create --region RegionOne\
  image admin http://controller:9292
#3.3（openstack-config模式）:
yum install openstack-glance python-glance python-glanceclient -y
openstack-config --set /etc/glance/glance-api.conf database connection
mysql+pymysql://glance:gl123@controller/glance
openstack-config --set /etc/glance/glance-api.conf keystone_authtoken
www_authenticate_uri http://controller:5000
openstack-config --set /etc/glance/glance-api.conf keystone_authtoken
auth_url http://controller:5000
openstack-config --set /etc/glance/glance-api.conf keystone_authtoken
memcached_servers controller:11211
```

```
openstack-config --set /etc/glance/glance-api.conf keystone_authtoken
auth_type password
openstack-config --set /etc/glance/glance-api.conf keystone_authtoken
project_domain_name Default
openstack-config --set /etc/glance/glance-api.conf keystone_authtoken
user_domain_name Default
openstack-config --set /etc/glance/glance-api.conf keystone_authtoken
project_name service
openstack-config --set /etc/glance/glance-api.conf keystone_authtoken
username glance
openstack-config --set /etc/glance/glance-api.conf keystone_authtoken
password gl123
openstack-config --set /etc/glance/glance-api.conf paste_deploy flavor
keystone
openstack-config --set /etc/glance/glance-api.conf glance_store stores
file,http
openstack-config --set /etc/glance/glance-api.conf glance_store
filesystem_store_datadir /var/lib/glance/images/
openstack-config --set /etc/glance/glance-api.conf glance_store
default_store file
openstack-config --set /etc/glance/glance-registry.conf database
connection mysql+pymysql://glance:gl123@controller/glance
openstack-config --set /etc/glance/glance-registry.conf keystone_authtoken
www_authenticate_uri http://controller:5000
openstack-config --set /etc/glance/glance-registry.conf keystone_authtoken
auth_url http://controller:5000
openstack-config --set /etc/glance/glance-registry.conf keystone_authtoken
memcached_servers controller:11211
openstack-config --set /etc/glance/glance-registry.conf keystone_authtoken
auth_type password
openstack-config --set /etc/glance/glance-registry.conf keystone_authtoken
project_domain_name Default
openstack-config --set /etc/glance/glance-registry.conf keystone_authtoken
user_domain_name Default
openstack-config --set /etc/glance/glance-registry.conf keystone_authtoken
project_name service
openstack-config --set /etc/glance/glance-registry.conf keystone_authtoken
username glance
openstack-config --set /etc/glance/glance-registry.conf keystone_authtoken
password gl123
openstack-config --set /etc/glance/glance-registry.conf paste_deploy
flavor keystone
su -s /bin/sh -c "glance-manage db_sync" glance
systemctl enable openstack-glance-api.service openstack-glance-registry.
service;systemctl restart openstack-glance-api.service openstack-glance-
registry.service
```

#3.3 或者使用 sed 方式配置:
```
yum install openstack-glance python-glance python-glanceclient -y
```

```
sed -i '/^\[database\]/a connection=mysql+pymysql://glance:gl123@ controller/
glance' /etc/glance/glance-api.conf
sed -i '/^\[keystone_authtoken\]/a password=gl123' /etc/glance/glance-
api.conf
sed -i '/^\[keystone_authtoken\]/a username=glance' /etc/glance/glance-
api.conf
sed -i '/^\[keystone_authtoken\]/a project_name=service' /etc/glance/glance-
api.conf
sed -i '/^\[keystone_authtoken\]/a user_domain_name=Default' /etc/glance/
glance-api.conf
sed -i '/^\[keystone_authtoken\]/a project_domain_name=Default' /etc/glance/
glance-api.conf
sed -i '/^\[keystone_authtoken\]/a auth_type=password' /etc/glance/ glance
-api.conf
sed -i '/^\[keystone_authtoken\]/a memcached_servers=controller:11211' /
etc/glance/glance-api.conf
sed -i '/^\[keystone_authtoken\]/a auth_url=http://controller:5000' /etc/
glance/glance-api.conf
sed -i '/^\[keystone_authtoken\]/a www_authenticate_uri=http://controller:
5000' /etc/glance/glance-api.conf
sed -i '/^\[paste_deploy\]/a flavor=keystone' /etc/glance/glance-api.conf
sed -i '/^\[glance_store\]/a filesystem_store_datadir=/var/lib/glance/
images/' /etc/glance/glance-api.conf
sed -i '/^\[glance_store\]/a default_store=file' /etc/glance/glance- api.
conf
sed -i '/^\[glance_store\]/a stores=file,http' /etc/glance/glance-api.conf
sed -i '/^\[database\]/a connection=mysql+pymysql://glance:gl123@controller/
glance' /etc/glance/glance-registry.conf
sed -i '/^\[keystone_authtoken\]/a password=gl123' /etc/glance/glance-
registry.conf
sed -i '/^\[keystone_authtoken\]/a username=glance' /etc/glance/glance-
registry.conf
sed -i '/^\[keystone_authtoken\]/a project_name=service' /etc/glance/
glance-registry.conf
sed -i '/^\[keystone_authtoken\]/a user_domain_name=Default' /etc/glance/
glance-registry.conf
sed -i '/^\[keystone_authtoken\]/a project_domain_name=Default' /etc/glance/
glance-registry.conf
sed -i '/^\[keystone_authtoken\]/a auth_type=password' /etc/glance/ glance-
registry.conf
sed -i '/^\[keystone_authtoken\]/a memcached_servers=controller:11211' /
etc/glance/glance-registry.conf
sed -i '/^\[keystone_authtoken\]/a auth_url=http://controller:5000'
/etc/glance/glance-registry.conf
sed -i '/^\[keystone_authtoken\]/a www_authenticate_uri=http://controller:
5000' /etc/glance/glance-registry.conf
sed -i '/^\[paste_deploy\]/a flavor=keystone' /etc/glance/glance- registry.
conf
su -s /bin/sh -c "glance-manage db_sync" glance
```

```
systemctl enable openstack-glance-api.service openstack-glance-registry.
service;systemctl restart openstack-glance-api.service openstack-glance-
registry.service
```

任务验收

（1）使用命令查看数据库信息，验收命令：

- mysql -uroot -p123 -e "show databases"。
- mysql -uroot -p123 -e " select user,host from mysql.user"。

（2）查看数据库初始化结果，验收命令：mysql -uroot -p123 -e "use glance;show tables;" | wc -l。

（3）使用命令查看 glance 服务 endpoint 列表，验收命令：Openstack endpoint list。

（4）使用命令查看 glance 配置文件是否正确，验证命令：

- cat /etc/glance/glance-api.conf |grep -Ev '^$|#'。
- cat /etc/glance/glance-registry.conf |grep -Ev '^$|#'。

（5）查看 glance 服务是否开机启动、是否运行。

任务三　Glance 服务管理

任务描述

要求小王能独立使用命令行、图形化界面两种方式创建、查看、管理镜像，并上传 cirros 镜像至 Glance 服务。

知识准备

一、镜像管理命令

本任务实施之前，必须掌握图像镜像管理命令。

二、查看镜像

（1）查看镜像列表：openstack image list
（2）查看某一镜像信息：openstack image show 镜像名

三、创建镜像

openstack image create [选项] 镜像名，常用选项包括：

```
[--container-format <container-format>]    #容器格式，默认 bar
[--disk-format <disk-format>]              #磁盘格式，默认 raw
[--min-disk <disk-gb>]                     #启动镜像所需最小磁盘空间（GB）
[--min-ram <ram-mb>]                       #启动镜像所需最小内存空间（MB）
[--file <file> | --volume <volume>] #指定上传的本地镜像文件及其路径|创建镜像的卷
[--protected | --unprotected]              #镜像是否保护
[--public | --private | --community | --shared]    #访问权限
```

```
[--property <key=value>]              #设置属性（元数据定义）
[--tag <tag>]                         #Imagev2 用于标记
[--project <project>]                 #镜像所属项目
```

例如，上传一个 qcow2 格式的公共访问 Centos 7.6 镜像：

```
openstack image create -disk-format qcow2 -container-format bare\
--public --file ./centos7.6.qcow2 centos7.6
```

四、更改镜像

```
openstack image set  镜像名
```

五、删除镜像

```
openstack image delete 镜像名|ID
```

六、镜像关联项目

（1）镜像与项目关联：

```
openstack image add project [--project-domain 项目所属域] 镜像名|ID 项目名|ID
```

（2）镜像与项目解除关联：

```
openstack image remove project [--project-domain 项目所属域]  镜像名|ID 项目
名|ID
```

任务实施

一、命令行管理

任务实施目标：

在使用命令行方式管理镜像。

视频

cirros 镜像命令行方式创建

（一）查看镜像列表

执行 openstack image list，默认列表为空。

```
[root@controller ~]# openstack image list
public endpoint for image service not found
```

```
.admin-openrc     或者    source admin-openrc
```

（二）下载 img 文件

```
wget http://download.cirros-cloud.net/0.3.4/cirros-0.3.4-x86_64-disk.img
wget http://download.cirros-cloud.net/0.4.0/cirros-0.4.0-x86_64-disk.img
wget http://download.cirros-cloud.net/0.3.5/cirros-0.3.5-x86_64-disk.img
```

提示

访问 cirros-cloud，如果太慢，可以寻求国内资源或者网盘下载。

（三）创建镜像文件

使用 qcow2 磁盘格式，bare 容器格式上传镜像 cirros-0.3.4-x86_64-disk.img 到镜像服务，命名为 cirros0.3.4，并设置公共可见，便于其他项目访问。

```
openstack image create "cirros0.3.4" --file cirros-0.3.4-x86_64-disk.img
--disk-format qcow2 --container-format bare --public
```

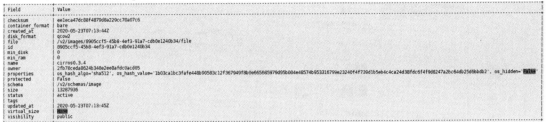

（四）查看新增镜像

执行 openstack image list，查看新增 cirros：

```
+--------------------------------------+------------+--------+
| ID                                   | Name       | Status |
+--------------------------------------+------------+--------+
| 8905ccf5-45b8-4ef3-91a7-cdb0e1240b34 | cirros0.3.4 | active |
+--------------------------------------+------------+--------+
```

查看镜像文件 ls –l /var/lib/glance/images/：

```
[root@controller ~]# ls -l /var/lib/glance/images/
total 12980
-rw-r-----. 1 glance glance 13287936 May 23 15:13 8905ccf5-45b8-4ef3-91a7-cdb0e1240b34
```

（五）查看镜像详情

```
openstack image show cirros0.3.4
```

二、图形界面管理

任务实施目标：

使用图形化界面方式管理镜像。

（一）登录界面

镜像管理界面如图 5–4 所示。

图 5–4　镜像管理界面

（二）创建镜像

输入镜像名称，选择本地镜像文件，镜像格式设置为 qcow2，最小磁盘 2 GB，最小内存 512 MB，如图 5–5 所示。

图 5-5　镜像创建界面

默认为共有共享方式，不受保护，如图 5-6 所示。

图 5-6　镜像列表

（三）工程化操作

基于脚本方式配置系统。

基于终端软件使用 SSH 方式登录 Centos 主机，执行以下代码：

```
#命令管理
openstack image create "cirros0.3.4" --file cirros-0.3.4-x86_64-disk.img
--disk-format qcow2 --container-format bare --public
openstack image list
openstack image show cirros0.3.4
```

任务验收

使用命令 openstack image show cirros0.3.4 或者图形化界面查看 cirros 镜像状态。

任务四　虚拟机镜像文件制作

任务描述

基于 Centos 安装 KVM 平台，并创建 CentOS 和 Windows 系统虚拟机镜像文件，了解 Virtio 驱动应用要求。

知识准备

一、基于 KVM 制作镜像

使用 KVM 平台制作 OpenStack 镜像实际上是系统镜像文件格式的转换，将制作好的系统文件上传至 Glance 即可。KVM 默认使用的磁盘格式为 virtio，网卡驱动也需要 virtio，因此，在制作 Windows 镜像时，需要准备相应的 virtio 驱动。如果缺失，则在创建虚拟机实例时会失败，系统启动无法加载硬盘驱动。Windows 的云初始化程序是 Cloudbase-init，需要提前准备。

手动创建虚拟机的方式有两种：virt-manager 或 virt-install 工具。

（1）Virt-manager：使用图形化界面管理，如果服务器无图形界面或者使用终端访问，则需要在终端运行 x11 程序，通过 SSH x11 转发访问图形界面。

（2）Virt-install：使用命令行方式，通过 libvirt 启动虚机，然后使用本地 VNC 客户端（如 TigerVNC）连接到虚机图形控制台。本任务采用带有 GUI 的 CentOS 7 系统创建 CentOS 6 最小化安装镜像。

二、KVM 软件包介绍

部署 kvm 环境需要基础包和管理工具：

qemu-kvm：KVM 模块；

（1）pyhon-virtinst：包含 Python 模块和工具（virt-install，virt-clone 和 virt-image），用于安装和克隆虚拟机使用 libvirt。支持的虚拟机管理程序是 Xen、qemu（QEMU）和 kvm。

（2）libvirt：虚拟管理模块。

（3）virt-manager：图形界面管理虚拟机。

（4）libguestfs*：virt-cat 等命令的支持软件包。

任务实施

一、环境准备

任务实施目标：

为镜像文件制作做好准备工作。

（一）准备 KVM 主机

在 VMware Workstation 中新建主机，或者使用物理主机 1 台，要求 4 个核心且支持虚拟化的 CPU，内存 4 GB，硬盘 20 GB 两块（第二块用于创建镜像）。本任务中使用虚拟机作为 KVM

主机，如图 5-7 所示。

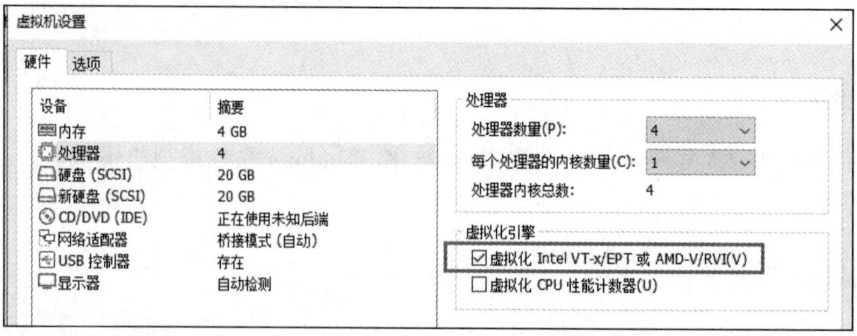

图 5-7　KVM 主机配置

（二）磁盘管理

注意

如果使用单磁盘或者第二块磁盘已完成格式化和挂装，请跳过本步骤。

将第二块磁盘创建分区 sdb1（20 GB），格式化为 xfs 格式，并挂装到/newFS 目录。

（1）磁盘分区：fdisk /dev/sdb

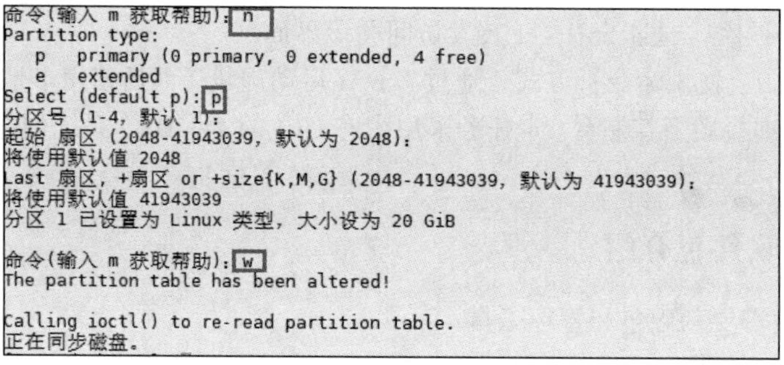

```
命令(输入 m 获取帮助): n
Partition type:
   p   primary (0 primary, 0 extended, 4 free)
   e   extended
Select (default p): p
分区号 (1-4, 默认 1):
起始 扇区 (2048-41943039, 默认为 2048):
将使用默认值 2048
Last 扇区, +扇区 or +size{K,M,G} (2048-41943039, 默认为 41943039):
将使用默认值 41943039
分区 1 已设置为 Linux 类型, 大小设为 20 GiB

命令(输入 m 获取帮助): w
The partition table has been altered!

Calling ioctl() to re-read partition table.
正在同步磁盘。
```

（2）格式化分区：mkfs -t ext4 -V -c /dev/sdb1

（3）挂装分区：

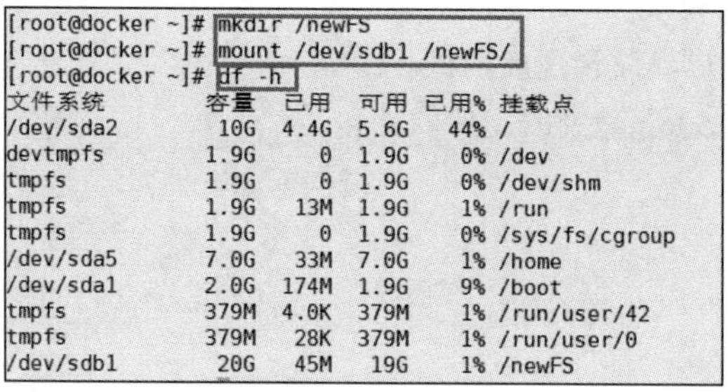

```
[root@docker ~]# mkdir /newFS
[root@docker ~]# mount /dev/sdb1 /newFS/
[root@docker ~]# df -h
文件系统          容量   已用   可用  已用% 挂载点
/dev/sda2          10G   4.4G   5.6G   44% /
devtmpfs          1.9G      0   1.9G    0% /dev
tmpfs             1.9G      0   1.9G    0% /dev/shm
tmpfs             1.9G    13M   1.9G    1% /run
tmpfs             1.9G      0   1.9G    0% /sys/fs/cgroup
/dev/sda5         7.0G    33M   7.0G    1% /home
/dev/sda1         2.0G   174M   1.9G    9% /boot
tmpfs             379M   4.0K   379M    1% /run/user/42
tmpfs             379M    28K   379M    1% /run/user/0
/dev/sdb1          20G    45M    19G    1% /newFS
```

（三）安装软件包

```
yum install qemu-kvm libvirt virt-install virt-manager -y
yum update -y
```

（四）准备系统 ISO 安装文件

（1）将 CentOS-6.4-x86_64-minimal.iso 复制到/newFS 目录。

（2）将 Windows7_sp1.iso 复制到/newFS 目录。

二、安装 Linux 虚机

任务实施目标：

制作 Linux 镜像。

（一）新建虚机

1. 打开 KVM 控制管理器

执行 virt-manager 命令，打开 KVM 虚拟系统管理器。右击 QEMU/KVM 新建虚拟机，使用本地介质安装，如图 5-8 所示。

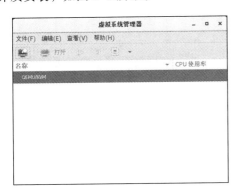

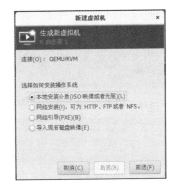

（a）管理界面　　　　　　　　　　（b）新建虚机

图 5-8　管理界面与新建虚机界面

2. 添加 ISO 镜像

添加池，名称为 newFS，目标路径为/newFS，选择 ISO 镜像文件，如图 5-9~图 5-11 所示。

（a）浏览镜像　　　　　　　　　　（b）添加池

图 5-9　添加池界面

（a）设置名称

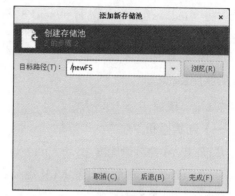
（b）设置路径

图 5-10　编辑池参数

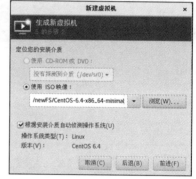

图 5-11　选择 ISO 镜像

（3）设置虚机参数

设置内存 512 GB、CPU 数量 1 个；创建存储卷：卷名为 Centos6.4.qcow2，配额 4 GB，如图 5-12 所示。

（a）设置内存和 CPU

（b）设置存储卷

图 5-12　设置虚机参数

（二）安装系统

（1）安装 CentOS 6 mini 版本系统，安装步骤略过，如图 5-13 所示。

（2）关闭 CentOS 6 系统。

图 5-13　系统安装完成

三、安装 Windows 虚机

任务实施目标:

制作 Windows 镜像。

（一）新建 Windows 7 虚机

（1）硬件参数：1CPU，1 GB 内存，7 GB 镜像卷，格式 qcow2。

（2）网卡、硬盘类型：virtio；如图 5-14 所示。

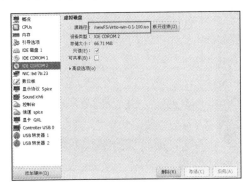
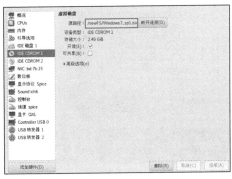
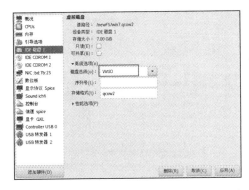

图 5-14　新建 Windows 7 界面

（3）软件：virtio-win-0.1-100.iso 镜像文件。

（二）安装 Windows 7 系统

详细安装过程略。

注意

安装完 Windows 7 后，需要对硬件安装驱动程序，位置在 virtio-win-0.1-100.iso 对应光盘中；否则镜像导入 OpenStack 创建实例后会报驱动问题。图 5-15 所示为修改驱动程序界面。

 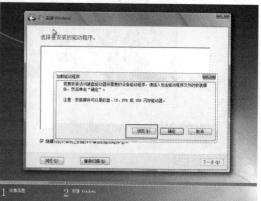

 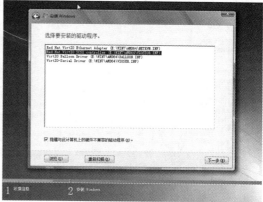

 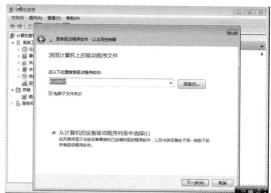

图 5-15　修改驱动

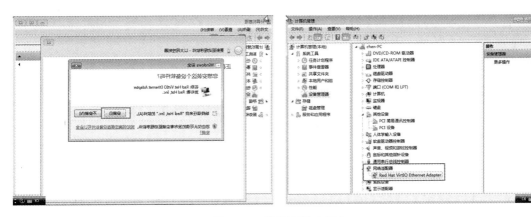

图 5-15　修改驱动（续）

任务验收

（1）查看和验证 Windows 系统镜像创建结果。

（2）查看和验证 Linux 系统镜像创建结果。

项目六

→ Nova 计算服务部署

国际数据公司发布的《全球人工智能市场半年度追踪报告》显示，2020 上半年全球人工智能服务器市场规模达到 55.9 亿美元，占人工智能基础设施市场的 84.2% 以上。数字时代，计算力已成为一种核心生产力，而人工智能计算能力和科学计算能力反映一个国家最前沿的计算能力。计算正从最初的数值计算逐渐演变为科学计算、关键计算和智慧计算。当前人工智能计算需求正呈指数级增长，未来将占据 80% 以上的计算需求，承载这种需求的就是人工智能算力中心，即智算中心。随着我国"十四五"规划和 2035 年远景目标纲要正式发布，迎接数字时代、加快数字化成为发展趋势，而计算力作为数字时代基础能力支撑的战略价值日渐凸显。因此，提供计算服务已成为众多智能系统的基础支撑。

计算服务（Compute Service）是 OpenStack 最核心的服务之一，负责维护和管理云环境中的计算资源，项目代号为 Nova。OpenStack 作为 IaaS 云操作系统，通过 Nova 实现虚拟机实例（Instances）生命周期管理。计算服务需要其他服务交互参与，成为一个负责管理计算资源、网络、认证、所需可扩展性的平台。例如，Keystone 提供认证、Glance 提供磁盘和镜像、Dashboard 提供管理接口。本项目介绍计算服务基础和系统架构，读者可以学会计算服务的安装、配置、运维等技能。

学习目标

- 了解 Nova 计算服务相关概念、功能和架构；
- 掌握 Nova 服务安装部署方法；
- 学会 Nova 服务运维命令和管理技能。

任务一　了解 Nova 组件

任务描述

学习 Nova 服务功能与系统架构，能查看云平台中虚拟机运行状态。

知识准备

一、Nova 架构

Nova 由多个组件构成，具体架构如图 6-1 所示。

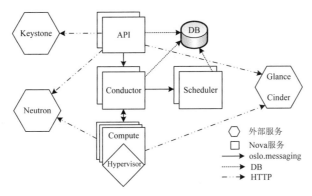

图 6-1　Nova 系统架构

二、API 组件

作为 Nova 组件的门户，API 组件向外部提供 Nova 所提供的功能，接收和响应客户的 API 调用。所有对 Nova 的请求首先由 API 进行处理。客户端对虚拟机的操作，都需要通过这些 Rest API 来完成。Nova-api 对接收到的 HTTP API 请求会做如下处理：

（1）检查客户端传入的参数是否合法有效。

（2）调用 Nova 其他子服务的处理客户端 HTTP 请求。

（3）格式化 Nova 其他子服务返回的结果并返回给客户端。

三、Scheduler 组件

当 API 请求可以在节点上完成后，Scheduler（调度器）服务可以根据当前资源情况选择最合适的实例或者节点来执行请求，负责决定在某个计算节点上运行虚拟机。创建 Instance 时，用户会提出资源需求，例如 CPU、内存、磁盘各需要多少。OpenStack 将这些需求定义在 Flavor（实例类型，即规格）中，用户只需要指定用哪个 Flavor 即可。在/etc/nova/nova.conf 中，通过 scheduler_driver 参数可以配置 Scheduler 调度，调度类型主要包括随机调度器（Chance Scheduler）、过滤器调度器（Filter Scheduler）和缓存调度器（Caching Scheduler）3 种类型。

Filter Scheduler 是 Scheduler 默认的调度器，调度过程分为两步：

（1）通过过滤器（Filter）选择满足条件的计算节点（运行 nova-compute）。

（2）通过权重计算（Weighting）选择在最优（权重值最大）的计算节点上创建 Instance。

图 6-2 所示为过滤调度器调度示意图。

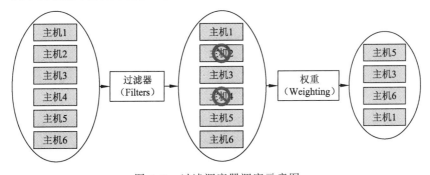

图 6-2　过滤调度器调度示意图

Scheduler 服务可以使用多个过滤器依次进行过滤，过滤后的节点再通过计算权重选出最适合的能够部署实例的节点。所有的权重实现模块位于 nova/scheduler/weights 目录。目前 nova-scheduler 的默认实现是 RAMWeighter，根据计算节点空闲的内存量计算权重值，空闲内存越多，权重越大，实例将被部署到当前空闲内存最多的计算节点上。

四、Compute 组件

（1）通过 Driver（驱动）架构支持多种 Hypervisor 虚拟机管理器。如图 6-3 所示，面对多种 Hypervisor，nova-compute 为这些 Hypervisor 定义统一的接口；Hypervisor 只需要实现这些接口，就可以 Driver 的形式即插即用到 OpenStack 系统中。

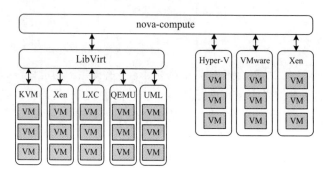

图 6-3　Driver 架构

（2）定期向 OpenStack 报告计算节点的状态。每隔一段时间，nova-compute 就会报告当前计算节点的资源使用情况和 nova-compute 服务状态；nova-compute 是通过 Hypervisor 的驱动获取这些信息的。

（3）实现虚拟机实例生命周期的管理。OpenStack 对虚拟机实例最主要的操作都是通过 nova-compute 实现的。以实例创建为例来说明 nova-compute 的实现过程：首先，为实例准备资源；接着，创建实例的镜像文件；然后，创建实例的 XML 定义文件，最后创建虚拟网络并启动虚拟机。

五、Conductor 组件

nova-compute 经常需要更新数据库，如更新和获取虚拟机的状态。出于安全性和伸缩性考虑，nova-compute 并不会直接访问数据库，而是将这个任务委托给 nova-conductor。这样做有两个显著优点：更高的系统安全性；更好的系统伸缩性。

六、Placement API 组件

以前对资源的管理全部由计算节点承担，在统计资源使用情况时，只是简单地将所有计算节点的资源情况累加起来。但是还包括外部资源，如 Ceph、NF 提供存储服务。面对多样的资源提供者，管理员需要一个统一的、简单的管理接口来统计系统中的资源使用情况，这就是 Placement API。

OpenStack 从 Newton 版本开始引入 Placement API，由 nova-placement-api 服务来实现，旨在追踪记录资源提供者（Resources Provider）的目录和资源使用情况。被消费的资源类型是按类跟踪的。nova-placement-api 服务提供一套标准的资源类（如 DISK_GB、MEMORY_MB 和 VCPU），也支持按需自定义的资源类。

Train 版本完成了 Placement 功能到独立服务的过渡。这使用户能够更快地启动 Apache、nginx 或其他支持 Web 服务器网关接口的 Web 服务器。在 Train 版本中，服务响应时间比早期 Stein 版本的 16.9 s 降低了 0.7 s。

七、控制台接口

用户可以通过多种方式访问虚拟机的控制台：

（1）nova-novncproxy：基于 Web 浏览器的 VNC 访问。

（2）nova-spicehtml5proxy：基于 HTML5 浏览器的 SPICE 访问。

（3）nova-xvpnvncproxy：基于 Java 客户端的 VNC 访问。

八、虚拟机实例化流程

（1）用户（可以是 OpenStack 最终用户，也可以是其他程序）执行 Nova Client 提供的用于创建虚拟机的命令。

（2）nova-api 服务监听到来自于 Nova Client 的 HTTP 请求，并将这些请求转换为 AMQP 消息之后加入消息队列。

（3）通过消息队列调用 nova-conductor 服务。

（4）nova-conductor 服务从消息队列中接收到虚拟机实例化请求消息后，进行一些准备工作。

（5）nova-conductor 服务通过消息队列告诉 nova-scheduler 服务去选择一个合适的计算节点来创建虚拟机，此时 nova-scheduler 会读取数据库的内容。

（6）nova-conductor 服务从 nova-scheduler 服务得到了合适的计算节点的信息后，在通过消息队列来通知 nova-compute 服务实现虚拟机的创建。

任务实施

登录一键部署的 OpenStack 系统，查看 Nova 相关参数配置。

一、查询 Nova 服务

任务实施目标：

使用命令行方式查看 Nova 信息。

（一）查看所需列表

执行命令：openstack endpoint list，可以发现计算组件需要两类服务：nova 和 placement。

```
[root@node1 ~(keystone_admin)]# openstack service list
+----------------------------------+-----------+--------------+
| ID                               | Name      | Type         |
+----------------------------------+-----------+--------------+
| 63e631a3603f41f5a306df1dc01b02cc | neutron   | network      |
| 71815c7cb9304fd8bb310bdf3dd42cb6 | nova      | compute      |
| 86b79cae3a0d4557be499ed6ae7dd6ec | keystone  | identity     |
| 8845a014947e4b1aab8acb60adc73f54 | cinderv2  | volumev2     |
| 8cb0c3fb814e4365872f1234e1c2093a | gnocchi   | metric       |
| 9255319f3719446f9079eed7acc93f75 | cinderv3  | volumev3     |
| a67f660b8aa744bf8cce8ebc323687bc | swift     | object-store |
| ca4bbfe59ed94517a8c41a3389052b65 | glance    | image        |
| cac241c1bd1944178d26930396d329b6 | ceilometer| metering     |
| ce089cd62f61453499f856601dbae55a | aodh      | alarming     |
| d13018b90e5a4282891ff947c702fe5b | placement | placement    |
+----------------------------------+-----------+--------------+
```

（二）查看所有端点列表

按照 URL 排序，查看所有端点 API 列表。执行命令：openstack endpoint list --sort-column URL；可以发现两类服务 Nova 和 placement 端点。

```
[root@node1 ~(keystone_admin)]# openstack endpoint list --sort-column URL
+----------------------------------+-----------+--------------+--------------+---------+-----------+---------------------------------------------+
| ID                               | Region    | Service Name | Service Type | Enabled | Interface | URL                                         |
+----------------------------------+-----------+--------------+--------------+---------+-----------+---------------------------------------------+
| 31c32248c9f54593b477b2889652e872 | RegionOne | keystone     | identity     | True    | internal  | http://192.168.0.240:5000/v3                |
| 51d5e3ad07bf4737b8f307bc63a7e443 | RegionOne | keystone     | identity     | True    | admin     | http://192.168.0.240:5000/v3                |
| 6a34199ac3be4bd8982fb03296255641 | RegionOne | keystone     | identity     | True    | public    | http://192.168.0.240:5000/v3                |
| 3a3fabe67ded471ba988537d1a871c66 | RegionOne | gnocchi      | metric       | True    | public    | http://192.168.0.240:8041                   |
| 9c1daf00dae2444da175bad24382df41 | RegionOne | gnocchi      | metric       | True    | internal  | http://192.168.0.240:8041                   |
| e629597ac13e4b389bed6c047727cd7b | RegionOne | gnocchi      | metric       | True    | admin     | http://192.168.0.240:8041                   |
| 417bf2940b33404db5d6ea615b1bb62d | RegionOne | aodh         | alarming     | True    | internal  | http://192.168.0.240:8042                   |
| 698e502ee65c4c92954b996ce80f3ea2 | RegionOne | aodh         | alarming     | True    | public    | http://192.168.0.240:8042                   |
| e776b7d4e83d4e3b1cf4583b9017621  | RegionOne | aodh         | alarming     | True    | admin     | http://192.168.0.240:8042                   |
| 0e93b11358f14cc4865bedfa9faa4313 | RegionOne | swift        | object-store | True    | public    | http://192.168.0.240:8080/v1/AUTH_%(tenant_id)s |
| 0ebb41c8665c46d3863a1f6d7e8e0be5 | RegionOne | swift        | object-store | True    | internal  | http://192.168.0.240:8080/v1/AUTH_%(tenant_id)s |
| 6c15a05a90cd46128d01d75a339a8676 | RegionOne | swift        | object-store | True    | admin     | http://192.168.0.240:8080/v1/AUTH_%(tenant_id)s |
| 1533e3d00fe24c84a6e2c3a74ddde535 | RegionOne | nova         | compute      | True    | public    | http://192.168.0.240:8774/v2.1/%(tenant_id)s |
| af35952e017546509311188c4252f97  | RegionOne | nova         | compute      | True    | admin     | http://192.168.0.240:8774/v2.1/%(tenant_id)s |
| c6c50422a810459aac9827ef90f00050 | RegionOne | nova         | compute      | True    | internal  | http://192.168.0.240:8774/v2.1/%(tenant_id)s |
| 79bd4ed5f970484e9f6b3485e3943d72 | RegionOne | cinderv2     | volumev2     | True    | public    | http://192.168.0.240:8776/v2/%(tenant_id)s  |
| da96382965954f478bbe3825c8c89916 | RegionOne | cinderv2     | volumev2     | True    | internal  | http://192.168.0.240:8776/v2/%(tenant_id)s  |
| ffee1db48bbd4c108f152994661c8e6f | RegionOne | cinderv2     | volumev2     | True    | admin     | http://192.168.0.240:8776/v2/%(tenant_id)s  |
| 3ebb3db0be5e41bdad675d440ee60940 | RegionOne | cinderv3     | volumev3     | True    | public    | http://192.168.0.240:8776/v3/%(tenant_id)s  |
| a0372de82ba440deb0d993edb124cdda | RegionOne | cinderv3     | volumev3     | True    | internal  | http://192.168.0.240:8776/v3/%(tenant_id)s  |
| f327750a7e3a4a3bb767e1b3cead8973 | RegionOne | cinderv3     | volumev3     | True    | admin     | http://192.168.0.240:8776/v3/%(tenant_id)s  |
| bf95a3149f864f3aad3c6aa6de884547 | RegionOne | ceilometer   | metering     | True    | public    | http://192.168.0.240:8777                   |
| bff47aced75b4c2f86d4c89aca708d9d | RegionOne | ceilometer   | metering     | True    | admin     | http://192.168.0.240:8777                   |
| ea4bd920740e4300955ee26da5da1705 | RegionOne | ceilometer   | metering     | True    | internal  | http://192.168.0.240:8777                   |
| 786bb1d5143940a3bb2d49a6a872bad6 | RegionOne | placement    | placement    | True    | internal  | http://192.168.0.240:8778/placement         |
| cc89d61d1af4485f8a2316d9b3e19537 | RegionOne | placement    | placement    | True    | admin     | http://192.168.0.240:8778/placement         |
| f7267c99323e4c6096e21489a4ccdfb8 | RegionOne | placement    | placement    | True    | public    | http://192.168.0.240:8778/placement         |
| 6adc6adb351c4c0eb27630911c1d1e47 | RegionOne | glance       | image        | True    | public    | http://192.168.0.240:9292                   |
| 83eca34e2cce43d08c1alefe95e9485a | RegionOne | glance       | image        | True    | admin     | http://192.168.0.240:9292                   |
| 8ad73b96dd6d466eb519eb06ccbfde3c | RegionOne | glance       | image        | True    | internal  | http://192.168.0.240:9292                   |
| 46de40ecc14f4e6cbce5c1f210167022 | RegionOne | neutron      | network      | True    | admin     | http://192.168.0.240:9696                   |
| 77604c2bbdec466eaf8a519c51c10838 | RegionOne | neutron      | network      | True    | internal  | http://192.168.0.240:9696                   |
| fcd990b2965e40dcbad7c9b371398a7e | RegionOne | neutron      | network      | True    | public    | http://192.168.0.240:9696                   |
+----------------------------------+-----------+--------------+--------------+---------+-----------+---------------------------------------------+
```

二、查看调度方式

任务实施目标：

查看默认调度方式：

在 cat/etc/nova/nova.conf 中，查找 driver 参数，查看调度方式。执行命令：#cat/etc/nova/nova.conf | grep driver | grep –Ev "^#"，可以发现，采用过滤调度（filter_scheduler）

```
[root@node1 ~(keystone_admin)]# cat /etc/nova/nova.conf | grep driver | grep -Ev "^#"
compute_driver=libvirt.LibvirtDriver
vif_driver=nova.virt.libvirt.vif.LibvirtGenericVIFDriver
driver=messagingv2
driver=filter_scheduler
```

三、查看 Cell

任务实施目标：

使用命令行方式查看 Cell 信息。

执行命令：`nova-manage cell_v2 list_cells`

```
[root@node1 ~(keystone_admin)]# nova-manage cell_v2 list_cells
+---------+--------------------------------------+--------------------------------------+--------------------------------------------+----------+
| Name    | UUID                                 | Transport URL                        | Database Connection                        | Disabled |
+---------+--------------------------------------+--------------------------------------+--------------------------------------------+----------+
| cell0   | 00000000-0000-0000-0000-000000000000 | none:/                               | mysql+pymysql://nova:****@192.168.0.240/nova_cell0 | False    |
| default | 9fcf7359-d09d-49c5-8de5-420fa9009c70 | rabbit://guest:****@192.168.0.240:5672/ | mysql+pymysql://nova:****@192.168.0.240/nova | False    |
+---------+--------------------------------------+--------------------------------------+--------------------------------------------+----------+
```

📋 **任务验收**

（1）简要复述 Nova 所需组件和端点列表。

（2）复述调度原理和 Cell 功能。

任务二　安装 Nova 服务

任务描述

按照规划表,参考官方指导手册,在 controller 节点部署 nova-api、nova-scheduler、nova-conductor、nova-novncproxy 服务,在 compute1 节点上安装部署 compute 服务,并测试安装结果。相关账户信息如表 6-1 所示。

表 6-1　计算服务相关账户信息

节　　点	服　　务	账　　号	用户名/密码
controller (192.168.154.11)	API Scheduler Conductor novncproxy	MySQL 登录	root/123
		Nova/nova_api/nova_cell0 库访问	nova/ nv123
		Nova 用户	nova/ nv123
		Placement 库访问	placement/ pl123
		Placement 用户	placement/ pl123
		RBMQ 消息队列账户	openstack/ rb123
compute1 (192.168.154.12)	Compute	Nova/nova_api/nova_cell0 库访问	nova/ nv123
		Placement 库访问	placement/ pl123
		RBMQ 消息队列账户	openstack/ rb123

知识准备

一、Nova 部署架构

常见经典部署模式和负载均衡模式如图 6-4 所示。

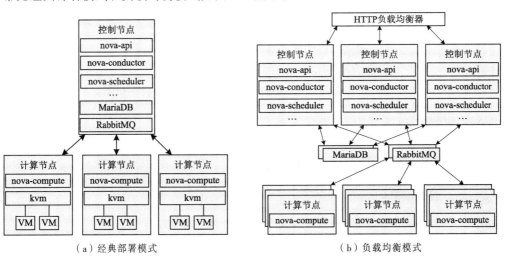

（a）经典部署模式　　　　　　　　　（b）负载均衡模式

图 6-4　部署模式

二、Cell 架构

为解决集群规模导致的 Message Queue 和 Database 性能瓶颈，Nova 提出了 nova-cell 解决方案，目的是细分 OpenStack 集群。每个单元有各自的 Message Queue 和 Database。在 Cell 中，Keystone、Neutron、Cinder、Glance 等资源共享。Cell 架构如图 6-5 所示。

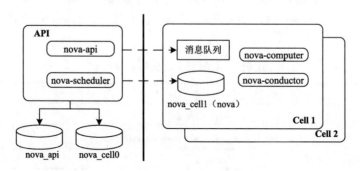

图 6-5　Cell 架构

从 6-5 架构图上，可以看到：

API 和 Cell 具有明显的边界。API 层面只需要数据库，无须 Message Queue。nova-api 依赖 nova_api 和 nova_cell0 两个数据库。nova-scheduler 服务只需要在 API 层面上安装，Cell 不需要参数调度。这样可以实现一次调度即可确定某个 Cell 在某一机器上启动。Cell 只需要安装 nova-compute 和 nova-conductor 服务和其依赖的 DB 和 MQ。所有的 Cell 变成一个扁平架构。

nova_api Cell 数据库中存放全局信息，这些全局数据表是从 Nova 库迁过来的，如 flavor（实例模型）、instance groups（实例组）、quota（配额）；nova_cell0 数据库的模式与 Nova 一样，主要用途就是当实例调度失败时，实例的信息不属于任何一个 Cell，因而存放到 nova_cell0 数据库中。

当新建虚拟机时：

（1）nova-api 接到用户的请求信息，先转发到 nova-scheduler 进行调度，nova-scheduler 通过 placement service，直接确定分配到哪台机器上。

（2）nova-api 把 instance 的信息存入 instance_mappings 表。

（3）nova-api 把机器信息存到目标 Cell 的 database。

（4）nova-api 给 Cell 的 Message Queue 的相关队列发消息，启动机器。

任务实施

视　频

Placement
部署

一、安装 Placement 放置服务

任务实施目标：

在 controller 上使用命令行方式安装 Placement 服务。

（一）创库授权

（1）以 root 身份登录数据库服务器（密码 123），分别创建 placement 库：

```
#mysql -u root -p
```

```
>create database placement;
```

（2）授权 placment 账户对 placement 库访问，密码设置为 pl123：

```
>grant all privileges on placement.* to 'placement'@'localhost' identified
by 'pl123';
>grant all privileges on placement.* to 'placement'@'%' identified by
'pl123';
```

（3）验证授权

```
>show grants for placement;
```

```
MariaDB [(none)]> show grants for placement;
+----------------------------------------------------------------------------------+
| Grants for placement@%                                                           |
+----------------------------------------------------------------------------------+
| GRANT USAGE ON *.* TO 'placement'@'%' IDENTIFIED BY PASSWORD '*5DA98C745AC5AF51674192356B40D229F83A6E7D' |
| GRANT ALL PRIVILEGES ON `placement`.* TO 'placement'@'%'                         |
+----------------------------------------------------------------------------------+
2 rows in set (0.00 sec)
```

（二）创建 placement 服务凭证

```
.admin-openrc
```

（1）创建 placement 用户，执行命令：openstack user create --domain default --password-prompt placement，密码设置为 pl123：

```
+---------------------+----------------------------------+
| Field               | Value                            |
+---------------------+----------------------------------+
| domain_id           | default                          |
| enabled             | True                             |
| id                  | 927ad044f4c64ba49cd36ea6cd006885 |
| name                | placement                        |
| options             | {}                               |
| password_expires_at | None                             |
+---------------------+----------------------------------+
```

（2）使用 admin 角色赋予用户 placement 和服务项目 service，执行命令：openstack role add --project service --user placement admin。

（3）查看项目、角色和用户对应关系[可选]，执行命令：openstack role assignment list。

（4）创建 Placement 服务实体：

```
openstack service create --name placement --description "Placement API"
placement
```

（三）创建 Placement API 端点

执行以下命令，创建 3 种 API：

```
openstack endpoint create --region RegionOne placement public http://
controller:8778
```

```
+--------------+----------------------------------+
| Field        | Value                            |
+--------------+----------------------------------+
| enabled      | True                             |
| id           | 676e7a48c360496997008fe451223bac |
| interface    | public                           |
| region       | RegionOne                        |
| region_id    | RegionOne                        |
| service_id   | 97f7dba2adeb4450aa4ee10cf75ba56d |
| service_name | placement                        |
| service_type | placement                        |
| url          | http://controller:8778           |
+--------------+----------------------------------+
```

```
openstack endpoint create --region RegionOne placement internal http://
controller:8778
```

```
+--------------+-------------------------------------------+
| Field        | Value                                     |
+--------------+-------------------------------------------+
| enabled      | True                                      |
| id           | 32d75dd383814925b7ac1bd2d4009bed          |
| interface    | internal                                  |
| region       | RegionOne                                 |
| region_id    | RegionOne                                 |
| service_id   | 97f7dba2adeb4450aa4ee10cf75ba56d          |
| service_name | placement                                 |
| service_type | placement                                 |
| url          | http://controller:8778                    |
+--------------+-------------------------------------------+
```

openstack endpoint create --region RegionOne placement admin http://controller:8778

```
+--------------+-------------------------------------------+
| Field        | Value                                     |
+--------------+-------------------------------------------+
| enabled      | True                                      |
| id           | 23a844649348497c807c94eb589f9444          |
| interface    | admin                                     |
| region       | RegionOne                                 |
| region_id    | RegionOne                                 |
| service_id   | 97f7dba2adeb4450aa4ee10cf75ba56d          |
| service_name | placement                                 |
| service_type | placement                                 |
| url          | http://controller:8778                    |
+--------------+-------------------------------------------+
```

执行以下命令，查看 Placement API：

openstack endpoint list | grep placement

```
[root@controller ~]# openstack endpoint list | grep placement
| 518f3df6cfbe4778a9e64287461b0388 | RegionOne | placement | placement | True | admin    | http://controller:8778 |
| d00c13c6b2954609b60ebe51617b398b | RegionOne | placement | placement | True | public   | http://controller:8778 |
| de1a6236175847bbb7cbdee97276427c | RegionOne | placement | placement | True | internal | http://controller:8778 |
```

（四）安装软件包

安装 openstack--placement-api 软件包，执行以下命令：

yum install openstack-placement-api -y

（五）修改配置文件

修改配置文件/etc/placement/placement.conf：

（1）备份、删除注释：

cp /etc/placement/placement.conf /etc/placement/placement.conf.bak
grep -Ev '^$|#' /etc/placement/placement.conf.bak > /etc/placement/placement.conf

（2）修改配置文件，完成以下操作：

```
[placement_database]
# ...
connection=mysql+pymysql://placement:pl123@controller/placement
[api]
# ...
auth_strategy=keystone
[keystone_authtoken]
# ...
auth_url=http://controller:5000/v3
memcached_servers=controller:11211
auth_type=password
project_domain_name=Default
user_domain_name=Default
```

```
project_name=service
username=placement
password=pl123
```

（六）初始化 placement 数据库

```
su -s /bin/sh -c "placement-manage db sync" placement
```

查看数据库：

```
mysql -uplacement -ppl123 -e "use placement;show tables"
```

```
+-------------------------------+
| Tables_in_placement           |
+-------------------------------+
| alembic_version               |
| allocations                   |
| consumers                     |
| inventories                   |
| placement_aggregates          |
| projects                      |
| resource_classes              |
| resource_provider_aggregates  |
| resource_provider_traits      |
| resource_providers            |
| traits                        |
| users                         |
+-------------------------------+
```

（七）完善 apache

```
vi /etc/httpd/conf.d/00-placement-api.conf
  ...
  <Directory/usr/bin>
    <IfVersion>=2.4>
        Require all granted
    </IfVersion>
    <IfVersion <2.4>
        Order allow,deny
        Allow from all
    </IfVersion>
  </Directory>
  ...
systemctl restart httpd
systemctl status httpd
```

（八）验证

检查服务是否启动成功，使用 netstat –tnlup 查看端口情况，如果存在 8778 的端口，表示 placement 服务启动成功。

```
[root@controller ~]# netstat -tnlup | grep 8778
tcp6      0      0 :::8778                :::*                    LISTEN      19894/httpd
```

使用命令 curl http://controller:8778，直接访问 placement 的 API 地址，看是否能返回 JSON。

```
[root@controller ~]# curl http://controller:8778
{"versions": [{"status": "CURRENT", "min_version": "1.0", "max_version": "1.36", "id": "v1.0", "links": [{"href": "", "rel": "self"}]}]}
```

📖 典型故障：

分析：以上两步无法启动 8778 端口，placement 服务无法启动。

解决：检查/etc/httpd/conf.d/00-placement-api.conf 配置，并重启 httpd 服务。检查 placement 状态：placement-status upgrade check。

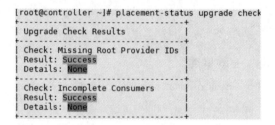

视频

控制节点
Nova 部署

二、控制节点安装 Nova 服务

任务实施目标：

在 controller 上，安装 nova-api（Nova 主服务）、nova-scheduler（Nova 调度服务）、nova-conductor（Nova 数据库服务，提供数据库访问）、nova-novncproxy（Nova 的 vnc 服务，提供实例的控制台）等服务。

（一）创库授权

（1）以 root 身份登录数据库服务器（密码 123），分别创建 nova_api、nova、cell0 库：

```
#mysql -u root -p
>create database nova_api;
>create database nova;
>create database nova_cell0;
```

（2）授权 nova 账户对 nova_api、nova 和 nova_cell0 三个库进行访问，密码分别设置为 nv123：

```
>grant all privileges on nova_api.* to 'nova'@'localhost' identified by 'nv123';
>grant all privileges on nova_api.* to 'nova'@'%' identified by 'nv123';
>grant all privileges on nova.* to 'nova'@'localhost' identified by 'nv123';
>grant all privileges on nova.* to 'nova'@'%' identified by 'nv123';
>grant all privileges on nova_cell0.* to 'nova'@'localhost' identified by 'nv123';
>grant all privileges on nova_cell0.* to 'nova'@'%' identified by 'nv123';
```

（3）验证：

```
>flush privileges;
>show databases;
>select user,host from mysql.user;
```

（二）创建 Nova 计算服务凭证

```
.admin-openrc
```

（1）创建 Nova 用户，执行命令：openstack user create --domain default --password-prompt nova，密码设置为 nv123：

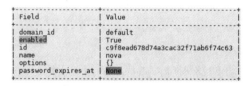

（2）使用 admin 角色赋予用户 nova 和服务项目 service，执行命令：openstack role add --project service --user nova admin。

（3）查看项目、角色和用户对应关系[可选]，执行命令：openstack role assignment list。

```
[root@controller ~]# openstack role assignment list
+----------------------------------+----------------------------------+-------+----------------------------------+--------+--------+-----------+
| Role                             | User                             | Group | Project                          | Domain | System | Inherited |
+----------------------------------+----------------------------------+-------+----------------------------------+--------+--------+-----------+
| a63a94fef42b4bb7a41abd9eaadadd1a | 22a21e2ce99547a0a9988f60bb2d5909 |       | 648381592f5c48f99787106579f34fdb |        |        | False     |
| aae3484691af481d8903f69eeaa21254 | 4603ff0f90954dc2af52b663413939db |       | a7eaf60d723f45509531025549f7857b |        |        | False     |
| a63a94fef42b4bb7a41abd9eaadadd1a | 6cb4312c5729472db36b19508116bca5 |       | c903c0b1f0ff4beea2f74ad189b36413 |        |        | False     |
| a63a94fef42b4bb7a41abd9eaadadd1a | c9f8ead678d74a3cac32f71ab6f74c63 |       | 648381592f5c48f99787106579f34fdb |        |        | False     |
| ccf9efdbf6ab4b39b7312853ec5cd65d | ec09a9e3e62d479fa41bbda4127fd293 |       | 30aad6d8feee48768ea063a9a86c8faa |        |        | False     |
| a63a94fef42b4bb7a41abd9eaadadd1a | 6cb4312c5729472db36b19508116bca5 |       |                                  |        | all    | False     |
+----------------------------------+----------------------------------+-------+----------------------------------+--------+--------+-----------+
```

（4）创建 Nova 服务，执行命令：openstack service create --name nova --description "OpenStack Compute" compute，type 为 compute。

```
+-------------+----------------------------------+
| Field       | Value                            |
+-------------+----------------------------------+
| description | OpenStack Compute                |
| enabled     | True                             |
| id          | 40d0d346aad4460cb66933f119b8dde5 |
| name        | nova                             |
| type        | compute                          |
+-------------+----------------------------------+
```

（三）创建 Nova API 端点

执行以下命令，创建 3 种 API：

```
#openstack endpoint create --region RegionOne compute public http://
controller:8774/v2.1
```

```
+--------------+----------------------------------+
| Field        | Value                            |
+--------------+----------------------------------+
| enabled      | True                             |
| id           | 822ef65a77964cf38f3c3869a0df0b4d |
| interface    | public                           |
| region       | RegionOne                        |
| region_id    | RegionOne                        |
| service_id   | 40d0d346aad4460cb66933f119b8dde5 |
| service_name | nova                             |
| service_type | compute                          |
| url          | http://controller:8774/v2.1      |
+--------------+----------------------------------+
```

```
#openstack endpoint create --region RegionOne compute internal http://
controller:8774/v2.1
```

```
+--------------+----------------------------------+
| Field        | Value                            |
+--------------+----------------------------------+
| enabled      | True                             |
| id           | 3bcf18d9133143f28db0692ea4c170cd |
| interface    | internal                         |
| region       | RegionOne                        |
| region_id    | RegionOne                        |
| service_id   | 40d0d346aad4460cb66933f119b8dde5 |
| service_name | nova                             |
| service_type | compute                          |
| url          | http://controller:8774/v2.1      |
+--------------+----------------------------------+
```

```
#openstack endpoint create --region RegionOne compute admin http://
controller:8774/v2.1
```

查看 endpoint：

```
root@controller ~]# openstack endpoint list | grep nova
6f4c652b78b24c7b903a5474272f0bb3 | RegionOne | nova | compute | True | admin    | http://controller:8774/v2.1 |
c331e503dd2940fb8e8e0d216efd3073 | RegionOne | nova | compute | True | public   | http://controller:8774/v2.1 |
dbc55b92857e487fab73e7935b396af1 | RegionOne | nova | compute | True | internal | http://controller:8774/v2.1 |
```

（四）安装软件包

安装 openstack-nova-api（API）、openstack-nova-conductor（conductor）、openstack-nova-console（控制）、openstack-nova-novncproxy（NVC 代理）、openstack-nova-scheduler（调度）软

件包，执行以下命令：

```
yum install openstack-nova-api\
openstack-nova-conductor\
openstack-nova-novncproxy\
openstack-nova-console\
openstack-nova-scheduler -y
```

```
+-----------------+------------------------------------+
| Field           | Value                              |
+-----------------+------------------------------------+
| enabled         | True                               |
| id              | d56c92c790fc4ca393bfd9a582d3ea2a   |
| interface       | admin                              |
| region          | RegionOne                          |
| region_id       | RegionOne                          |
| service_id      | 40d0d346aad4460cb66933f119b8dde5   |
| service_name    | nova                               |
| service_type    | compute                            |
| url             | http://controller:8774/v2.1        |
+-----------------+------------------------------------+
```

（五）修改配置文件

```
cp -a /etc/nova/nova.conf{,.bak};grep -Ev '^$|#' /etc/nova/nova.conf.bak >
/etc/nova/nova.conf
```

编辑配置文件/etc/nova/nova.conf，完成以下配置：

（1）仅启用 compute 和 metadata （元数据）API：

```
[DEFAULT]
enabled_apis=osapi_compute,metadata
```

（2）访问数据库：

```
[api_database]
connection=mysql+pymysql://nova:nv123@controller/nova_api
[database]
connection=mysql+pymysql://nova:nv123@controller/nova
[placement_database]
connection=mysql+pymysql://placement:pl123@controller/placement
```

（3）消息队列访问：

```
[DEFAULT]
transport_url=rabbit://openstack:rb123@controller
```

（4）身份服务访问：

```
[api]
auth_strategy=keystone
[keystone_authtoken]
auth_url=http://controller:5000/v3
memcached_servers=controller:11211
auth_type=password
project_domain_name=Default
user_domain_name=Default
project_name=service
username=nova
password=nv123
```

（5）定义控制节点 IP 为 my_ip，并支持网络服务：

```
[DEFAULT]
my_ip=192.168.154.11
```

```
use_neutron=true
firewall_driver=nova.virt.firewall.NoopFirewallDriver
```

✏ **技术点：**

默认情况下，计算服务使用自己的防火墙驱动，而网络服务也包括一个防火墙驱动，因此，必须使用 nova.virt.firewall.NoopFirewallDriver 来禁用计算服务的防火墙驱动。[neutron]部分可参考 Networking service install guide（https://docs.openstack.org/nova/train/install/controller-install-rdo.html#prerequisites），暂时不配置。

（6）VNC 代理使用控制节点管理接口 IP 地址：

```
[vnc]
enabled=true
server_listen=$my_ip
server_proxyclient_address=$my_ip
```

（7）镜像服务 API 的地址：

```
[glance]
api_servers=http://controller:9292
```

（8）锁定路径：

```
[oslo_concurrency]
lock_path=/var/lib/nova/tmp
```

（9）Placement API：

```
[placement]
# ...
region_name=RegionOne
project_domain_name=Default
project_name=service
auth_type=password
user_domain_name=Default
auth_url=http://controller:5000/v3
username=placement
password=pl123
```

修改配置如下：

```
[DEFAULT]
enabled_apis=osapi_compute,metadata
my_ip=192.168.154.11
use_neutron=true
firewall_driver=nova.virt.firewall.NoopFirewallDriver
transport_url=rabbit://rb123:openstack@controller
[api]
auth_strategy=keystone
[api_database]
connection=mysql+pymysql://nv123:nova@controller/nova_api
[database]
connection=mysql+pymysql://nv123:nova@controller/nova
[glance]
api_servers=http://controller:9292
[keystone_authtoken]
www_authenticate_uri=http://controller:5000/
```

```
auth_url=http://controller:5000/
memcached_servers=controller:11211
auth_type=password
project_domain_name=default
user_domain_name=default
project_name=service
username=nova
password=nv123
[oslo_concurrency]
lock_path=/var/lib/nova/tmp
[placement]
region_name=RegionOne
project_domain_name=Default
project_name=service
auth_type=password
user_domain_name=Default
auth_url=http://controller:5000/v3
username=placement
password=pl123
[scheduler]
discover_hosts_in_cells_interval=300
[vnc]
enabled=true
server_listen=$my_ip
server_proxyclient_address=$my_ip
```

（六）同步创建相关数据库（注意顺序）

（1）填充 nova-api 数据库：

```
su -s /bin/sh -c "nova-manage api_db sync" nova
```

（2）验证数据库：

```
mysql -unova -pnv123 -e "use nova_api;show tables;"
```

```
+-----------------------------+
| Tables_in_nova_api          |
+-----------------------------+
| aggregate_hosts             |
| aggregate_metadata          |
| aggregates                  |
| allocations                 |
| build_requests              |
| cell_mappings               |
| consumers                   |
| flavor_extra_specs          |
| flavor_projects             |
| flavors                     |
| host_mappings               |
| instance_group_member       |
| instance_group_policy       |
| instance_groups             |
| instance_mappings           |
| inventories                 |
| key_pairs                   |
| migrate_version             |
| placement_aggregates        |
| project_user_quotas         |
| projects                    |
| quota_classes               |
| quota_usages                |
| quotas                      |
| request_specs               |
| reservations                |
| resource_classes            |
| resource_provider_aggregates|
| resource_provider_traits    |
| resource_providers          |
| traits                      |
| users                       |
+-----------------------------+
```

（3）注册 cell0 数据库：

```
su -s /bin/sh -c "nova-manage cell_v2 map_cell0" nova
```

（4）创建 cell1 单元：

```
su -s /bin/sh -c "nova-manage cell_v2 create_cell --name=cell1 --verbose"
nova
```

（5）初始化 nova 数据库：

```
su -s /bin/sh -c "nova-manage db sync" nova
```

```
[root@controller ~]# su -s /bin/sh -c "nova-manage db sync" nova
/usr/lib/python2.7/site-packages/pymysql/cursors.py:170: Warning: (1831, u'Duplica
te index `block_device_mapping_instance_uuid_virtual_name_device_name_idx`. This i
s deprecated and will be disallowed in a future release.')
  result = self._query(query)
/usr/lib/python2.7/site-packages/pymysql/cursors.py:170: Warning: (1831, u'Duplica
te index `uniq_instances0uuid`. This is deprecated and will be disallowed in a fut
ure release.')
  result = self._query(query)
```

📖 **经验提示**：这里遇到两个警告信息，不是很严重，后续版本会修复，再重新执行一下就不会出现。

```
su -s /bin/sh -c "nova-manage db sync" nova
```

（6）检查确认 cell0 和 cell1 注册成功：

```
su -s /bin/sh -c "nova-manage cell_v2 list_cells" nova
```

```
[root@controller ~]# su -s /bin/sh -c "nova-manage cell_v2 list_cells" nova
+-------+--------------------------------------+---------------------------+--------------------------------------------+----------+
| Name  |                 UUID                 |       Transport URL       |            Database Connection             | Disabled |
+-------+--------------------------------------+---------------------------+--------------------------------------------+----------+
| cell0 | 00000000-0000-0000-0000-000000000000 |           none:/          | mysql+pymysql://nova:****@controller/nova_cell0 |  False   |
| cell1 | f380563f-5c1e-4924-a727-2028b5d34ad8 | rabbit://openstack:****@controller | mysql+pymysql://nova:****@controller/nova |  False   |
+-------+--------------------------------------+---------------------------+--------------------------------------------+----------+
```

（7）验证数据库：

```
mysql -unova -pnv123 -e "use nova_api;show tables;"
mysql -uplacement -ppl123 -e "use placement;show tables;"
```

```
+---------------------------+
| Tables_in_placement       |
+---------------------------+
| alembic_version           |
| allocations               |
| consumers                 |
| inventories               |
| placement_aggregates      |
| projects                  |
| resource_classes          |
| resource_provider_aggregates |
| resource_provider_traits  |
| resource_providers        |
| traits                    |
| users                     |
+---------------------------+
```

（七）启动计算服并设置开机自启

```
systemctl start\
    openstack-nova-api.service\
    openstack-nova-scheduler.service\
    openstack-nova-conductor.service\
    openstack-nova-novncproxy.service
systemctl status\
    openstack-nova-api.service\
    openstack-nova-scheduler.service\
    openstack-nova-conductor.service\
    openstack-nova-novncproxy.service
systemctl enable\
    openstack-nova-api.service\
```

```
openstack-nova-scheduler.service\
openstack-nova-conductor.service\
openstack-nova-novncproxy.service
systemctl list-unit-files |grep openstack-nova* |grep enabled
```

（八）典型故障

❖ 典型故障。提示'mysql.index_stats'、'mysql.column_stats'和'mysql.index_stats'三张表不存在：/usr/lib/python2.7/site-packages/pymysql/cursors.py:170: Warning: （1146, u"Table 'mysql.inde x_ stats' doesn't exist"）result = self._query（query）/usr/lib/python2.7/site-packages/pymysql/ cursors.py:170: Warning: （1146, u"Table 'mysql.column_stats' doesn't exist"）result = self._query（query） [root@controller ~]# u"Table 'mysql.index_stats' doesn't exist"

解决：分别进入 nova_api 和 placement 库，创建 3 个库。

```
CREATE TABLE IF NOT EXISTS `column_stats` (
`db_name` varchar ( 64 ) NOT NULL COMMENT 'Database the table is in.',
`table_name` varchar ( 64 ) NOT NULL COMMENT 'Table name.',
`column_name` varchar ( 64 ) NOT NULL COMMENT 'Name of the column.',
`min_value` varchar ( 255 ) DEFAULT NULL COMMENT 'Minimum value in the table
( in text form ) .',
`max_value` varchar ( 255 ) NOT NULL COMMENT 'Maximum value in the table ( in
text form ) .',
`nulls_ratio` decimal ( 12,4 ) DEFAULT NULL COMMENT 'Fraction of NULL values
( 0 - no NULLs, 0.5 - half values are NULLs, 1 - all values are NULLs ) .',
`avg_length` decimal ( 12,4 ) DEFAULT NULL COMMENT 'Average length of column
value, in bytes. Counted as if one ran SELECT AVG ( LENGTH ( col )) . This doesn''t
count NULL bytes, assumes endspace removal for CHAR ( n ) , etc.',
`avg_frequency` decimal(12,4) DEFAULT NULL COMMENT 'Average number of records
with the same value',
`hist_size` tinyint ( 3 ) unsigned DEFAULT NULL COMMENT 'Histogram size in bytes,
from 0-255.',
`hist_type` enum ('SINGLE_PREC_HB','DOUBLE_PREC_HB') DEFAULT NULL COMMENT
'Histogram type. See the histogram_type system variable.',
`histogram` varbinary ( 255 ) DEFAULT NULL
) ENGINE=InnoDB DEFAULT CHARSET=utf8;

CREATE TABLE IF NOT EXISTS `index_stats` (
`db_name` varchar ( 64 ) NOT NULL COMMENT 'Database the table is in.',
`table_name` varchar ( 64 ) NOT NULL COMMENT 'Table name',
`index_name` varchar ( 64 ) NOT NULL COMMENT 'Name of the index',
`prefix_arity` int ( 10 ) unsigned NOT NULL COMMENT 'Index prefix length. 1
for the first keypart, 2 for the first two, and so on. InnoDB''s extended
keys are supported.',
`avg_frequency` decimal(12,4) DEFAULT NULL COMMENT 'Average number of records
one will find for given values of ( keypart1, keypart2, .. ) , provided the values
will be found in the table.'
) ENGINE=InnoDB DEFAULT CHARSET=utf8;

CREATE TABLE IF NOT EXISTS `table_stats` (
`db_name` varchar ( 64 ) NOT NULL COMMENT 'Database the table is in .',
`table_name` varchar ( 64 ) NOT NULL COMMENT 'Table name.',
```

```
`cardinality` bigint(21) DEFAULT NULL COMMENT 'Number of records in the
table.'
) ENGINE=InnoDB DEFAULT CHARSET=utf8;

ALTER TABLE `column_stats`
ADD PRIMARY KEY (`db_name`,`table_name`,`column_name`);

ALTER TABLE `index_stats`
ADD PRIMARY KEY (`db_name`,`table_name`,`index_name`,`prefix_arity`);

ALTER TABLE `table_stats`
ADD PRIMARY KEY (`db_name`,`table_name`);
```

三、部署计算节点

任务实施目标：

使用命令行方式安装计算节点。

（一）安装软件包

安装 compute 组件：

```
#yum install -y epel-release
yum install openstack-nova-compute python-openstackclient
openstack-selinux openstack-utils -y
```

视 频

计算节点
Nova 部署

（二）编辑 nova 配置文件

vi /etc/nova/nova.conf，完成以下配置：

（1）仅启用 compute 和 metadata API：

```
[DEFAULT]
enabled_apis=osapi_compute,metadata
```

（2）配置消息队列访问：

```
[DEFAULT]
transport_url=rabbit://openstack:rb123@controller
```

（3）配置身份服务访问：

```
[api]
auth_strategy=keystone
[keystone_authtoken]
# ...
www_authenticate_uri=http://controller:5000/
auth_url=http://controller:5000/v3
memcached_servers=controller:11211
auth_type=password
project_domain_name=Default
user_domain_name=Default
project_name=service
username=nova
password=nv123
```

（4）定义计算节点 IP 地址为 my_ip，并支持网络服务：

```
[DEFAULT]
```

```
my_ip=192.168.154.12
use_neutron=true
firewall_driver=nova.virt.firewall.NoopFirewallDriver
```
（5）VNC 代理使用计算节点管理接口 IP 地址：
```
[vnc]
enabled=true
server_listen=0.0.0.0
server_proxyclient_address=$my_ip
novncproxy_base_url=http://192.168.154.11:6080/vnc_auto.html
```

> **注意**
> 192.168.154.11 部分用 controller 代替，可能导致后续 Web 页面无法管理实例。

（6）镜像服务 API 的地址：
```
[glance]
api_servers=http://controller:9292
```
（7）锁定路径：
```
[oslo_concurrency]
lock_path=/var/lib/nova/tmp
```
（8）Placement API：
```
[placement]
# ...
region_name=RegionOne
project_domain_name=Default
project_name=service
auth_type=password
user_domain_name=Default
auth_url=http://controller:5000/v3
username=placement
password=pl123
```

（三）完成安装

（1）确定计算节点是否支持虚拟机的硬件加速。

执行命令：egrep -c '（vmx|svm）' /proc/cpuinfo，返回 CPU 数量。

> **注意**
> 如果此命令返回值大于 1，则计算节点支持硬件加速，通常不需要其他配置。如果此命令返回值 zero，则您的计算节点不支持硬件加速，您必须配置 libvirt 为使用 QEMU 而不是 KVM。

（2）编辑文件中的[libvirt]部分，/etc/nova/nova.conf 如下所示：
```
[libvirt]
# ...
virt_type=kvm
```
📖 **经验提示**：在虚拟机环境中，建议配置为 QEMU。

（3）重启服务：
```
systemctl enable libvirtd.service openstack-nova-compute.service
systemctl start libvirtd.service openstack-nova-compute.service
systemctl status libvirtd.service openstack-nova-compute.service
```

```
systemctl restart libvirtd.service openstack-nova-compute.service
```

（四）典型故障

❖ 典型故障 1：openstack-nova-compute.service 无法启动。

分析：查看日志/var/log/nova/nova-compute.log，提示无法访问 http://controller:8778。

问题：controller 中防火墙或者 selinux 开启，导致 controller 节点端口无法访问。

解决：关闭 controller 节点中防火墙和 selinux。

❖ 典型故障 2：openstack-nova-compute.service 无法启动。

问题：访问 controller 节点 nova-conductor 超时，即无法正常访问。

分析：查看日志/var/log/nova/nova-compute.log，提示 "WARNING nova.conductor.api [req-ad73e7f8-d8be-4668-99db-ac803870d6c4 - - - - -] Timed o　Is it running? Or did this service start before nova-conductor?　Reattempting establishment of nova-conductor connemed out waiting for a reply to message ID 2fe172868f264f3a9c83f205a678ac8b"。

解决：检查 controller 中 nova-conductor 服务是否启动。

❖ 典型故障 3：rabbitmq 访问问题。

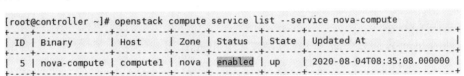

分析：查看日志发现 RabbitMQ 服务中 openstack 没有权限访问'/'。

定位：到 controller 节点查看权限，并给 openstack 用户具有'/'这个 virtualhost 中所有资源的配置、写、读权限以便管理其中的资源。

解决：#rabbitmqctl list_users
　　　#rabbitmqctl set_permissions -p/openstack '.*' '.*' '.*'

回到 compute 节点重新启动 openstack-nova-compute 服务，正常启动，故障排除。

四、部署完成

任务实施目标：

在 controller 上，添加计算节点。

（一）将计算节点添加到单元数据库

.admin-openrc

（1）确保计算节点在数据库中，执行命令：openstack compute service list --service nova-compute。

确保发现 compute1 主机：

```
[root@controller ~]# openstack compute service list --service nova-compute
+----+--------------+----------+------+---------+-------+----------------------------+
| ID | Binary       | Host     | Zone | Status  | State | Updated At                 |
+----+--------------+----------+------+---------+-------+----------------------------+
| 5  | nova-compute | compute1 | nova | enabled | up    | 2020-08-04T08:35:08.000000 |
+----+--------------+----------+------+---------+-------+----------------------------+
```

📖 经验提示：如果使用虚拟机，配置完未能发现 compute1，请尝试重启 compute1 主机。

（2）注册计算主机，执行命令：su -s /bin/sh -c "nova-manage cell_v2 discover_hosts --verbose" nova。

视　频

控制节点完成部署

```
[root@controller ~]# su -s /bin/sh -c "nova-manage cell_v2 discover_hosts --verbose" nova
Found 2 cell mappings.
Skipping cell0 since it does not contain hosts.
Getting computes from cell 'cell1': 86aa181b-f650-4f57-aec8-483817f2a17a
Checking host mapping for compute host 'computer': f217e2a5-3b02-4e85-9f8a-4973705e401d
Creating host mapping for compute host 'computer': f217e2a5-3b02-4e85-9f8a-4973705e401d
Found 1 unmapped computes in cell: 86aa181b-f650-4f57-aec8-483817f2a17a
```

> **注意**
>
> 添加新计算节点时，必须在控制器节点上运行以注册这些新计算节点。或者，可以修改 /etc/nova/nova.conf 的[scheduler]节设置适当的间隔（discover_hosts_in_cells_interval = 300）。

（二）验证部署

.admin-openrc

（1）确保计算节点在数据库中，执行命令：openstack hypervisor list。

```
[root@controller ~]# openstack hypervisor list
+----+---------------------+-----------------+----------------+-------+
| ID | Hypervisor Hostname | Hypervisor Type | Host IP        | State |
+----+---------------------+-----------------+----------------+-------+
| 1  | compute1            | QEMU            | 192.168.154.12 | up    |
+----+---------------------+-----------------+----------------+-------+
```

> **注意**
>
> 如果为 down，表示离线。

（2）列出服务组件，执行命令：openstack compute service list。

验证每个进程的成功启动和注册：state 为 up 状态；3 个组件。

```
[root@controller ~]# openstack compute service list
+----+----------------+------------+----------+---------+-------+----------------------------+
| ID | Binary         | Host       | Zone     | Status  | State | Updated At                 |
+----+----------------+------------+----------+---------+-------+----------------------------+
| 1  | nova-conductor | controller | internal | enabled | up    | 2020-08-04T08:36:23.000000 |
| 4  | nova-scheduler | controller | internal | enabled | up    | 2020-08-04T08:36:24.000000 |
| 5  | nova-compute   | compute1   | nova     | enabled | up    | 2020-08-04T08:36:24.000000 |
+----+----------------+------------+----------+---------+-------+----------------------------+
```

Systemctl start nova-scheduler

> **注意**
>
> nova-consoleauth 从 18.0.0 版后就被弃用了，早期版本应包含 4 个组件。

```
+----+------------------+------------+----------+---------+-------+----------------------------+
| ID | Binary           | Host       | Zone     | Status  | State | Updated At                 |
+----+------------------+------------+----------+---------+-------+----------------------------+
| 1  | nova-scheduler   | controller | internal | enabled | up    | 2020-04-11T04:41:17.000000 |
| 3  | nova-conductor   | controller | internal | enabled | up    | 2020-04-11T04:41:17.000000 |
| 6  | nova-compute     | computer   | nova     | enabled | up    | 2020-04-11T04:41:23.000000 |
| 7  | nova-consoleauth | controller | internal | enabled | up    | 2020-04-11T04:41:17.000000 |
+----+------------------+------------+----------+---------+-------+----------------------------+
```

❖ 典型故障：有服务缺失。

分析：检查是否启动。

解决：设置自动启动。

（3）列出 Identity 服务中的 API 端点以验证与 Identity 服务的连接。

执行命令：openstack catalog list

```
+---------------+-------------+----------------------------------------+
| Name          | Type        | Endpoints                              |
+---------------+-------------+----------------------------------------+
| glance        | image       | RegionOne                              |
|               |             |   public: http://controller:9292       |
|               |             | RegionOne                              |
|               |             |   admin: http://controller:9292        |
|               |             | RegionOne                              |
|               |             |   internal: http://controller:9292     |
|               |             |                                        |
| nova          | compute     | RegionOne                              |
|               |             |   internal: http://controller:8774/v2.1|
|               |             | RegionOne                              |
|               |             |   public: http://controller:8774/v2.1  |
|               |             | RegionOne                              |
|               |             |   admin: http://controller:8774/v2.1   |
|               |             |                                        |
| placement     | placement   | RegionOne                              |
|               |             |   admin: http://controller:8778        |
|               |             | RegionOne                              |
|               |             |   internal: http://controller:8778     |
|               |             | RegionOne                              |
|               |             |   public: http://controller:8778       |
|               |             |                                        |
| keystone      | identity    | RegionOne                              |
|               |             |   internal: http://controller:5000/v3/ |
|               |             | RegionOne                              |
|               |             |   admin: http://controller:5000/v3/    |
|               |             | RegionOne                              |
|               |             |   public: http://controller:5000/v3/   |
|               |             |                                        |
+---------------+-------------+----------------------------------------+
```

（4）列出 Image 服务中的图像以验证与 Image 服务的连接。

执行命令：`openstack image list`

```
+--------------------------------------+------------+--------+
| ID                                   | Name       | Status |
+--------------------------------------+------------+--------+
| 200ed6c9-783d-49f8-a626-e8745d3be116 | cirros0.3.0| active |
+--------------------------------------+------------+--------+
```

（5）检查单元格 Cell 和放置 Placement API 是否成功运行。

执行命令：`nova-status upgrade check`

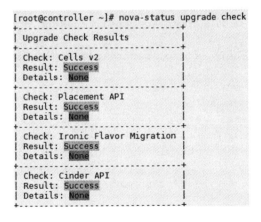

五、工程化操作

任务实施目标：

基于脚本方式配置系统。

基于终端软件使用 SSH 方式登录 CentOS 主机，执行以下代码：

```
#安装 Placement 服务
mysql -u root -p123
```

```
create database placement;
grant all privileges on placement.* to 'placement'@'localhost' identified
by 'pl123';
grant all privileges on placement.* to 'placement'@'%' identified by 'pl123';
flush privileges;
show grants for placement;
select user,host from mysql.user;
quit
. admin-openrc
openstack user create --domain default --password=pl123 placement
openstack role add --project service --user placement admin
openstack service create --name placement --description "Placement API"
placement
openstack endpoint create --region RegionOne placement public http://
controller:8778
openstack endpoint create --region RegionOne placement internal http://
controller:8778
openstack endpoint create --region RegionOne placement admin http://
controller:8778
yum install openstack-placement-api -y
cp /etc/placement/placement.conf /etc/placement/placement.conf.bak
grep -Ev '^$|#' /etc/placement/placement.conf.bak > /etc/placement/placement.
conf
openstack-config --set /etc/placement/placement.conf placement_database
connection mysql+pymysql://placement:pl123@controller/placement
openstack-config --set /etc/placement/placement.conf api auth_strategy
keystone
openstack-config --set /etc/placement/placement.conf keystone_authtoken
auth_url http://controller:5000/v3
openstack-config --set /etc/placement/placement.conf keystone_authtoken
memcached_servers controller:11211
openstack-config --set /etc/placement/placement.conf keystone_authtoken
auth_type password
openstack-config --set /etc/placement/placement.conf keystone_authtoken
project_domain_name Default
openstack-config --set /etc/placement/placement.conf keystone_authtoken
user_domain_name Default
openstack-config --set /etc/placement/placement.conf keystone_authtoken
project_name service
openstack-config --set /etc/placement/placement.conf keystone_authtoken
username placement
openstack-config --set /etc/placement/placement.conf keystone_authtoken
password pl123
cat <<EOF>> /etc/httpd/conf.d/00-placement-api.conf
<Directory /usr/bin>
  <IfVersion>=2.4>
    Require all granted
  </IfVersion>
  <IfVersion<2.4>
    Order allow,deny
```

```
    Allow from all
  </IfVersion>
</Directory>
EOF
systemctl restart httpd
su -s /bin/sh -c "placement-manage db sync" placement
#控制节点安装 Nova 服务
mysql -u root -p123
create database nova_api;
create database nova;
create database nova_cell0;
grant all privileges on nova_api.* to 'nova'@'localhost' identified by
'nv123';
grant all privileges on nova_api.* to 'nova'@'%' identified by 'nv123';
grant all privileges on nova.* to 'nova'@'localhost' identified by 'nv123';
grant all privileges on nova.* to 'nova'@'%' identified by 'nv123';
grant all privileges on nova_cell0.* to 'nova'@'localhost' identified by
'nv123';
grant all privileges on nova_cell0.* to 'nova'@'%' identified by 'nv123';
flush privileges;
show databases;
select user,host from mysql.user;
show grants for 'nova';
quit
. admin-openrc
openstack user create --domain default --password=nv123 nova
openstack role add --project service --user nova admin
openstack service create --name nova --description "OpenStack Compute"
compute
openstack endpoint create --region RegionOne compute public http://
controller:8774/v2.1
openstack endpoint create --region RegionOne compute internal http://
controller:8774/v2.1
openstack endpoint create --region RegionOne compute admin http://
controller:8774/v2.1
openstack endpoint list
yum install openstack-nova-api\
openstack-nova-conductor\
openstack-nova-novncproxy\
openstack-nova-console\
openstack-nova-scheduler -y
cp /etc/placement/placement.conf /etc/placement/placement.conf.bak
grep -Ev '^$|#' /etc/placement/placement.conf.bak > /etc/placement/placement.conf
openstack-config --set /etc/nova/nova.conf DEFAULT enabled_apis osapi_
compute,metadata
openstack-config --set /etc/nova/nova.conf DEFAULT my_ip 192.168.154.11
openstack-config --set /etc/nova/nova.conf DEFAULT use_neutron true
openstack-config --set /etc/nova/nova.conf DEFAULT firewall_driver nova.
virt.firewall.NoopFirewallDriver
```

```
openstack-config --set /etc/nova/nova.conf DEFAULT transport_url rabbit://
openstack:rb123@controller
openstack-config --set /etc/nova/nova.conf api_database connection mysql+
pymysql://nova:nv123@controller/nova_api
openstack-config --set /etc/nova/nova.conf database connection mysql+
pymysql://nova:nv123@controller/nova
openstack-config --set /etc/nova/nova.conf api auth_strategy keystone
openstack-config --set /etc/nova/nova.conf keystone_authtoken www_authenticate_
uri http://controller:5000/
openstack-config --set /etc/nova/nova.conf keystone_authtoken auth_url
http://controller:5000/
openstack-config --set /etc/nova/nova.conf keystone_authtoken memcached_
servers controller:11211
openstack-config --set /etc/nova/nova.conf keystone_authtoken auth_type
password
openstack-config --set /etc/nova/nova.conf keystone_authtoken project_
domain_ name default
openstack-config --set /etc/nova/nova.conf keystone_authtoken user_domain_
name default
openstack-config --set /etc/nova/nova.conf keystone_authtoken project_name
service
openstack-config --set /etc/nova/nova.conf keystone_authtoken username nova
openstack-config --set /etc/nova/nova.conf keystone_authtoken password
nv123
openstack-config --set /etc/nova/nova.conf vnc enabled true
openstack-config --set /etc/nova/nova.conf vnc server_listen '$my_ip'
openstack-config --set /etc/nova/nova.conf vnc server_proxyclient_address
'$my_ip'
openstack-config --set /etc/nova/nova.conf glance api_servers http://
controller:9292
openstack-config --set /etc/nova/nova.conf oslo_concurrency lock_path
/var/lib/nova/tmp
openstack-config --set /etc/nova/nova.conf placement region_name RegionOne
openstack-config --set /etc/nova/nova.conf placement project_domain_name
Default
openstack-config --set /etc/nova/nova.conf placement project_name service
openstack-config --set /etc/nova/nova.conf placement auth_type password
openstack-config --set /etc/nova/nova.conf placement user_domain_name
Default
openstack-config --set /etc/nova/nova.conf placement auth_url http://
controller:5000/v3
openstack-config --set /etc/nova/nova.conf placement username placement
openstack-config --set /etc/nova/nova.conf placement password pl123
openstack-config --set /etc/nova/nova.conf scheduler discover_hosts_in_
cells_interval 300
su -s /bin/sh -c "nova-manage api_db sync" nova
mysql -unova -pnv123 -e "use nova_api;show tables;"
su -s /bin/sh -c "nova-manage cell_v2 map_cell0" nova
su -s /bin/sh -c "nova-manage cell_v2 create_cell --name=cell1 --verbose"
nova
```

```
su -s /bin/sh -c "nova-manage db sync" nova
su -s /bin/sh -c "nova-manage db sync" nova
su -s /bin/sh -c "nova-manage cell_v2 list_cells" nova
mysql -unova -pnv123 -e "use nova_api;show tables;"
mysql -uplacement -ppl123 -e "use placement;show tables;"

systemctl start\
    openstack-nova-api.service\
    openstack-nova-scheduler.service\
    openstack-nova-conductor.service\
    openstack-nova-novncproxy.service
systemctl status\
    openstack-nova-api.service\
    openstack-nova-scheduler.service\
    openstack-nova-conductor.service\
    openstack-nova-novncproxy.service
systemctl enable\
    openstack-nova-api.service\
    openstack-nova-scheduler.service\
    openstack-nova-conductor.service\
    openstack-nova-novncproxy.service
systemctl list-unit-files |grep openstack-nova* |grep enabled
#部署计算节点
yum install openstack-nova-compute python-openstackclient openstack-selinux openstack-utils -y
cp -a /etc/nova/nova.conf{,.bak}
grep -Ev '^$|#' /etc/nova/nova.conf.bak > /etc/nova/nova.conf
penstack-config --set /etc/nova/nova.conf DEFAULT my_ip 192.168.154.12
openstack-config --set /etc/nova/nova.conf DEFAULT use_neutron True
openstack-config --set /etc/nova/nova.conf DEFAULT firewall_driver nova.virt.firewall.NoopFirewallDriver
openstack-config --set /etc/nova/nova.conf DEFAULT enabled_apis osapi_compute,metadata
openstack-config --set /etc/nova/nova.conf DEFAULT transport_url rabbit://openstack:rb123@controller
openstack-config --set /etc/nova/nova.conf api auth_strategy keystone
openstack-config --set /etc/nova/nova.conf keystone_authtoken www_authenticate_uri http://controller:5000/
openstack-config --set /etc/nova/nova.conf keystone_authtoken auth_url http://controller:5000/
openstack-config --set /etc/nova/nova.conf keystone_authtoken memcached_servers controller:11211
openstack-config --set /etc/nova/nova.conf keystone_authtoken auth_type password
openstack-config --set /etc/nova/nova.conf keystone_authtoken project_domain_name default
openstack-config --set /etc/nova/nova.conf keystone_authtoken user_domain_name default
openstack-config --set /etc/nova/nova.conf keystone_authtoken project_name service
```

```
openstack-config --set /etc/nova/nova.conf keystone_authtoken username nova
openstack-config --set /etc/nova/nova.conf keystone_authtoken password
nv123
openstack-config --set /etc/nova/nova.conf vnc enabled True
openstack-config --set /etc/nova/nova.conf vnc server_listen 0.0.0.0
openstack-config --set /etc/nova/nova.conf vnc server_proxyclient_address
'$my_ip'
openstack-config --set /etc/nova/nova.conf vnc novncproxy_base_url http://
controller:6080/vnc_auto.html
openstack-config --set /etc/nova/nova.conf glance api_servers http://
controller:9292
openstack-config --set /etc/nova/nova.conf oslo_concurrency lock_path /var/
lib/nova/tmp
openstack-config --set /etc/nova/nova.conf placement region_name RegionOne
openstack-config --set /etc/nova/nova.conf placement project_domain_name
Default
openstack-config --set /etc/nova/nova.conf placement project_name service
openstack-config --set /etc/nova/nova.conf placement auth_type password
openstack-config --set /etc/nova/nova.conf placement user_domain_name Default
openstack-config --set /etc/nova/nova.conf placement auth_url http://
controller:5000/v3
openstack-config --set /etc/nova/nova.conf placement username placement
openstack-config --set /etc/nova/nova.conf placement password pl123
openstack-config --set /etc/nova/nova.conf libvirt virt_type qemu
systemctl enable libvirtd.service openstack-nova-compute.service
systemctl restart libvirtd.service openstack-nova-compute.service
systemctl status libvirtd.service openstack-nova-compute.service
#部署完成
. admin-openrc
su -s /bin/sh -c "nova-manage cell_v2 discover_hosts --verbose" nova
openstack hypervisor list
openstack compute service list
openstack catalog list
nova-status upgrade check
```

任务验收

（1）查看 Placement 和 Nova 服务账户。

（2）查看 Placement 和 Nova 服务端点列表。

（3）查看控制节点 Nova 服务，测试命令：systemctl status openstack-nova-api.service openstack-nova-scheduler.service openstack-nova-conductor.service openstack-nova-novncproxy.service。

（4）查看计算节点 Nova 服务，测试命令：libvirtd.service openstack-nova-compute.service。

（5）查看计算服务列表和状态，验证命令：

- openstack hypervisor list。
- openstack compute service list。
- openstack catalog list。
- nova-status upgrade check。

任务三 使用和管理计算服务

📺 任务描述

管理镜像，创建和管理主机类型、密钥对。因为没有网络，本任务中无须创建实例。

📖 知识准备

一、云主机类型

云主机类型 Flavor 决定了虚拟机实例的配置信息，包括 CPU、内存、存储大小等，可以使用 openstack flavor create|delete|list|set|show 实现创建、删除、列表、设置、查看云主机类型。

二、密钥对

某些特殊情况下，用户需要用秘钥登录虚拟机，不能采用用户名、密码的方式，需要在创建实例中导入公钥，首先是使用"ssh-keygen -q -N """命令创建秘钥，然后使用 openstack keypair create 命令添加秘钥至密钥对。

三、创建实例

基于主机类型、镜像、网络、安全组、密钥对等参数，使用 openstack server create 命令，可以创建实例虚机。例如：

```
openstack server create --flavor flavor名 --image 镜像名--nic 网络
ID --security-group 安全组名 --key-name 秘钥对
```

视 频

管理计算服务

🖥️ 任务实施

一、查看镜像列表

任务实施目标：

使用命令行方式查看镜像：

（1）执行命令：

```
openstack image list
```

```
+--------------------------------------+-----------+--------+
| ID                                   | Name      | Status |
+--------------------------------------+-----------+--------+
| 200ed6c9-783d-49f8-a626-e8745d3be116 | cirros0.3.0 | active |
+--------------------------------------+-----------+--------+
```

本例基于 cirros 镜像管理 Nova。

二、管理主机类型

任务实施目标：

使用命令行方式查看主机类型：

（1）查看一键部署云平台，执行命令：

```
openstack flavor list
```

```
+----+-----------+-------+------+-----------+-------+-----------+
| ID | Name      | RAM   | Disk | Ephemeral | VCPUs | Is Public |
+----+-----------+-------+------+-----------+-------+-----------+
| 1  | m1.tiny   | 512   | 1    | 0         | 1     | True      |
| 2  | m1.small  | 2048  | 20   | 0         | 1     | True      |
| 3  | m1.medium | 4096  | 40   | 0         | 2     | True      |
| 4  | m1.large  | 8192  | 80   | 0         | 4     | True      |
| 5  | m1.xlarge | 16384 | 160  | 0         | 8     | True      |
+----+-----------+-------+------+-----------+-------+-----------+
```

默认有 5 个 flavor。

（2）查看自行部署的 controller，可以发现没有 flavor。

（3）在 controller 中创建 m1.nano 规格的主机（自定义云主机规格），执行命令：

```
penstack flavor create --id 1 --vcpus 1 --ram 100 --disk 1 m1.nano
```

参数说明：

--id：主机 ID。

--vcpus：CPU 数量。

--ram：内存（默认是 MB，可以写成 GB）。

--disk：磁盘（默认单位是 GB）。

```
+----------------------------+---------+
| Field                      | Value   |
+----------------------------+---------+
| OS-FLV-DISABLED:disabled   | False   |
| OS-FLV-EXT-DATA:ephemeral  | 0       |
| disk                       | 1       |
| id                         | 1       |
| name                       | m1.nano |
| os-flavor-access:is_public | True    |
| properties                 |         |
| ram                        | 100     |
| rxtx_factor                | 1.0     |
| swap                       |         |
| vcpus                      | 1       |
+----------------------------+---------+
```

> **提示**
>
> 对于环境中计算节点内存不足 4 GB 的，推荐创建只需要 100 MB 的 m1.nano 规格的主机。若单纯为了测试，可使用 m1.nano 规格的主机来加载 cirros 镜像。

（4）在 controller 上查看：

```
openstack flavor list
```

```
+----+---------+-----+------+-----------+-------+-----------+
| ID | Name    | RAM | Disk | Ephemeral | VCPUs | Is Public |
+----+---------+-----+------+-----------+-------+-----------+
| 1  | m1.nano | 100 | 1    | 0         | 1     | True      |
+----+---------+-----+------+-----------+-------+-----------+
```

三、管理密钥对

任务实施目标：

使用命令行方式管理密钥对。

大部分云镜像支持公共密钥认证而不是传统的密码认证。在启动实例前，必须添加一个公共密钥到计算服务。

（一）查看密钥对

在 controller 上查看密钥对，执行命令 openstack keypair list，发现默认情况下未创建密钥对。

（二）创建秘钥对

（1）创建秘钥。执行命令 ssh-keygen -q -N ""，使用默认位置存放。

（2）将密钥放在 openstack 上，公钥、名为 mykey：

```
openstack keypair create --public-key ~/.ssh/id_rsa.pub mykey
```

```
+-------------+-------------------------------------------------+
| Field       | Value                                           |
+-------------+-------------------------------------------------+
| fingerprint | aa:75:7d:91:d3:31:f3:cd:a1:7d:24:80:38:f7:7a:1a |
| name        | mykey                                           |
| user_id     | b998e26a0fd34276b711a480ab50c407                |
+-------------+-------------------------------------------------+
```

（3）验证添加结果：

```
openstack keypair list
```

```
[root@controller ~]# openstack keypair list
+-------+-------------------------------------------------+
| Name  | Fingerprint                                     |
+-------+-------------------------------------------------+
| mykey | aa:75:7d:91:d3:31:f3:cd:a1:7d:24:80:38:f7:7a:1a |
+-------+-------------------------------------------------+
```

四、工程化操作

任务实施目标：

基于脚本方式配置系统。

基于终端软件使用 SSH 方式登录 CentOS 主机，执行以下代码：

```
openstack image list
openstack flavor list
openstack flavor create --id 1 --vcpus 1 --ram 100 --disk 1 m1.nano
openstack flavor list
ssh-keygen -q -N ""
openstack keypair create --public-key ~/.ssh/id_rsa.pub mykey
openstack keypair list
```

任务验收

（1）查看 glance、flavor、keypair 列表。

（2）通过 show 命令查看细节。

项目七

→ Neutron 网络服务部署

随着云计算技术发展，数据中心计算、存储和网络架构都随之变化。由于基于多层交换和路由的物理网络部署和运维效率不高，软件级网络成为一个新的发展方向。数据中心内部网络是云计算引入后发展非常迅速、更新迭代最快的领域之一。随着云计算的发展，数据中心网络逐渐进化为同地域多物理数据中心的虚拟化内部网络、不同地域乃至全球范围的物理数据中心网络都可以互相打通的云化网络。因此，快速学习和掌握新技术是云计算和网络工程师适应行业发展的重要任务之一。

网络服务（Neutron）为虚拟机实例提供网络连接，为 OpenStack 环境提供软件定义网络支持，包括二层交换、三层路由、防火墙、VPN、负载均衡等。网络虚拟化是虚拟化技术中最复杂的内容之一，涉及大量概念和框架，需要读者具备一定网络基础，熟悉 Linux 网络虚拟化，进而学习 Neutron 架构，掌握 OpenStack 网络架构及其配置和管理方法。

学习目标

- 了解 Neutron 网络服务相关概念、功能和架构；
- 掌握 Neutron 网络服务安装部署方法；
- 学会网络规划与管理技能；
- 掌握实例新建流程与方法。

任务一　了解 Neutron 组件

任务描述

业务主管要求云计算实习工程师小王自主学习网络虚拟化技术以及 Neutron 架构，了解 Server、Plugin、Agent 组件概念。在一键部署云平台系统中，尝试部署公司研发和销售部门虚拟化网络，并新建路由联通外网。具体要求如表 7-1 所示。

表 7-1　部门内网规划表

内　外　网	部　　门	网　络　名	子　网　名	网　　段	网　　关	DHCP
内网	研发 RD	RD_net	RD_subnet1	172.16.1.0/24	172.16.1.1	172.16.1.10~50
	销售 SL	SL_net	SL_subnet1	172.16.2.0/24	172.16.2.1	172.16.2.10~50
外网		Public		192.168.0.0/24		

知识准备

一、虚拟网络

（一）Linux 网络虚拟化

传统网络架构中，每台物理服务器独立运行一个操作系统，具有一个或多个物理网络，主机通过各自物理网卡之间连接外部物理网络，如图 7-1（a）所示。而实现虚拟化之后，物理服务器被虚拟机取代，Hypervisor 为虚拟机创建虚拟网卡（vNIC），并创建虚拟交换机（vSwitch）。虚拟机通过虚拟网卡连接虚拟交换机，再连接至物理网卡接口，最终实现与外部物理通信，如图 7-1（b）所示。

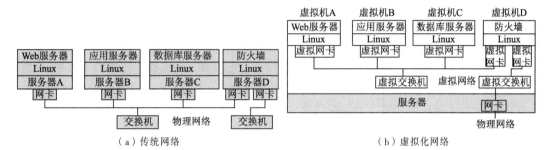

（a）传统网络　　　　　　　　　　　　（b）虚拟化网络

图 7-1　传统与虚拟化网络

在 Linux 的 KVM 虚拟化系统中，虚拟网桥（br）通过虚拟端口（vnet）连接虚拟机网卡；通过连接主机物理网卡连接物理网络，如图 7-2 所示。

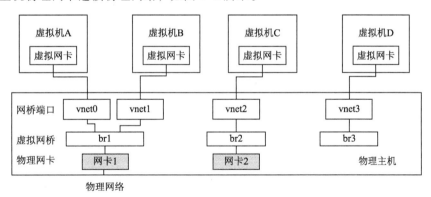

图 7-2　Linux 网桥示意图

（二）虚拟局域网

当网桥所连接的虚拟机都在一个网段时，构成广播域，无法避免广播风暴的发生。传统网络中 VLAN 技术，通过在以太网数据帧封装中加入 801.2q 标签，能有效隔离网络。在虚拟化网络中，将 VLAN 技术应用于网桥或者虚拟交换机（vSwitch）中，可以实现虚拟机之间网络隔离。如图 7-3 所示，vnetA、vnetA1、vnetB、vnetB1、vnetC、vnetC1 均为 access 模式，虚拟机 A 和 A1 属于 VLAN1，虚拟机 B 和 B1 属于 VLAN2，虚拟机 C 和 C1 属于 VLAN3；两个主机的 eth1 和交换机 s1 端口都为 trunk 模式。

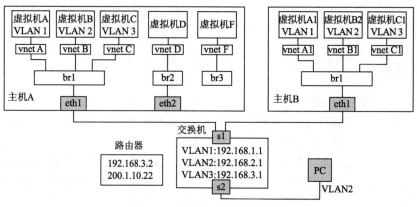

图 7-3　虚拟交换机与 VLAN

（三）开放虚拟交换机

开放虚拟交换机（Open vSwitch，OvS）与硬件交换机具有相同特性，可在不同虚拟化平台之间移植，具有产品级质量，适合在生产环境中部署。采用 OvS 可以轻松管理网络状态、监控流量。OvS 接受 Open Flow 控制管理，能很好地融入软件定义网络（Software Defined Network，SDN）。使用分布式虚拟交换机，可以实现多个虚拟化平台之间互联，如图 7-4 所示。

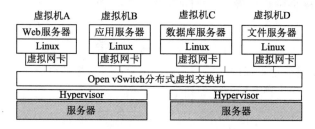

图 7-4　分布式 OvS 架构

（四）虚拟化设备

1. Tap 设备

Tap 设备是 Linux 内核中二层的虚拟网络设备，只与二层中的以太网协议对应，所以常被称为虚拟以太网设备，它实现的是虚拟网卡的功能，可理解成虚拟网桥的端口，通过 Tap 端口实现虚机接入网桥，如图 7-5 所示。

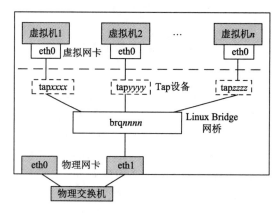

图 7-5　虚拟网桥结构图

2. 名称空间

名称空间（Namespace，ns），是在一个主机内创建了许多隔离的空间，彼此相互看不见，将全局的资源变成特定 ns 中独有的资源。

3. veth pair

在 OvS 中，veth 设备总是成对出现，送到一端请求发送的数据总是从另一端以请求接收的形式出现。创建并配置正确后，向其一端输入数据，veth 会改变数据的方向并将其送入内核网络子系统，完成数据的注入，而在另一端则能读到此数据。可以理解为虚拟网线，数据从一头发进去，从另一头发出，连接不同的 ns 或者虚拟网元。

下面通过示例说明上述虚拟化设备的关联情况，如图 7-6 所示。一个主机内有 4 个 ns，通过 1 对 veth pair 连接到虚拟网桥上。

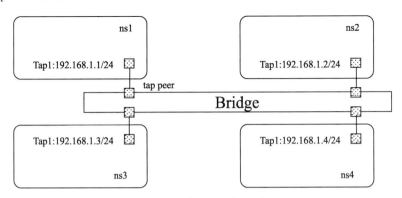

图 7-6　多名称空间互联

创建 veth pair，中间隐含着一个事实，即 veth 和 veth_peer 之间有一条虚拟的链路将两块网卡连接起来，就好像一条双绞线连接的两块物理网卡一样。

（1）创建 tap peer：

```
[root@host3 ~]# ip link add tap1 type veth peer name tap1_peer
[root@host3 ~]# ip link add tap2 type veth peer name tap2_peer
[root@host3 ~]# ip link add tap3 type veth peer name tap3_peer
[root@host3 ~]# ip link add tap4 type veth peer name tap4_peer
```

（2）创建 ns：

```
[root@host3 ~]# ip netns add ns1
[root@host3 ~]# ip netns add ns2
[root@host3 ~]# ip netns add ns3
[root@host3 ~]# ip netns add ns4
```

（3）把 tap 移动到对应的 ns 中：

```
[root@host3 ~]# ip link set tap1 netns ns1
[root@host3 ~]# ip link set tap2 netns ns2
[root@host3 ~]# ip link set tap3 netns ns3
[root@host3 ~]# ip link set tap4 netns ns4
```

（4）创建 bridge：

```
[root@host3 ~]# yum install bridge-utils.x86_64 -y
[root@host3 ~]# brctl addbr br1
```

（5）把 tap peer 添加到对应的 bridge 中：

```
[root@host3 ~]# brctl addif br1 tap1_peer
[root@host3 ~]# brctl addif br1 tap2_peer
[root@host3 ~]# brctl addif br1 tap3_peer
[root@host3 ~]# brctl addif br1 tap4_peer
```

（6）配置对应 tap 的 IP 地址：

```
[root@host3 ~]# ip netns exec ns1 ip addr add 192.168.1.1/24 dev tap1
[root@host3 ~]# ip netns exec ns2 ip addr add 192.168.1.2/24 dev tap2
[root@host3 ~]# ip netns exec ns3 ip addr add 192.168.1.3/24 dev tap3
[root@host3 ~]# ip netns exec ns4 ip addr add 192.168.1.4/24 dev tap4
```

（7）将 bridge 和所有 tap 设备 up（激活）：

```
[root@host3 ~]# ip link set br1 up
[root@host3 ~]# ip link set tap2_peer up
[root@host3 ~]# ip link set tap2_peer up
[root@host3 ~]# ip link set tap3_peer up
[root@host3 ~]# ip link set tap4_peer up
[root@host3 ~]# ip netns exec ns1 ip link set tap1 up
[root@host3 ~]# ip netns exec ns2 ip link set tap2 up
[root@host3 ~]# ip netns exec ns3 ip link set tap3 up
[root@host3 ~]# ip netns exec ns4 ip link set tap4 up
```

（8）验证结果：

```
[root@host3 ~]# ip netns exec ns4 ping 192.168.1.1
```

二、网络服务基础

（一）网络结构

Neutron 网络由三部分构成，如图 7-7 所示。外部网络负责连接 OpenStack 项目之外的网络环境（如 Internet），又称公共网络（Public Network）。内部网络完全由软件定义，又称私有网络（Private Network）。路由器用于将内部网络与外部网络连接起来。

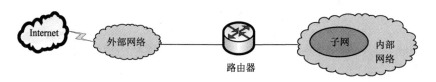

图 7-7　Neutron 网络结构

（二）网络术语

（1）Neutron 网络采用网络（Network）、子网（Subnet）、端口（Port）3 个术语来描述网络资源。

（2）网络（Network）：指一个隔离的二层广播域，类似于一个 VLAN。Neutron 支持 Flat、VLAN、VXLAN 等多种类型网络。

（3）子网（Subnet）：子网隶属于网络，指一个 IPv4 或者 IPv6 地址段及相关配置信息。每个子网需要定义 IP 地址范围、掩码，虚拟机实例 IP 地址从子网 IP 地址范围中分配。

（4）端口（Port）：连接设备的连接点，类似于 vSwitch 中的网络端口。端口隶属于子网，云主机的网卡会对应到一个端口上。端口具有 MAC 和 IP 地址，当虚拟机的网卡绑定到端口时，端口将 MAC 和 IP 地址分配给虚拟网卡。

（5）路由器（Router）：在 Provider Network 和 Project Network 之间，或者多个 Project Network 之间提供路由和 NAT 功能，由 L3 Agent 管理，在底层使用网络命名空间隔离。

（6）固定 IP（Fixed IP）：分配到虚拟机网卡或者网络设备端口上的 IP 地址。

（7）浮动 IP（Floating IP）：分配给固定 IP 对应的外网 IP 地址，通过 NAT 技术实现浮动 IP 和固定 IP 映射，外网用户可以使用浮动 IP 访问项目内部的虚拟机。

（8）安全组（Security Group）：是一组规定虚拟机入口和出口流量的防火墙规则，基于 iptable 实现，作用于端口上。默认拒绝所有流量，只有添加放行规则的流量才能通过。每个项目中都有一个名为 defalut 的默认安全组，包含四条规则。

（三）网络拓扑

用户可以在自己的项目内创建用于连接的项目网络。默认情况下，项目间网络彼此隔离，无法共享。OpenStack 网络服务 Neutron 支持以下类型的网络隔离，是叠加技术（Overlay），也就是网络拓扑类型。

（1）Local：与其他网络和节点隔离。Local 网络中的 Instance 只能与位于同一节点上同一网络的 Instance 通信，Local 网络主要用于单机测试。

（2）Flat：无 Vlan tagging 的网络。Flat 网络中的 Instance 能与位于同一网络的 Instance 通信，并且可以跨多个节点。

（3）VLAN：是具有 802.1q tagging 的网络。VLAN 是一个二层的广播域，同一 VLAN 中的 Instance 可以通信，不同 VLAN 只能通过 Router 通信。VLAN 网络可跨节点，是应用最广泛的网络类型。

（4）VXLAN：是基于隧道技术的 Overlay 网络。VXLAN 网络通过唯一的 Segmentation ID（也称 VNI）与其他 VXLAN 网络区分。VXLAN 中数据包会通过 VNI 封装成 UDP 包进行传输。因为二层的包通过封装在三层传输，能够克服 VLAN 和物理网络基础设施的限制。

（5）GRE（Generic Routing Encapsulation，通用路由封装）：是与 VXLAN 类似的一种 Overlay 网络。主要区别在于使用 IP 包而非 UDP 进行封装。

（6）GENEVE（Generic Network Virtualization Encapsulation，通用网络虚拟封装）：帧格式由一个简化的封装在 IPv4 或 IPv6 的 UDP 里的隧道头部组成，主要是解决封装时添加的元数据信息问题，适应各种虚拟化场景。

三、Neutron 架构

Neutron 仅有一个主要服务进程 neutron.service，运行于控制节点，对外提供 API 作为访问入口，收到请求后调用插件（Plugin）进行处理，最终由计算节点和网络节点上的各种代理（Agent）完成。因此，主要包含 neutron-server、neutron-plugin、neutron-agent 三个组件，如图 7-8 所示。

neutron-server 可以理解为类似于 nova-api 组件，一个专门用来接收 neutron REST API 调用的服务器，负责将不同的 REST API 转发到不同的 neutron-plugin。

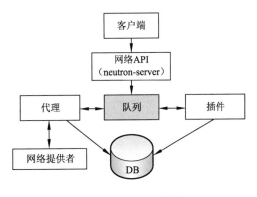

图 7-8　Neutron 架构

neutron-plugin 可以理解为不同网络功能实现的入口，由 Core Plugins 和 Service Plugins 组成，neutron-plugin 接收 netron-server 发过来的 Rest API，向 Neutron database 完成一些信息注册（比如用户要建端口）。然后，将具体要执行的业务操作和参数通知给自身对应的 neutron-agent。

neutron-agent 可以直观地理解为 neutron-plugin 在设备上的代理，接收相应的 neutron-plugin 通知的业务操作和参数，并转换为具体的设备级操作，以指导设备的动作。当本地设备发生问题时，neutron-agent 会将情况通知给 neutron-plugin（即 neutron-server 是与各个组件交互的，接收请求；neutron-plugin 是操作数据库的；neutron-agent 就是具体执行的）。

四、Neutron 物理部署

Neutron 物理部署主要涉及多个物理主机节点，包括控制节点、网络节点和计算节点，每个节点可以部署多个。典型部署方案如下：

（一）控制节点+计算节点

在小规模环境中，不单独使用网络节点，管理服务都部署于控制节点中，具体如表 7-2 所示。

表 7-2　小规模网络组建规划

节　点	插　件	代　理	备　注
controller	neutron-server（API）		
	core-plugin/service-plugin		已集成至 neutron-server
	neutron-agent	neutron-plugin-agent	
		neutron-medatadata-agent	元数据
		neutron-dhcp-agent	DHCP
		neutron-l3-agent	路由转发
		neutron-lbaas-agent	负载均衡
compute1	core-plugin		
	neutron-agent	Linux Bridge	
		Open vSwitch	

（二）控制节点+网络节点

通过增加网络节点承担更大负载，将 agent 从 controller 中完全剥离出来，用于大规模 OpenStack 环境，具体如表 7-3 所示。

表 7-3　大规模网络组建规划

节　点	组　件	插　件	备　注
controller	neutron-server（API）		
	core-plugin/service-plugin		已集成至 neutron-server
Network	neutron-agent	neutron-plugin-agent	
		neutron-medatadata-agent	元数据
		neutron-dhcp-agent	三层
		neutron-l3-agent	三层
		neutron-lbaas-agent	服务

续表

节 点	组 件	插 件	备 注
compute1	core-plugin		
	neutron-agent	Linux Bridge	
		Open vSwitch	

举例来说，当 Neutron Server 通过 CLI 接收到开启 DHCP 功能的指令后，会将该指令下发给 DHCP Agent，DHCP Agent 则通过 dnsmasq 这个具体程序来实现 DHCP 功能，L3 Agent 则是由开启了转发功能的 Linux 内核来实现。

五、插件代理与服务

Neutron 插件、代理和服务层次结构如图 7-9 所示。

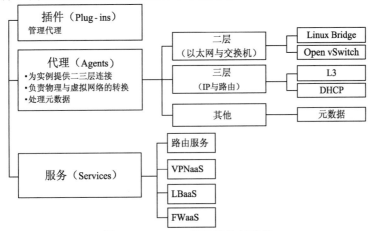

图 7-9 Neutron 组件结构与服务

（一）ML2 插件

Core Plugins 采用 ML2 插件（Moduler Layer 2），分为类型驱动和机制驱动，可以提供基础的网络类型和实现机制；Service Plugins 实现高级功能，如 LBaaS、FWaaS、VPNaaS 等。Neutron 作为一个开放性的组件，允许厂商定义自己的插件。图 7-10 所示为 Neutron 核心和服务插件架构。

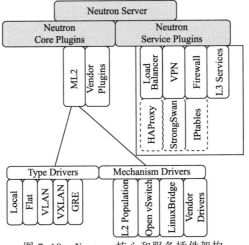

图 7-10 Neutron 核心和服务插件架构

（二）Linux Bridge 代理

Linux Bridge 已成为成熟可靠的二层网络虚拟化技术，支持 Local、Flat、VLAN、VXLAN 四种类型，不支持 GRE。Linux Bridge 可以将一台主机上的多个网卡桥接起来，充当一台交换机。

Linux Bridge 代理在计算节点上数据包从虚拟机发送到物理网卡，需要经过 Tap 接口（Tap Interface）、Linux 网桥（Linux Bridge）brq、VLAN 接口（VLAN Interface）eth*.*、VXLAN 接口（VXLAN Interface）和物理网络接口 eth 等设备，如图 7-11 所示。

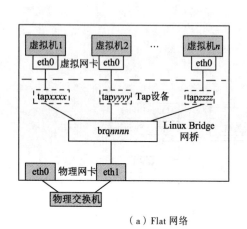

（a）Flat 网络 　　　　　　　　　　（b）VLAN 网络

图 7-11　Linux Bridge 代理

（三）Open vSwitch 代理

相比 Linux Bridge，OvS 具有集中管理功能，性能更加优化、功能更多，已成为主流代理，支持 Local、Flat、VLAN、VXLAN、GRE 和 GENEVE 所有网络类型。Open vSwitch 主要设备包括：

（1）Tap 设备：用于网桥连接虚拟机网卡，表示为 tap*xx*。

（2）Linux 网桥：桥接网络接口（包括虚拟接口），表示为 qbr*xx*。

（3）VETH 对（VETH Pair）：网桥（qbr）和 OvS 集成网桥（br-int）直接相连的一对虚拟网络接口（qvb*xx*--qvo*xx*）。

（4）OvS 网桥：Open vSwitch 的核心设备，包括一个 OvS 集成网桥（Integration Bridge，br-int）和一个 OvS 物理连接网桥（br-eth1）。

Open vSwitch 的数据包流程：Tap 接口（tap）→Linux 网桥（qbr）→VETH 对→OvS 集成网桥→OvS PATCH 端口→OvS 物理连接网桥→物理网络接口，如图 7-12 所示。

（四）DHCP 代理

DHCP 包括 DHCP 代理（neutron-dhcp-agent）、DHCP 驱动、DHCP 代理调度器（Agent Scheduler）等组件。DHCP 代理的主要任务包括两方面：一是定期报告 DHCP 代理的网络状态，通过 RPC 报告给 neutron-server，然后通过 Core Plugin 报告给数据库并进行更新网络状态；二是启动 dnsmasq 进程，检测 qdhcp-xxxx 名称空间（Namespace）中的 ns-xxxx 端口接收到的 DHCP DISCOVER 请求。

DHCP 代理配置文件/etc/neutron/dhcp_agent.ini 中 interface_driver 用来创建 TAP 设备的接口驱动，dhcp_driver 用来指定 DHCP 驱动。

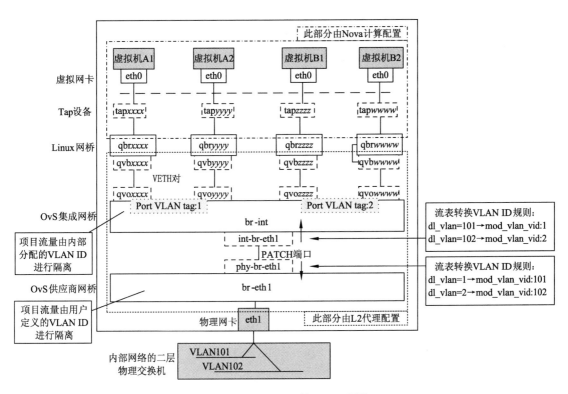

图 7-12 基于 OvS 的 VLAN 网络

🖳 任务实施

一、登录 dashboard 查看网络

任务实施目标:

基于图形化界面,查看 OpenStack 网络中网络、子网以及端口配置。

(一)查看网络

使用 myuser 或者 admin 账户登录。

默认情况下,OpenStack 平台中"项目"栏中,包含一个公网连接(提供者网络)public,在"网络"和"网络拓扑"选项下可以查看到,如图 7-13 和图 7-14 所示。

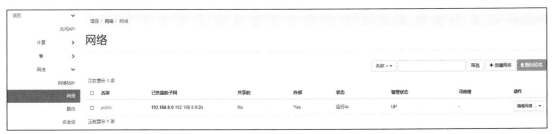

图 7-13 默认 public 网络

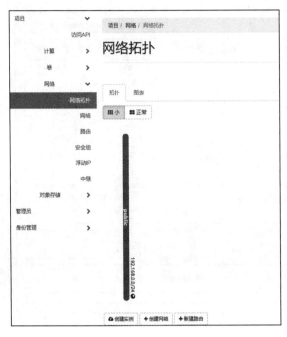

图 7-14　默认 public 网络拓扑

> **注意**
>
> 　在一键安装的 OpenStack 系统中，默认 public 网段为 172.24.4.0，本例已在项目二任务二中，修改为实际外网连接网络 192.168.154.0，具体方法参考相应项目任务详细实施步骤。

（二）查看子网和端口

单击 public 网络，查看"概况"、"子网"和"端口"信息。理解"网络"、"子网"和"端口"三者间的相互隶属关系。

（三）查看路由

默认情况下，未创建任何路由器，在"路由"选项中内容为空，如图 7-15 所示。

图 7-15　默认路由设置

二、创建内部网络

任务实施目标：

基于图形化界面，按照规划，创建研发和销售部门内部网络。

（一）新建研发部门内网

（1）在"网络"选项下，单击右上角"创建网络"按钮，打开如图 7-16 所示界面。

（2）单击"下一步"按钮，进入创建子网界面，如图 7-17 所示。

图 7-16　创建 RD 部门网络　　　　　图 7-17　创建 RD 部门子网

（3）单击"下一步"按钮，创建子网 DHCP，完成研发 RD_net、RD_subnet1 创建，如图 7-18 所示。

图 7-18　创建 RD 部门子网 DHCP

（二）新建销售部门内网

采用同样方法，创建销售网络 SL_net 和子网 SL_subnet1，最终结果如图 7-19 所示。

	名称	已连接的子网	共享的	外部	状态	管理状态	可用域	动作
☐	public	192.168.0.0 192.168.0.0/24	No	Yes	运行中	UP	-	编辑网络 ▼
☐	SL_net	SL_subnet1 172.16.2.0/24	No	No	运行中	UP	-	编辑网络 ▼
☐	RD_net	RD_subnet1 172.16.1.0/24	No	No	运行中	UP	-	编辑网络 ▼

正在显示 3 项

图 7-19　内部子网列表

三、创建路由

任务实施目标：

创建路由器，连接研发和销售内网，并接入外网，实现内网访问外网。

（一）新建网络

（1）在"路由"选项下，新建路由，选择外部网络为 public，如图 7-20 所示。

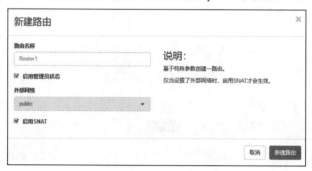

图 7-20　新建路由

（2）单击路由 Router1，添加两个部门接口，如图 7-21 所示。

图 7-21　增加子网对应接口

✎ **技术点：**

接口地址 172.16.1.1 和 172.16.2.1 将对应两个业务子网 172.16.1.0/24 和 172.16.1.0/24 网关，否则外网服务联通外网。

（3）查看端口列表，确认结果是否正确，如图 7-22 所示。

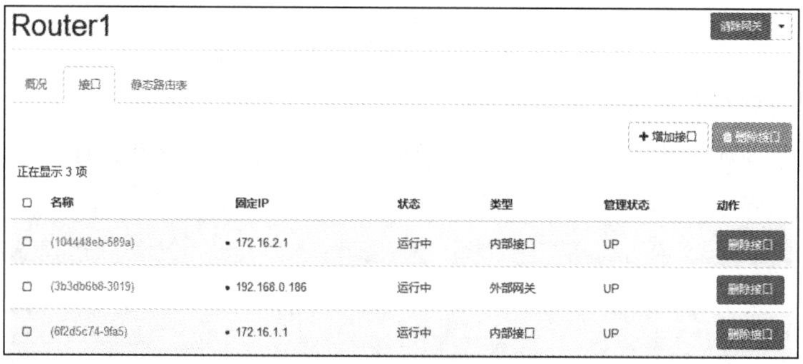

□	名称	固定IP	状态	类型	管理状态	动作
□	(104448eb-589a)	• 172.16.2.1	运行中	内部接口	UP	删除接口
□	(3b3db6b8-3019)	• 192.168.0.186	运行中	外部网关	UP	删除接口
□	(6f2d5c74-9fa5)	• 172.16.1.1	运行中	内部接口	UP	删除接口

Router1

概况　接口　静态路由表

+ 增加接口　　删除接口

正在显示 3 项

图 7-22　路由器端口列表

（二）查看网络拓扑

查看网络拓扑，可以看到直观显示，如图 7-23 所示。

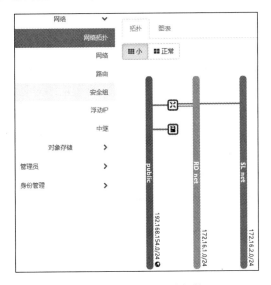

图 7-23　路由器互联拓扑

🗒 任务验收

（1）简述 Neutron 服务的主要功能。

（2）分析网络互联拓扑。

任务二　安装 Neutron 服务

🖥 任务描述

业务主管要求云计算助理工程师小王参考安装手册，独立完成小规模云平台网络 Neutron
服务部署，按照表 7-4 中要求配置 controller 和 Compute1 节点，提供自助服务网络功能。

表 7-4　Neutron 网络部署参数

节　点	服　务	账　号	用户名/密码
controller （192.168.154.11）	neutron-server neutron-linuxbridge-agent neutron-dhcp-agent neutron-metadata-agent	Mysql 登录	root/123
		Neutron 库访问	neutron/ nt123
		Neutron 用户	neutron/ nt123
		METADATA_SECRET	/czie123
		RBMQ 消息队列账户	openstack/ rb123
compute1 （192.168.154.12）	neutron-linuxbridge-agent	Neutron 库访问	neutron/ nt123
		Neutron 用户	neutron/ nt123
		RBMQ 消息队列账户	openstack/ rb123

知识准备

一、虚拟网络类型

按照用户的权限创建网络，neutron L2 network 可以分为：提供者网络（Provider Network），由管理员创建，跟物理网络直接绑定到一块，即虚拟机用的网络就是物理网络；租户网络（自服务）（Tenant Network），租户普通用户创建的网络。物理网络对创建者透明，用户不需要考虑底层。

（一）提供者网络

提供者网络为虚拟机实例提供二层连接，可选支持 DHCP 和元数据服务。提供者网络只能负责实例的二层连接，它有一个特殊的应用场合，OpenStack 部署位于一个混合环境，传统虚拟化和裸金属主机使用一个较大的物理网络设施。

提供者网络默认由管理员创建，实际上就是与物理网络（或外部网络）有直接映射关系的虚拟网络。要使用物理网络直接连接虚拟机实例，必须在 OpenStack 中将物理网络定义为提供者网络，如图 7-24 所示。

> **注意**
> 提供者物理网络和提供者虚拟网络在同网段，通常是公网网段。

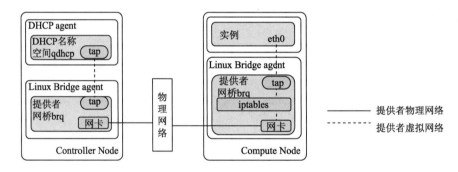

图 7-24　提供者网络结构

（二）项目网络

项目网络又称自服务网络（Self-Service Network），让非特权的普通项目自行管理网络，无须管理员介入。这类网络完全是虚拟的，需要通过虚拟路由器与提供者网络和像 Internet 这样的外部网络通信。自服务网络对实例提供 DHCP 服务和元数据服务。用户可以为项目中的连接创建项目网络。默认情况下被完全隔离，并且不会和其他项目进行共享。OpenStack 网络支持的网络隔离和覆盖技术包括 Flat、VLAN、GRE 和 VXLAN 等，如图 7-25 所示。

Provider Network 由 OpenStack 管理员创建，直接对应于数据中的一块物理网段，这种网络有 3 个和物理网络有关的属性：

provider.network_type（网络类型：vxlan, gre, valn, flat, local）

provider.segmentation_id（网段 ID：比如 vlan 的 802.1q tag, gre 的 tunnel ID, VXLAN 的 VNI）

provider.physical_network（物理网络的逻辑名称：比如 physnet1, ph-etg1）

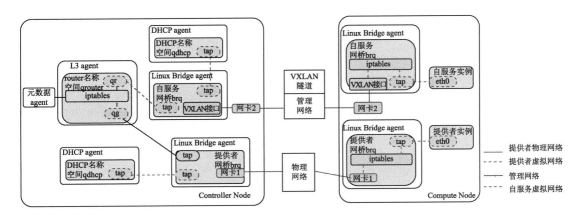

图 7-25　自服务 VXLAN 网络结构

这种网络可以在多个租户之间共享，通过计算和网络节点上指定的 bridge 直接接入物理网络，所以默认情况下它们是可以路由的。因此，不需要接入 Neutron Virtual Router，也不需要使用 L3 agent。使用这种网络，必须预先在各计算和网络节点上配置指定的网桥。

二、网络实现模型

在原生 OpenStack 下，所有计算节点中的 VM，如果需要访问外网，都必须经过网络节点，每一个租户都有自己的 DHCP 和 Router，通过 ns 进行隔离，如图 7-26 所示。

📃 **经验总结**：Neutron 中所述外部网络是其不能管理的网络，可以是公网，但不一定是公网。

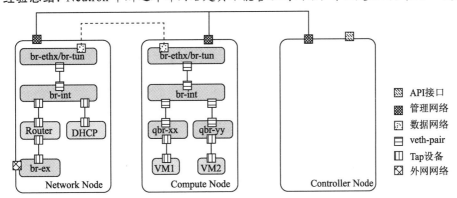

图 7-26　Neutron 虚拟网络实现架构

（一）计算节点实现

1. VLAN 模式实现

在 Neutron 网络中，数据报文包含一个内外转换的过程。图 7-27 展示了两个计算节点间的通信，假设 Compute Node 1 中虚机 VM1-1 与 Compute Node 2 中 VM1-2 均属于 VLAN10，若使用 VLAN 网络类型，主要通信流程如图 7-27 所示。

（1）VM1-1 发出纯报文（VM 可以接收和发送带 VID 的报文，在后文介绍）到 qbr-xx。qbr-xx 是一个 Linux bridge 设备，它与 VM1-1 之间通过 Tap 设备连接，它们之间其实只有 1 个 Tap 设备，可以理解为 Tap 设备一半在 br 上，一半在 VM 上，此处为了便于理解画了 2 个 Tap，qbr-xx 的作用在于应用安全功能，原生的 OvS 不支持安全功能（Stateful Openflow 已经支持），qbr-xx

与 VM 的数量是 1:1 对应。

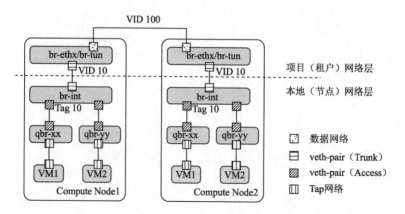

图 7-27 计算节点间通信

（2）报文在进入 br-int 的接口时打上 VID10，br-int 管理着本地网络层，每个计算和网络节点上都有且只有 1 个 br-int。

（3）报文离开 br-int，此时 VID 为 10，在 br-ethx 处 VID 转换为 100，通过 br-ethx 离开 Host1。br-ethx 管理着租户网络层，即租户所创建的网络位于该层。

（4）报文经过物理交换机到达 Host2，进入 br-ethx，在 br-ethx 出口处 VID 由 100 转换成 10。

（5）报文流出 br-ethx 出口，进入 br-int，此时 VID 为 10，在离开 br-int 出口时为 Untag，以纯以太网报文进入 qbr-xx，最后进入 VM1-2。

2. VXLAN 实现模型

如果 Neutron 的网络类型是 VXLAN，它与 VLAN 的流程大体上相似，只是不再进行 VID 的转换，取而代之的是将 VLAN 封装为 VXLAN，如图 7-28 所示。

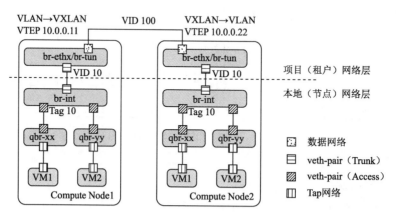

图 7-28 VLAN 间通信

图 7-28 中 br-tun 和 br-ethx 都是由 OvS 实现，不同于 br-ethx 所执行的普通二层交换机功能，br-tun 所执行的是 VXLAN 中的 VTEP 功能，2 个 IP 为 VXLAN 的隧道终结 IP。

3. 内外 VID 不需要转换的情况

由上文得知，VM 在跨 host 节点通信时都需要进行内外 VID 的转换，但有一种情况例外，就是同一 host 上相同 VLAN 下的 VM 通信时不需要经过转换。

如图 7-29 所示，VM1-1 和 VM2-1 都属于 VLAN10，则 VM1-1 直接通过 br-int 与 VM2-1 进行通信，不需要再经过 br-tun。

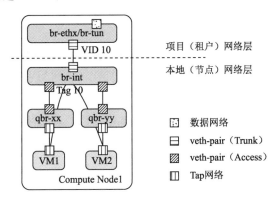

图 7-29　节点内虚机通信

（二）网络节点实现

从网络角度看，网络节点分为 4 层，前 2 层与计算节点相同，不再赘述。网络服务层中 1 个网络对应 1 个 DHCP Service（通过 dnsmasq 程序实现），Router 由开启了转发功能的 Linux 内核实现，提供了 SNAT 和 DNAT 功能，每 1 个 DHCP 和 Router 都运行在 ns 中。外部网络层的 br-ex 一般也选用 OvS，其上绑定的 IP 地址为 FIP，为内部的 VM 提供 DNAT 功能，如图 7-30 所示。

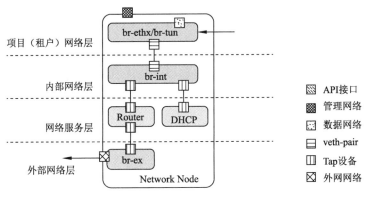

图 7-30　虚拟网络层次结构

任务实施

> 注意
> 以下前四步在 controller 上实施。

一、建库授权

任务实施目标：

在 MySQL 服务器中创建 Neutron 库，并配置账户的本地和网络授权。

视频 ●········

建库授权

（一）建立授权数据库

（1）以 root 身份登录数据库服务器（密码 123），创建 Neutron 数据库：

```
#mysql -u root -p
>create database neutron;
```

（2）授权 Neutron 账户对 Neutron 库访问，密码分别设置为 nt123：

```
grant all privileges on neutron.* to 'neutron'@'localhost' identified by
'nt123';
grant all privileges on neutron.* to 'neutron'@'%' identified by 'nt123';
grant all privileges on neutron.* to 'neutron'@'controller' identified by
'nt123';
```

（二）验证授权

```
>show grants for neutron;
>select user, host from mysql.user;
```

二、创建 Neutron 服务与用户

任务实施目标：

创建 Neutron 管理账户，配置 Neutron 对外服务 API。

（一）创建 Neutron 计算服务凭证

`.admin-openrc`

（1）创建 Neutron 用户，执行命令：

```
openstack user create --domain default --password-prompt neutron
#密码设置为 nt123。
```

（2）使用 admin 角色赋予用户 Neutron 和服务项目 service，执行命令：

```
openstack role add --project service --user neutron admin
```

```
+----------------------+-------------------------------------+
| Field                | Value                               |
+----------------------+-------------------------------------+
| domain_id            | default                             |
| enabled              | True                                |
| id                   | 9a8fa69f1bfc446aa804ac90b49b7179    |
| name                 | neutron                             |
| options              | {}                                  |
| password_expires_at  | None                                |
+----------------------+-------------------------------------+
```

（3）查看项目、角色和用户对应关系[可选]，执行命令：

```
openstack role assignment list
```

Role	User	Group	Project	Domain	System	Inherited
a63a94fef42b4bb7a41abd9eaadadd1a	22a21e2ce99547a0a9988f60bb2d5909		648381592f5c48f99787106579f34fdb			False
aae3484691af481d8903f69eeaa21254	4603ff0f90954dc2af52b663413939db		a7eaf60d723f45509531025549f7857b			False
a63a94fef42b4bb7a41abd9eaadadd1a	6cb4312c5729472db36b19508116bca5		c903c0b1f0ff4beea2f74ad189b36413			False
a63a94fef42b4bb7a41abd9eaadadd1a	927ad044f4c64ha49cd36ea6cd006885		648381592f5c48f99787106579f34fdb			False
a63a94fef42b4bb7a41abd9eaadadd1a	9a8fa69f1bfc446aa804ac90b49b7179		648381592f5c48f99787106579f34fdb			False
a63a94fef42b4bb7a41abd9eaadadd1a	c9f8ead678d74a3cac32f71ab6f74c63		648381592f5c48f99787106579f34fdb			False
ccf9efdbf6ab4b39b7312853ec5cd65d	ec09a9e3e62d479fa41bbda4127fd293		30aad6d8feee48768ea063a9a86c8faa			False
a63a94fef42b4bb7a41abd9eaadadd1a	6cb4312c5729472db36b19508116bca5				all	False

（4）创建 Neutron 服务，执行命令：

```
openstack service create --name neutron --description "OpenStack Networking"
network
```

```
+-------------+--------------------------------------+
| Field       | Value                                |
+-------------+--------------------------------------+
| description | OpenStack Networking                 |
| enabled     | True                                 |
| id          | 8716bbe9a0b9468aa7b5ad1821f31598     |
| name        | neutron                              |
| type        | network                              |
+-------------+--------------------------------------+
```

> **注意**
>
> type 是服务类型 network，而非服务名称 neutron。

（二）创建 Neutron API 端点

执行以下命令，创建 3 种 API：

```
openstack endpoint create --region RegionOne network public http://controller:9696
```

```
+--------------+--------------------------------------+
| Field        | Value                                |
+--------------+--------------------------------------+
| enabled      | True                                 |
| id           | ca126130c41a42df82dc83591c4866ba     |
| interface    | public                               |
| region       | RegionOne                            |
| region_id    | RegionOne                            |
| service_id   | 8716bbe9a0b9468aa7b5ad1821f31598     |
| service_name | neutron                              |
| service_type | network                              |
| url          | http://controller:9696               |
+--------------+--------------------------------------+
```

```
openstack endpoint create --region RegionOne network internal
http://controller:9696
```

```
+--------------+--------------------------------------+
| Field        | Value                                |
+--------------+--------------------------------------+
| enabled      | True                                 |
| id           | 7629756bf92b479da725db088e745174     |
| interface    | internal                             |
| region       | RegionOne                            |
| region_id    | RegionOne                            |
| service_id   | 8716bbe9a0b9468aa7b5ad1821f31598     |
| service_name | neutron                              |
| service_type | network                              |
| url          | http://controller:9696               |
+--------------+--------------------------------------+
```

```
openstack endpoint create --region RegionOne network admin http://controller:9696
```

```
+--------------+--------------------------------------+
| Field        | Value                                |
+--------------+--------------------------------------+
| enabled      | True                                 |
| id           | fa97524c7deb40e38251e62c0a3366de     |
| interface    | admin                                |
| region       | RegionOne                            |
| region_id    | RegionOne                            |
| service_id   | 8716bbe9a0b9468aa7b5ad1821f31598     |
| service_name | neutron                              |
| service_type | network                              |
| url          | http://controller:9696               |
+--------------+--------------------------------------+
```

三、部署自服务网络

任务实施目标：

在 controller 节点安装网络服务组件，配置服务、ML2 插件、网桥代理、L3 代理和 DHCP

代理，为自主服务提供基础。

参考在线文档配置 https://docs.openstack.org/neutron/train/install/ controller–install–option2– rdo.html。

（一）安装组件

（1）执行命令：.admin-openrc

（2）安装软件包：

- openstack-neutron：neutron-server 的包。
- openstack-neutron-ml2：ML2 plugin 的包。
- openstack-neutron-linuxbridge：linux bridge network provider 相关的包。
- ebtables：防火墙相关的包。

```
yum install openstack-neutron openstack-neutron-ml2 openstack-neutron-linuxbridge
ebtables -y
```

（二）配置服务组件

```
cp /etc/neutron/neutron.conf /etc/neutron/neutron.conf.bak
grep -Ev '^$|#' /etc/neutron/neutron.conf.bak > /etc/neutron/neutron.conf
```

修改/etc/neutron/neutron.conf，完成以下配置：

```
[DEFAULT]
```

（1）启用模块化第二层（ML2）插件、路由器服务和重叠的 IP 地址 overlapping：

```
core_plugin=ml2
service_plugins=router
allow_overlapping_ips=true
```

（2）配置 RabbitMQ 消息队列访问：

```
transport_url=rabbit://openstack:rb123@controller

auth_strategy=k eystone
```

（3）通知 Compute 网络拓扑更改

```
notify_nova_on_port_status_changes=true
notify_nova_on_port_data_changes=true
[database]
```

（4）配置数据库访问：

```
connection=mysq l+pymysql://neutron:nt123@controller/neutron
[keystone_authtoken]
```

（5）配置身份服务访问：

```
www_authenticate_uri=http://controller:5000
auth_url=http://controller:5000
memcached_servers=controller:11211
auth_type=password
project_domain_name=default
user_domain_name=default
project_name=service
username=neutron
password=nt123
```

（6）配置网络以通知 Compute 网络拓扑更改：

```
[nova]
auth_url=http://controller:5000
```

```
auth_type=password
project_domain_name=default
user_domain_name=default
region_name=RegionOne
project_name=service
username=nova
password=nv123
```

（7）配置锁定路径：

```
[oslo_concurrency]
lock_path=/var/lib/neutron/tmp
```

（8）检查配置：

```
cat /etc/neutron/neutron.conf |grep -Ev '^$|#'
[DEFAULT]
auth_strategy=keystone
core_plugin=ml2
service_plugins=router
allow_overlapping_ips=true
notify_nova_on_port_status_changes=true
notify_nova_on_port_data_changes=true
transport_url=rabbit://openstack:rb123@controller
<省略部分>
[database]
connection=mysql+pymysql://neutron:nt123@controller/neutron
[keystone_authtoken]
www_authenticate_uri=http://controller:5000
auth_url=http://controller:5000
memcached_servers=controller:11211
auth_type=password
project_domain_name=default
user_domain_name=default
project_name=service
username=neutron
password=nt123
[matchmaker_redis]
[nova]
auth_url=http://controller:5000
auth_type=password
project_domain_name=default
user_domain_name=default
region_name=RegionOne
project_name=service
username=nova
password=nv123
[oslo_concurrency]
lock_path=/var/lib/neutron/tmp
<省略部分>
```

（三）配置 ML2 组件

ML2 插件使用 Linux 桥接机制为实例构建第二层（桥接和交换）虚拟网络基础架构。

```
cp/etc/neutron/plugins/ml2/ml2_conf.ini/etc/neutron/plugins/ml2/ml2
_conf.ini.bak
grep -Ev '^$|#' /etc/neutron/plugins/ml2/ml2_conf.ini.bak > /etc/neutron/
plugins/ml2/ml2_conf.ini
```

修改/etc/neutron/plugins/ml2/ml2_conf.ini，完成以下配置：

[ml2]

（1）启用 flat、VLAN 和 VXLAN 网络：

`type_drivers=flat,vlan,vxlan`

— 注意 —
> 在配置 ML2 插件之后，删除 type_drivers 选项中的值可能导致数据库不一致。这里要把所有支持的驱动都填入，否则在控制台页面创建网络时会报错。

（2）启用 VXLAN 自助服务网络：

`tenant_network_types=vxlan`

（3）启用 Linux 桥和第二层填充机制，l2population 用于 vxlan：

`mechanism_drivers=linuxbridge,l2population`

（4）启用端口安全性扩展驱动程序：

`extension_drivers=port_security`

[ml2_type_flat]

（5）将提供商虚拟网络配置为扁平网络：

`flat_networks=provider`

[ml2_type_vxlan]

（6）自助服务网络配置 VXLAN 网络标识符范围：

`vni_ranges=1:1000`

— 注意 —
> 必须修改[ml2_type_vxlan]节中 vni_ranges，否则后续会报无法创建私有网络故障。

[securitygroup]

（7）启用 ipset 以提高安全组规则的效率：

`enable_ipset=true`

（8）检查配置：

```
cat/etc/neutron/plugins/ml2/ml2_conf.ini |grep -Ev '^$|#'
[DEFAULT]
<省略部分>
[ml2]
type_drivers=flat,vlan,vxlan
tenant_network_types=vxlan
mechanism_drivers=linuxbridge,l2population
extension_drivers=port_security
[ml2_type_flat]
flat_networks=provider
[ml2_type_geneve]
vni_ranges=1:1000
<省略部分>
[securitygroup]
```

enable_ipset=true

（四）配置网桥代理

（1）Linux 网桥代理为实例构建第二层（桥接和交换）虚拟网络基础架构并处理安全组。

```
cp/etc/neutron/plugins/ml2/linuxbridge_agent.ini/etc/neutron/plugins/
ml2/linuxbridge_agent.ini.bak
grep  -Ev  '^$|#'  /etc/neutron/plugins/ml2/linuxbridge_agent.ini.bak>/etc/
neutron/plugins/ml2/linuxbridge_agent.ini
```

修改/etc/neutron/plugins/ml2/linuxbridge_agent.ini，完成以下配置：

```
[linux_bridge]
physical_interface_mappings=provider:ens33
```

📖 **重要提示：**

- 提供者虚拟网络映射到提供者物理网络接口，前面是提供者网络名 provider，后面是宿主机的网卡（外网接口）ens33。
- 本例使用管理接口将流量送到其他节点，提供者网络名必须与 ml2_conf.ini 中 flat_networks 一致，且与后续创建的外部共享网络名一致。

```
[vxlan]
# 启用 VXLAN 重叠网络，配置处理覆盖网络的物理（管理）网络接口的 IP 地址，并启用第二层填充
enable_vxlan=true
local_ip=192.168.154.11
l2_population=true
```

📖 **经验提示：** local_ip 为控制节点的管理网段 IP，不能用 controller 代替。

```
[securitygroup]
# 启用安全组并配置 Linux 桥接 iptables 防火墙驱动程序：
enable_security_group=true
firewall_driver=neutron.agent.linux.iptables_firewall.IptablesFirewallDriver
```

（2）确保 Linux 操作系统内核支持网桥过滤器，需要加载 br_netfilter 模块：

```
modprobe br_netfilter
```

✏️ **技术点：**

modprobe 命令用于自动处理可载入模块。

```
ll /proc/sys/net/bridge
```

```
[root@controller ~]# ll /proc/sys/net/bridge
total 0
-rw-r--r-- 1 root root 0 Apr 13 14:47 bridge-nf-call-arptables
-rw-r--r-- 1 root root 0 Apr 13 14:47 bridge-nf-call-ip6tables
-rw-r--r-- 1 root root 0 Apr 13 14:47 bridge-nf-call-iptables
-rw-r--r-- 1 root root 0 Apr 13 14:47 bridge-nf-filter-pppoe-tagged
-rw-r--r-- 1 root root 0 Apr 13 14:47 bridge-nf-filter-vlan-tagged
-rw-r--r-- 1 root root 0 Apr 13 14:47 bridge-nf-pass-vlan-input-dev
```

（3）将 sysctl（net.bridge.bridge-nf-call-ip6tables 和 net.bridge.bridge-nf-call-iptables）值设置为 1。

在/etc/sysctl.conf 中添加：

```
net.bridge.bridge-nf-call-ip6tables=1
net.bridge.bridge-nf-call-iptables=1
```

（4）执行生效：

```
sysctl -p
```

```
[root@controller ~]# sysctl -p
net.bridge.bridge-nf-call-ip6tables = 1
net.bridge.bridge-nf-call-iptables = 1
```

（五）配置 L3 代理

第三层（L3）代理为自助虚拟网络提供路由和 NAT 服务：

```
cp/etc/neutron/l3_agent.ini /etc/neutron/l3_agent.ini.bak
grep -Ev '^$|#' /etc/neutron/l3_agent.ini.bak > /etc/neutron/l3_agent.ini
```

配置/etc/neutron/l3_agent.ini，完成以下修改：

```
[DEFAULT]
# 配置 Linux 桥接接口驱动程序和外部网桥
interface_driver=linuxbridge
```

（六）配置 DHCP 代理

DHCP 代理为虚拟网络提供 DHCP 服务：

```
cp/etc/neutron/dhcp_agent.ini /etc/neutron/dhcp_agent.ini.bak
grep -Ev '^$|#' /etc/neutron/dhcp_agent.ini.bak>/etc/neutron/dhcp_agent.ini
```

配置/etc/neutron/dhcp_agent.ini，完成以下修改：

```
[DEFAULT]
```
配置 Linux 桥接接口驱动程序、Dnsmasq DHCP 驱动程序，并启用隔离的元数据，以便提供商网络上的实例可以通过网络访问元数据：

```
interface_driver=linuxbridge
dhcp_driver=neutron.agent.linux.dhcp.Dnsmasq
enable_isolated_metadata=true
```

四、配置 metadata 代理

视 频

配置元数据
代理

任务实施目标：

在对应节点，配置 metadia 服务。

（一）配置 metadata 客户端

metadata 数据为虚拟机提供配置信息：

```
cp -a /etc/neutron/metadata_agent.ini{,.bak}
grep      -Ev      '^$|#'      /etc/neutron/metadata_agent.ini.bak      >
/etc/neutron/metadata_agent.ini
    vi /etc/neutron/metadata_agent.ini
[DEFAULT]
# 配置 metadata 主机和共享密钥
nova_metadata_host=controller
metadata_proxy_shared_secret=czie123
# czie123 为 neutron 和 nova 之间通信的密码
```

（二）配置控制节点计算服务（nova）

> **注意**
>
> 控制节点必须安装 Nova 计算服务才能完成此步骤。

配置控制节点的计算服务，使其能够使用网络服务：

```
vi /etc/nova/nova.conf
[neutron]
```
配置访问参数，启用 metadata 代理并配置密码

```
url=http://controller:9696
auth_url=http://controller:5000
auth_type=password
project_domain_name=default
user_domain_name=default
region_name=RegionOne
project_name=service
username=neutron
password=nt123
service_metadata_proxy=true
metadata_proxy_shared_secret=czie123
```

（三）安装完成

（1）网络服务初始化脚本需要一个/etc/neutron/plugin.ini 指向 ML2 插件配置文件的符号链接/etc/neutron/plugins/ml2/ml2_conf.ini。如果此符号链接不存在，请使用以下命令创建：

```
ln -s /etc/neutron/plugins/ml2/ml2_conf.ini /etc/neutron/plugin.ini
```

（2）填充数据库，这里需要用到 neutron.conf 和 ml2_conf.ini：

```
su -s /bin/sh -c "neutron-db-manage --config-file /etc/neutron/neutron.conf \
 --config-file /etc/neutron/plugins/ml2/ml2_conf.ini upgrade head" neutron
```

（3）重启 nova 计算服务，因为修改了它的配置文件：

```
systemctl restart openstack-nova-api.service
```

（4）启动网络服务并将其配置为在系统引导时启动：

```
systemctl enable neutron-server.service\
    neutron-linuxbridge-agent.service neutron-dhcp-agent.service\
    neutron-metadata-agent.service neutron-l3-agent.service
systemctl start neutron-server.service\
    neutron-linuxbridge-agent.service neutron-dhcp-agent.service\
    neutron-metadata-agent.service neutron-l3-agent.service
systemctl status neutron-server.service\
    neutron-linuxbridge-agent.service neutron-dhcp-agent.service\
    neutron-metadata-agent.service neutron-l3-agent.service
```

确保 5 个服务是 active（running）状态。

（5）查看代理列表：

```
openstack network agent list
```

```
[root@controller ~]# openstack network agent list
+--------------------------------------+--------------------+------------+-------------------+-------+-------+---------------------------+
| ID                                   | Agent Type         | Host       | Availability Zone | Alive | State | Binary                    |
+--------------------------------------+--------------------+------------+-------------------+-------+-------+---------------------------+
| 244d84b6-b695-4ea1-99f8-84985da6ebdb | L3 agent           | controller | nova              | :-)   | UP    | neutron-l3-agent          |
| 73d490bf-0e54-460a-963d-d5474625e28a | Metadata agent     | controller | None              | :-)   | UP    | neutron-metadata-agent    |
| cd910f0d-95bf-4816-9e73-c986c6600cfc | DHCP agent         | controller | nova              | :-)   | UP    | neutron-dhcp-agent        |
| d51539cf-ba47-4ad8-85ec-a4294ba31354 | Linux bridge agent | controller | None              | :-)   | UP    | neutron-linuxbridge-agent |
+--------------------------------------+--------------------+------------+-------------------+-------+-------+---------------------------+
```

📖 经验提示：执行命令后，一开始可能看到的列表不全，稍等后可以看到 4 种类型代理。

（四）典型故障

❖ 典型故障：出现权限错误 sqlalchemy.exc.OperationalError:（pymysql.err.OperationalError）（1045, u"Access denied for user 'neutron'@'controller'（using password: YES）"）（Background on this error at: http://sqlalche.me/e/e3q8）。

分析：检查数据库授权问题，通常是账号密码错误。

> **注意**
> 第五步在 compute1。

五、部署计算节点

配置计算节点

任务实施目标：

安装部署控制节点。

（一）安装配置组件

（1）安装组件：

```
yum install openstack-neutron-linuxbridge ebtables ipset -y
```

（2）配置公共组件：

Networking 公共组件配置包括身份验证机制，消息队列和插件：

```
cp /etc/neutron/neutron.conf /etc/neutron/neutron.conf.bak
grep -Ev '^$|#' /etc/neutron/neutron.conf.bak > /etc/neutron/neutron.conf
vi /etc/neutron/neutron.conf
```

注释掉任何 connection 选项，因为计算节点不直接访问数据库：

```
[DEFAULT]
# 配置 RabbitMQ 消息队列访问
transport_url=rabbit://openstack:rb123@controller
# 配置身份服务访问
auth_strategy=keystone
[keystone_authtoken]
www_authenticate_uri=http://controller:5000
auth_url=http://controller:5000
memcached_servers=controller:11211
auth_type=password
project_domain_name=default
user_domain_name=default
project_name=service
username=neutron
password=nt123
[oslo_concurrency]
# 配置锁定路径
lock_path=/var/lib/neutron/tmp
```

（二）配置代理

（1）配置网桥代理。Linux 网桥代理为实例构建第二层（桥接和交换）虚拟网络基础架构并处理安全组：

```
cp /etc/neutron/plugins/ml2/linuxbridge_agent.ini /etc/neutron/plugins/ml2/
linuxbridge_agent.ini.bak
grep -Ev '^$|#' /etc/neutron/plugins/ml2/linuxbridge_agent.ini.bak > /etc/
neutron/plugins/ml2/linuxbridge_agent.ini
vi /etc/neutron/plugins/ml2/linuxbridge_agent.ini
[linux_bridge]
# 将提供者虚拟网络映射到提供者物理网络接口，这里的 ens33 为宿主机的网卡（管理接口）
```

```
physical_interface_mappings=provider:ens33
[vxlan]
# 启用 VXLAN 重叠网络，配置处理覆盖网络的物理（管理）网络接口的 IP 地址，并启用第二层填充
enable_vxlan=true
local_ip=192.168.154.12
l2_population=true
[securitygroup]
# 启用安全组并配置 Linux 桥接 iptables 防火墙驱动程序
enable_security_group=true
firewall_driver                                                              =
neutron.agent.linux.iptables_firewall.IptablesFirewallDriver
```

通过验证以下所有 sysctl 值设置为 1，确保 Linux 操作系统内核支持网桥过滤器：

```
modprobe br_netfilter
ll /proc/sys/net/bridge
```

在/etc/sysctl.conf 中添加：

```
net.bridge.bridge-nf-call-ip6tables=1
net.bridge.bridge-nf-call-iptables=1
```

执行生效：

```
sysctl -p
```

（2）配置计算（nova 计算服务）服务使用网络服务。编辑/etc/nova/nova.conf 文件并完成以下操作：

```
[neutron]
# ...
url=http://controller:9696
auth_url=http://controller:5000
auth_type=password
project_domain_name=default
user_domain_name=default
region_name=RegionOne
project_name=service
username=neutron
password=nt123
```

完成安装，重启 Compute 服务（在计算机点上配置）：

```
systemctl restart openstack-nova-compute.service
```

启动 Linux 网桥代理并将其配置为在系统引导时启动：

```
systemctl enable neutron-linuxbridge-agent.service
systemctl start neutron-linuxbridge-agent.service
```

查看 neutron–linuxbridge–agent.service，确保是 active 状态。

六、验证操作

任务实施目标：

在 controller 节点上，检验安装和配置结果。

列出验证成功连接 neutron 的代理，确保计算节点 compute1 中的 Bridge agent 代理可用。

```
openstack network agent list
```

视频

验证结果

```
+------------------------------------------+----------------------+------------+--------------------+-------+-------+--------------------------+
| ID                                       | Agent Type           | Host       | Availability Zone  | Alive | State | Binary                   |
+------------------------------------------+----------------------+------------+--------------------+-------+-------+--------------------------+
| 03d8b4e1-8339-45c5-a408-8a37e02fe29b     | Linux bridge agent   | compute1   | None               | :-)   | UP    | neutron-linuxbridge-agent|
| 244d84b6-b695-4ea1-99f8-84985da6ebdb     | L3 agent             | controller | nova               | :-)   | UP    | neutron-l3-agent         |
| 73d490bf-0e54-460a-963d-d5474625e28a     | Metadata agent       | controller | None               | :-)   | UP    | neutron-metadata-agent   |
| cd910f0d-95bf-4816-9e73-c986c6600cfc     | DHCP agent           | controller | nova               | :-)   | UP    | neutron-dhcp-agent       |
| d51539cf-ba47-4ad8-85ec-a4294ba31354     | Linux bridge agent   | controller | None               | :-)   | UP    | neutron-linuxbridge-agent|
+------------------------------------------+----------------------+------------+--------------------+-------+-------+--------------------------+
```

❖ 典型故障：如果 agent 不全，可能是某些服务未能启动，查看服务；如果未找到 agent，可能原因是 rabbitmq 访问有问题，或者机器慢导致。

如果查看不到 compute1，可以尝试重启 compute1 节点。

七、工程化操作

任务实施目标：

基于脚本方式配置系统。

基于终端软件使用 SSH 方式登录 CentOS 主机，执行以下代码：

```
#创库授权
mysql -uroot -p123
CREATE DATABASE neutron;
GRANT ALL PRIVILEGES ON neutron.* TO 'neutron'@'localhost' IDENTIFIED BY 'nt123';
GRANT ALL PRIVILEGES ON neutron.* TO 'neutron'@'%' IDENTIFIED BY 'nt123';
exit
#创建 Neutron 服务和用户
. admin-openrc
openstack user create --domain default --password=nt123 neutron
openstack role add --project service --user neutron admin
openstack service create --name neutron --description "OpenStack Networking" network
openstack endpoint create --region RegionOne network public http://controller:9696
openstack endpoint create --region RegionOne network internal http://controller:9696
openstack endpoint create --region RegionOne network admin http:// controller:9696
openstack endpoint list
#部署服务网络
. admin-openrc
yum install openstack-neutron openstack-neutron-ml2 openstack-neutron-linuxbridge ebtables -y
cp /etc/neutron/neutron.conf/etc/neutron/neutron.conf.bak
grep -Ev '^$|#' /etc/neutron/neutron.conf.bak > /etc/neutron/neutron.conf
openstack-config --set/etc/neutron/neutron.conf database connection mysql+pymysql://neutron:nt123@controller/neutron
openstack-config --set/etc/neutron/neutron.conf DEFAULT core_plugin ml2
openstack-config --set/etc/neutron/neutron.conf DEFAULT service_plugins router
openstack-config --set/etc/neutron/neutron.conf DEFAULT allow_overlapping_ips true
```

```
openstack-config  --set/etc/neutron/neutron.conf  DEFAULT  transport_url
rabbit://openstack:rb123@controller
openstack-config  --set/etc/neutron/neutron.conf  DEFAULT  auth_strategy
keystone
openstack-config --set/etc/neutron/neutron.conf DEFAULT notify_nova_ on_
port_status_changes  True
openstack-config  --set/etc/neutron/neutron.conf  DEFAULT  notify_nova_on
_port_data_changes  True
openstack-config --set/etc/neutron/neutron.conf keystone_authtoken www_
authenticate_uri http://controller:5000
openstack-config  --set/etc/neutron/neutron.conf  keystone_authtoken  auth_
url http://controller:5000
openstack-config  --set/etc/neutron/neutron.conf  keystone_authtoken  memc
ached_servers  controller:11211
openstack-config  --set/etc/neutron/neutron.conf  keystone_authtoken  auth_
type  password
openstack-config  --set/etc/neutron/neutron.conf  keystone_authtoken  proje
ct_domain_name default
openstack-config  --set/etc/neutron/neutron.conf  keystone_authtoken  user_
domain_name  default
openstack-config --set/etc/neutron/neutron.conf keystone_authtoken project_
name  service
openstack-config  --set/etc/neutron/neutron.conf  keystone_authtoken  username
neutron
openstack-config  --set/etc/neutron/neutron.conf  keystone_authtoken  password
nt123
openstack-config  --set/etc/neutron/neutron.conf  nova  auth_url   http://
controller:5000
openstack-config  --set/etc/neutron/neutron.conf nova auth_type  password
openstack-config  --set/etc/neutron/neutron.conf nova project_domain_name
default
openstack-config --set/etc/neutron/neutron.conf nova user_domain_name default
openstack-config --set/etc/neutron/neutron.conf nova region_name RegionOne
openstack-config  --set/etc/neutron/neutron.conf  nova  project_name  service
openstack-config  --set/etc/neutron/neutron.conf  nova  username  nova
openstack-config  --set/etc/neutron/neutron.conf  nova  password  nv123
openstack-config --set/etc/neutron/neutron.conf oslo_concurrency lock_path
/var/lib/neutron/tmp
egrep -v "^#|^$" /etc/neutron/neutron.conf
cp /etc/neutron/plugins/ml2/ml2_conf.ini /etc/neutron/plugins/ml2/ml2_conf.
ini.bak
grep -Ev '^$|#' /etc/neutron/plugins/ml2/ml2_conf.ini.bak > /etc/neutron/
plugins/ml2/ml2_conf.ini
openstack-config --set /etc/neutron/plugins/ml2/ml2_conf.ini ml2 type_drivers
flat,vlan,vxlan
openstack-config --set/etc/neutron/plugins/ml2/ml2_conf.iniml2tenant_network_
types vxlan
openstack-config --set/etc/neutron/plugins/ml2/ml2_conf.iniml2mechanism_drivers
linuxbridge,l2population
```

```
openstack-config--set/etc/neutron/plugins/ml2/ml2_conf.iniml2extension_driv
ers port_security
openstack-config --set/etc/neutron/plugins/ml2/ml2_conf.ini ml2_type_ flat
flat_networks provider
openstack-config --set/etc/neutron/plugins/ml2/ml2_conf.ini ml2_type _vxlan
vni_ranges 1:1000
openstack-config --set/etc/neutron/plugins/ml2/ml2_conf.ini securitygroup
enable_ipset True
egrep -v "^#|^$" /etc/neutron/plugins/ml2/ml2_conf.ini
cp /etc/neutron/plugins/ml2/linuxbridge_agent.ini /etc/neutron/plugins/
ml2/linuxbridge_agent.ini.bak
grep -Ev '^$|#' /etc/neutron/plugins/ml2/linuxbridge_agent.ini.bak >
/etc/neutron/plugins/ml2/linuxbridge_agent.ini
openstack-config --set/etc/neutron/plugins/ml2/linuxbridge_agent.ini
linux_bridge physical_interface_mappings provider:ens33
openstack-config --set/etc/neutron/plugins/ml2/linuxbridge_agent.ini vxlan
enable_vxlan True
openstack-config --set/etc/neutron/plugins/ml2/linuxbridge_agent.ini vxlan
local_ip 192.168.154.11
openstack-config --set/etc/neutron/plugins/ml2/linuxbridge_agent.ini vxlan
l2_population true
openstack-config --set/etc/neutron/plugins/ml2/linuxbridge_agent.ini secu
ritygroup enable_security_group True
openstack-config --set /etc/neutron/plugins/ml2/linuxbridge_agent.ini securit
ygroup                                   firewall_driver
neutron.agent.linux.iptables_firewall.IptablesFirewallDriver
egrep -v '(^$|^#)' /etc/neutron/plugins/ml2/linuxbridge_agent.ini i
echo net.bridge.bridge-nf-call-iptables = 1 >> /etc/sysctl.conf
echo net.bridge.bridge-nf-call-ip6tables = 1 >> /etc/sysctl.conf
cat /etc/sysctl.conf
modprobe br_netfilter
ls /proc/sys/net/bridge
sysctl -p
cp /etc/neutron/l3_agent.ini /etc/neutron/l3_agent.ini.bak
grep -Ev '^$|#' /etc/neutron/l3_agent.ini.bak > /etc/neutron/l3_agent.ini
openstack-config --set /etc/neutron/l3_agent.ini DEFAULT interface_driver
linuxbridge
cp /etc/neutron/dhcp_agent.ini /etc/neutron/dhcp_agent.ini.bak
grep -Ev '^$|#' /etc/neutron/dhcp_agent.ini.bak > /etc/neutron/dhcp_agent.ini
openstack-config --set/etc/neutron/dhcp_agent.ini DEFAULT interface
_driver linuxbridge
openstack-config --set/etc/neutron/dhcp_agent.ini DEFAULT dhcp_driver neu
tron.agent.linux.dhcp.Dnsmasq
openstack-config --set/etc/neutron/dhcp_agent.ini DEFAULT enable_isolate
d_metadata True
egrep -v '(^$|^#)' /etc/neutron/dhcp_agent.ini
#配置 metadate 代理
cp -a /etc/neutron/metadata_agent.ini{,.bak}
grep -Ev '^$|#' /etc/neutron/metadata_agent.ini.bak > /etc/neutron/metadata
agent.ini
```

```
openstack-config --set/etc/neutron/metadata_agent.ini DEFAULT nova_
metadata_host controller
openstack-config --set/etc/neutron/metadata_agent.ini DEFAULT metadata
_proxy_shared_secret czie123
egrep -v '(^$|^#)' /etc/neutron/metadata_agent.ini
openstack-config --set/etc/nova/nova.conf neutron url http://contro ller:
9696
openstack-config --set/etc/nova/nova.conf neutron auth_url http://contro
ller :5000
openstack-config --set/etc/nova/nova.conf neutron auth_type password
openstack-config --set/etc/nova/nova.conf neutron project_domain_name
default
openstack-config --set/etc/nova/nova.conf neutron user_domain_name default
openstack-config --set/etc/nova/nova.conf neutron region_name RegionOne
openstack-config --set/etc/nova/nova.conf neutron project_name service
openstack-config --set/etc/nova/nova.conf neutron username neutron
openstack-config --set/etc/nova/nova.conf neutron password nt123
openstack-config --set/etc/nova/nova.conf neutron service_metadata_proxy
true
openstack-config --set /etc/nova/nova.conf neutron metadata_proxy_
shared_secret czie123
egrep -v '(^$|^#)' /etc/nova/nova.conf
ln -s /etc/neutron/plugins/ml2/ml2_conf.ini /etc/neutron/plugin.ini
su -s /bin/sh -c "neutron-db-manage --config-file /etc/neutron/neutron.conf\
  --config-file /etc/neutron/plugins/ml2/ml2_conf.ini upgrade head" neutron
systemctl restart openstack-nova-api.service
systemctl start neutron-server.service\
  neutron-linuxbridge-agent.service neutron-dhcp-agent.service\
  neutron-metadata-agent.service
systemctl status neutron-server.service\
  neutron-linuxbridge-agent.service neutron-dhcp-agent.service\
  neutron-metadata-agent.service
systemctl enable neutron-server.service\
  neutron-linuxbridge-agent.service neutron-dhcp-agent.service\
  neutron-metadata-agent.service
systemctl start neutron-l3-agent.service
systemctl enable neutron-l3-agent.service
systemctl list-unit-files |grep neutron* |grep enabled
#部署计算
yum install -y openstack-neutron-linuxbridge ebtables ipset -y
openstack-config --set/etc/neutron/neutron.conf DEFAULT transport_url
rabbit://openstack:rb123@controller
openstack-config --set/etc/neutron/neutron.conf DEFAULT auth_strategy
keystone
openstack-config --set/etc/neutron/neutron.conf keystone_authtoken www_
authenticate_uri http://controller:5000
openstack-config --set /etc/neutron/neutron.conf keystone_authtoken auth_
url http://controller:5000
openstack-config --set/etc/neutron/neutron.conf keystone_authtoken
memcached_servers controller:11211
```

```
openstack-config --set/etc/neutron/neutron.conf keystone_authtoken auth_
type password
openstack-config --set/etc/neutron/neutron.conf keystone_authtoken project
_domain_name default
openstack-config --set/etc/neutron/neutron.conf keystone_authtoken user_
domain_name default
openstack-config --set/etc/neutron/neutron.conf keystone_authtoken project_
name service
openstack-config --set/etc/neutron/neutron.conf keystone_authtoken username
neutron
openstack-config --set/etc/neutron/neutron.conf keystone_authtoken password
nt123
openstack-config --set/etc/neutron/neutron.conf oslo_concurrency lock_path
/var/lib/neutron/tmp
egrep -v '(^$|^#)' /etc/neutron/neutron.conf
openstack-config --set/etc/neutron/plugins/ml2/linuxbridge_agent.ini
linux_bridge physical_interface_mappings  provider:ens33
openstack-config --set/etc/neutron/plugins/ml2/linuxbridge_agent.ini
vxlan  enable_vxlan  True
openstack-config --set/etc/neutron/plugins/ml2/linuxbridge_agent.ini vxlan
local_ip  192.168.154.12
openstack-config --set/etc/neutron/plugins/ml2/linuxbridge_agent.ini vxlan
l2_population true
openstack-config --set/etc/neutron/plugins/ml2/linuxbridge_agent.ini
securitygroup  enable_security_group True
openstack-config --set/etc/neutron/plugins/ml2/linuxbridge_agent.ini
securitygroup  firewall_driver neutron.agent.linux.iptables_firewall.
IptableOsFirewallDriver
egrep -v '(^$|^#)' /etc/neutron/plugins/ml2/linuxbridge_agent.ini
echo net.bridge.bridge-nf-call-iptables = 1 >> /etc/sysctl.conf
echo net.bridge.bridge-nf-call-ip6tables = 1 >> /etc/sysctl.conf
cat /etc/sysctl.conf
modprobe br_netfilter
ls /proc/sys/net/bridge
sysctl -p
openstack-config --set/etc/nova/nova.conf neutron url http://controller:
9696
openstack-config --set/etc/nova/nova.conf neutron auth_url http://controll
er: 5000
openstack-config --set/etc/nova/nova.conf neutron auth_type password
openstack-config --set/etc/nova/nova.conf neutron project_domain_name
default
openstack-config --set/etc/nova/nova.conf neutron user_domain_name default
openstack-config --set/etc/nova/nova.conf neutron region_name RegionOne
openstack-config --set/etc/nova/nova.conf neutron project_name service
openstack-config --set/etc/nova/nova.conf neutron username neutron
openstack-config --set/etc/nova/nova.conf neutron password nt123
egrep -v '(^$|^#)' /etc/nova/nova.conf
systemctl restart openstack-nova-compute.service neutron-linuxbridge-
agent.service
systemctl enable openstack-nova-compute.service neutron-linuxbridge-agent.
service
```

```
systemctl status openstack-nova-compute.service neutron-linuxbridge-agent.
service
systemctl list-unit-files |grep neutron* |grep enabled
```

任务验收

（1）使用 openstack network agent list 命令验证控制节点中 4 个 neutron 的代理是否正常。

（2）验证计算节点 compute1 中的 bridge agent 是否代理可用。

任务三　部署网络与实例

任务描述

基于手工安装 Neutron 平台，采用命令行方式创建部署内外网网络、子网 DHCP，部署公司研发和销售部门虚拟化网络，并新建路由联通外网，并部署主机实例。具体要求如表 7-5~表 7-7 所示。

表 7-5　云平台网络规划表

网　　络	部　　门	网 络 名	子网|主机名	网　　段	网　　关	DHCP
外网	/	public	public_subnet	203.0.113.0/24	203.0.113.1	203.0.113.11-20
内网	研发	RD_net	RD_subnet	172.16.1.0/24	172.16.1.1	172.16.1.11-20
	销售	SL_net	SL_subnet	172.16.2.0/24	172.16.2.1	172.16.2.11-20

表 7-6　主机类型规划表

flavor	id	CPU	ram	disk
chen.nano	0	1	512 MB	2 GB

表 7-7　主机规划表

server	flavor	keypair	security group	image	Floating IP
my_instance	chen.nano	chenkey	default	cirros0.3.4	203.0.113.*

知识准备

一、网络管理命令

（一）创建网络

创建网络的命令如下：

```
openstack network create [选项] 网络名
```

常用选项如表 7-8 所示。

表 7-8　创建网络的常用选项

选　　项	说　　明
--share|--no-share	项目间共享|不共享（默认）
--enable|--disable	启用（默认）|禁用

续表

选 项	说 明
--project	加项目名或 ID
--project-domain	项目域名或 ID
--availability-zone-hint	可用区域
--external|--internal	外网|内网（默认）
--default | --no-default	外部网络为默认网络|不作为外部网络默认网络
--provider-network-type	提供者网络类型，如 flat、geneve、gre、local、vlan、vxlan
--provider-physical-network	提供者网络名，如 provider 或 extnet（与 ml2 中 mapping 一致）

（二）删除网络

```
openstack network delete 网络名|ID
```

（三）查看网络

查看网络的命令如下：

```
openstack network list [选项]
```

常用选项类似于创建网络的选项，如表 7-9 所示。

表 7-9 查看网络的常用选项

选 项	说 明
--share|--no-share	项目间共享|不共享（默认）
--enable|--disable	启用（默认）|禁用
--project	加项目名或 ID
--project-domain	项目域名或 ID
--external|--internal	外网|内网（默认）
--provider-network-type	提供者网络类型，如 flat、geneve、gre、local、vlan、vxlan
--provider-physical-network	提供者网络名，如 provider 或 extnet（与 ml2 中 mapping 一致）

```
openstack network show 网络名|ID
```

用于查看特定网络信息。

（四）设置网络

设置网络的命令如下：

```
openstack network set [选项]
```

常用选项类似于创建网络，如表 7-10 所示。

表 7-10 设置网络常用选项

选 项	说 明
--name	网络名
--share|--no-share	项目间共享|不共享（默认）
--enable|--disable	启用（默认）|禁用
--tag|--no tag	标签设置
--external|--internal	外网|内网（默认）
--provider-network-type	提供者网络类型，如 flat、geneve、gre、local、vlan、vxlan
--provider-physical-network	提供者网络名，如 provider 或 extnet（与 ml2 中 mapping 一致）

详细参见官方文档 https://docs.openstack.org/python–o penstackclient/pike/cli/command–objects/network. html。

二、子网管理命令

（一）创建子网

创建子网的命令如下：

```
openstack subnetwork create [选项] 子网名
```

常用选项如表 7-11 所示。

表 7-11　创建子网的常用选项

选　项	说　明
--network	所属的网络名
--dhcp｜--no-dhcp	启用（默认）｜禁用 DHCP
--allocation-pool	本子网地址范围，如 start=192.168.1.2,end=192.168.1.254
--subnet-range	子网范围，如 192.168.1.0/24
--gateway	网关地址
--dns-nameserver	DNS 服务器地址，如 8.8.8.8

（二）删除子网

```
openstack subnet delete 子网名|ID
```

（三）查看子网

```
openstack subnet list [选项]
openstack subnet show 子网名|ID  #查看特定子网信息
```

（四）设置子网

设置子网的命令如下：

```
openstack subnetwork set [选项] 子网名
```

常用选项如表 7-12 所示。

表 7-12　设置子网常用选项

选　项	说　明
--name	子网名称
--dhcp｜--no-dhcp	启用（默认）｜禁用 DHCP
--allocation-pool	本子网地址范围，如 start=192.168.1.2,end=192.168.1.254
--subnet-range	子网范围，如 192.168.1.0/24
--gateway	网关地址
--dns-nameserver	DNS 服务器地址，如 8.8.8.8

详细参见官方文档 https://docs.openstack.org/python–openstackclient/pike/cli/command–objects/subnet.html。

三、端口管理命令

（一）创建端口

创建端口的命令如下：

```
openstack port create [选项] 端口名
```

常用选项如表 7-13 所示。

表 7-13　创建端口常用选项

选　项	说　明
--network	所属网络
--fixed-ip subnet=,ip-address=	所属子网 IP 地址，如果没有 ip-address，则随机由 DHCP 分配 IP

（二）删除端口

openstack port delete 端口名|ID。

（三）设置端口

设置端口命令如下：

openstack port set [选项] 端口名
常用选项如表 7-14 所示。

表 7-14　设置端口常用选项

选　项	说　明
--fixed-ip subnet=,ip-address=	所属子网 IP 地址，如果没有 ip-address 则随机由 DHCP 分配 IP
--fixed-ip subnet=,ip-address= --no-fixed-ip	删除 IP

详细参见官方文档 https://docs.openstack.org/python-openstackclient/pike/cli/command-objects/port.html。

四、路由管理命令

（一）创建路由器

创建路由器的命令如下：

openstack router create [选项] 路由器名
常用选项如表 7-15 所示。

表 7-15　创建路由器常用选项

选　项	说　明
--project	项目名
--project-domain	项目域名
--availability-zone-hint	可用 zone，如 nova

（二）删除路由器

openstack router delete 路由器名

（三）查看路由

openstack router list | show

（四）添加端口至路由器

openstack router add port 路由器 端口

（五）移除端口

openstack router remove port 路由器 端口

（六）添加路由表至路由器

openstack router add --route destination=子网名,gateway=网管地址 路由名

（七）移除路由表

```
openstack router remove --route destination=子网名,gateway=网管地址 路由名
```

（八）添加子网至路由

```
openstack router add subnet 路由名 子网名
```

（九）移除子网

```
openstack router remove subnet 路由名 子网名
```

详细参见官方文档：https://docs.openstack.org/python-openstackclient/pike/cli/command-objects/router.html。

五、实例创建流程

OpenStack 环境中，实例（即虚拟机）的创建通常需要 Nova、Glance、Neutron 多个组件协作完成，详细流程可参考图 7-31。

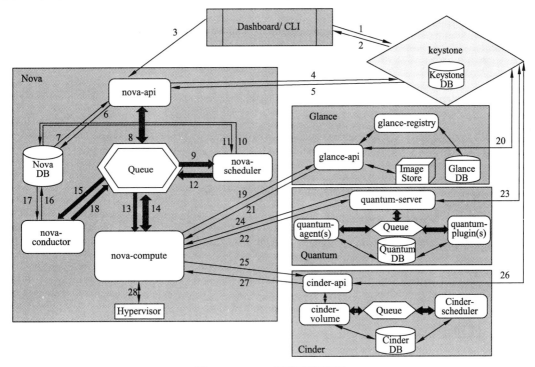

图 7-31　Nova 创建实例流程

六、实例管理命令

（一）创建实例

创建实例的代码如下：

```
openstack server create [选项] 端口名
```

常用选项如表 7-16 所示。

表 7-16　创建实例常用选项

选　项	说　明
--image	镜像名

选　项	说　明
--flavor	实例类型
--security-group	安全组
--key-name	密钥对
--availability-zone	可用区，如 nova
--nic net-id=	随机生成 IP 地址
--nic net-id= ,v4-fixed-ip=	指定 IP 地址

（二）删除实例

```
openstack server delete 实例名|ID
```

（三）修改实例

（1）添加随机 fixed ip：

```
openstack server add fixed ip 实例 ID public
```

（2）删除指定 fixed ip：

```
openstack server remove fixed ip 实例 ID 192.168.130.35
```

（3）调整大小（CPU、内存、磁盘）：

```
openstack server resize --flavor m1.medium 实例 ID
openstack server resize --confirm 实例 ID
```

详细参考 https://docs.openstack.org/user-guide/cli-change-the-size-of-your-server.html。

（4）重命名：

```
openstack server set --name mynewname 实例 ID
```

（四）查看实例

```
openstack server list
openstack server show 实例 ID
openstack console url show 实例 ID
```

任务实施

一、创建提供者网络

任务实施目标：

按照云平台规划参数要求，在 controller 节点上，使用管理员身份创建外网（provider）及其子网（public_subnet），并逐步分析提供者网络工作原理。

（一）创建网络

（1）加载 admin 凭据的环境变量：

```
.admin-openrc
```

视频

外网配置

（2）创建一个名为 provider 的提供者网络：

```
openstack network create --share --external --availability-zone-hint nova
--provider-physical-network provider --provider-network-type flat public
```

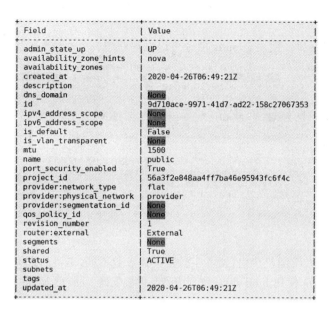

```
+--------------------------+------------------------------------------+
| Field                    | Value                                    |
+--------------------------+------------------------------------------+
| admin_state_up           | UP                                       |
| availability_zone_hints  | nova                                     |
| availability_zones       |                                          |
| created_at               | 2020-04-26T06:49:21Z                     |
| description              |                                          |
| dns_domain               | None                                     |
| id                       | 9d710ace-9971-41d7-ad22-158c27067353     |
| ipv4_address_scope       | None                                     |
| ipv6_address_scope       | None                                     |
| is_default               | False                                    |
| is_vlan_transparent      | None                                     |
| mtu                      | 1500                                     |
| name                     | public                                   |
| port_security_enabled    | True                                     |
| project_id               | 56a3f2e848aa4ff7ba46e95943fc6f4c         |
| provider:network_type    | flat                                     |
| provider:physical_network| provider                                 |
| provider:segmentation_id | None                                     |
| qos_policy_id            | None                                     |
| revision_number          | 1                                        |
| router:external          | External                                 |
| segments                 | None                                     |
| shared                   | True                                     |
| status                   | ACTIVE                                   |
| subnets                  |                                          |
| tags                     |                                          |
| updated_at               | 2020-04-26T06:49:21Z                     |
+--------------------------+------------------------------------------+
```

📖 **经验提示**：--provider-physical-network 参数 provider 必须与 linuxbridge_agent.ini 中 physical_interface_mappings 参数以及 ml2_conf.ini 中 flat_networks 对应，否则将导致后续网络访问故障。

（3）在网络中创建一个子网：

```
openstack subnet create --network public --allocation-pool start=203.0.113.
11,end =203.0.113.20 --dns-nameserver 8.8.8.8 --gateway 203.0.113.1 --subnet-
range 203.0.113.0/24 public_subnet
```

```
+-------------------+------------------------------------------+
| Field             | Value                                    |
+-------------------+------------------------------------------+
| allocation_pools  | 203.0.113.11-203.0.113.20                |
| cidr              | 203.0.113.0/24                           |
| created_at        | 2020-04-26T06:49:53Z                     |
| description       |                                          |
| dns_nameservers   | 8.8.8.8                                  |
| enable_dhcp       | True                                     |
| gateway_ip        | 203.0.113.1                              |
| host_routes       |                                          |
| id                | 311c0177-c6ab-4c36-b295-ebaedd88eedd     |
| ip_version        | 4                                        |
| ipv6_address_mode | None                                     |
| ipv6_ra_mode      | None                                     |
| name              | public_subnet                            |
| network_id        | 9d710ace-9971-41d7-ad22-158c27067353     |
| project_id        | 56a3f2e848aa4ff7ba46e95943fc6f4c         |
| revision_number   | 0                                        |
| segment_id        | None                                     |
| service_types     |                                          |
| subnetpool_id     | None                                     |
| tags              |                                          |
| updated_at        | 2020-04-26T06:49:53Z                     |
+-------------------+------------------------------------------+
```

提示

提供者网络所属项目为 admin，普通项目用户无法管理，但设置为共享，可以使用。详见"项目四 Keystone 认证服务部署"部分内容。

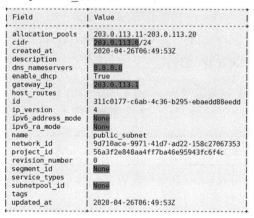

```
[root@controller ~]# openstack project list
+----------------------------------+-----------+
| ID                               | Name      |
+----------------------------------+-----------+
| 56a3f2e848aa4ff7ba46e95943fc6f4c | admin     |
| 73b4abbe75bc4b35a86cf23450d1a0d9 | service   |
| a78978b4bd2c4f4ba8eb485993ffdb9c | myproject |
+----------------------------------+-----------+
```

（二）过程分析

（1）查看网桥和接口。使用 ifconfig 命令可以发现新增一个网桥 brq 和一个接口 tap：

```
brq9d710ace-99: flags=4163<UP,BROADCAST,RUNNING,MULTICAST>  mtu 1500
        inet 192.168.0.11  netmask 255.255.255.0  broadcast 192.168.0.255
        inet6 fe80::fcb5:80ff:fe2e:bb8  prefixlen 64  scopeid 0x20<link>
        ether 00:0c:29:2e:44:1a  txqueuelen 1000  (Ethernet)
        RX packets 5  bytes 872 (872.0 B)
        RX errors 0  dropped 0  overruns 0  frame 0
        TX packets 8  bytes 656 (656.0 B)
        TX errors 0  dropped 0 overruns 0  carrier 0  collisions 0

tapca001a98-f2: flags=4163<UP,BROADCAST,RUNNING,MULTICAST>  mtu 1500
        ether 5e:12:2d:ba:7e:da  txqueuelen 1000  (Ethernet)
        RX packets 5  bytes 446 (446.0 B)
        RX errors 0  dropped 0  overruns 0  frame 0
        TX packets 11  bytes 1418 (1.3 KiB)
        TX errors 0  dropped 0 overruns 0  carrier 0  collisions 0
```

✎ **技术点：**

brq 和 tap 编号由系统随机产生，读者实验是具体参数不同。本例简记为 brp9d71 和 tapca00。

（2）查看网桥连接。使用 brctl show 命令查看，可以发现，ens33 和 tapca00 均接入 brp9d71：

```
[root@controller ~]# brctl show
bridge name        bridge id                STP enabled        interfaces
brq9d710ace-99            8000.000c292e441a          no                  ens33
                                                              tapca001a98-f2
```

其结构如图 7-32 所示。

图 7-32　控制节点提供者网桥结构

（3）查看端口状态和所获取 IP 地址：

```
[root@controller ~]# openstack port list
+--------------------------------------+------+-------------------+---------------------------------------------------------------------------------+--------+
| ID                                   | Name | MAC Address       | Fixed IP Addresses                                                              | Status |
+--------------------------------------+------+-------------------+---------------------------------------------------------------------------------+--------+
| ca001a98-f2a1-4724-9590-7efc94e86296 |      | fa:16:3e:d5:f7:d9 | ip_address='203.0.113.11', subnet_id='311c0177-c6ab-4c36-b295-ebaedd88eedd'     | ACTIVE |
+--------------------------------------+------+-------------------+---------------------------------------------------------------------------------+--------+
```

> **注意**
> 状态必须是 active，即激活状态。

（4）查看名称空间。使用 ip netns 命令可以看到外网 qdhcp 名字空间，且后缀中 9d7100ace 串与网桥一致，结构如图 7-33 所示。

```
[root@controller ~]# ip netns
qdhcp-9d710ace-9971-41d7-ad22-158c27067353 (id: 0)
```

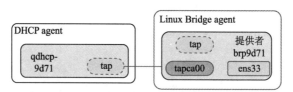

图 7-33　控制节点提供者网络

二、创建内部网络

任务实施目标：

视频 ●‥‥‥

内网配置

按照云平台规划参数要求，在 controller 节点上，使用项目（租户）身份（本例为 myuser）创建私有业务外网（RD_net、SL_net）及其子网。

（一）创建 RD 内网

（1）加载 myuser 凭据的环境变量（以普通用户身份登录）：

```
.myuser-openrc
```

（2）创建网络 RD_net：

```
openstack network create RD_net
```

> **提示**
>
> 项目名为 myproject，详见"项目四　Keystone 认证服务部署"部分内容。

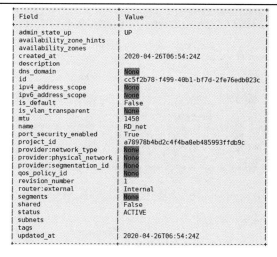

```
+-----------------------------+--------------------------------------+
| Field                       | Value                                |
+-----------------------------+--------------------------------------+
| admin_state_up              | UP                                   |
| availability_zone_hints     |                                      |
| availability_zones          |                                      |
| created_at                  | 2020-04-26T06:54:24Z                 |
| description                 |                                      |
| dns_domain                  | None                                 |
| id                          | cc5f2b78-f499-40b1-bf7d-2fe76edb023c |
| ipv4_address_scope          | None                                 |
| ipv6_address_scope          | None                                 |
| is_default                  | False                                |
| is_vlan_transparent         | None                                 |
| mtu                         | 1450                                 |
| name                        | RD_net                               |
| port_security_enabled       | True                                 |
| project_id                  | a78978b4bd2c4f4ba8eb485993ffdb9c     |
| provider:network_type       | None                                 |
| provider:physical_network   | None                                 |
| provider:segmentation_id    | None                                 |
| qos_policy_id               | None                                 |
| revision_number             | 1                                    |
| router:external             | Internal                             |
| segments                    | None                                 |
| shared                      | False                                |
| status                      | ACTIVE                               |
| subnets                     |                                      |
| tags                        |                                      |
| updated_at                  | 2020-04-26T06:54:24Z                 |
+-----------------------------+--------------------------------------+
```

（3）创建子网 RD_subnet：

```
openstack subnet create --network RD_net --dns-nameserver 8.8.8.8 --gateway
172.16.1.1 --subnet-range 172.16.1.0/24 RD_subnet
```

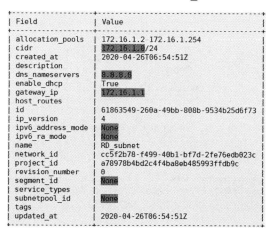

```
+---------------------+--------------------------------------+
| Field               | Value                                |
+---------------------+--------------------------------------+
| allocation_pools    | 172.16.1.2 172.16.1.254              |
| cidr                | 172.16.1.0/24                        |
| created_at          | 2020-04-26T06:54:51Z                 |
| description         |                                      |
| dns_nameservers     | 8.8.8.8                              |
| enable_dhcp         | True                                 |
| gateway_ip          | 172.16.1.1                           |
| host_routes         |                                      |
| id                  | 61863549-260a-49bb-808b-9534b25d6f73 |
| ip_version          | 4                                    |
| ipv6_address_mode   | None                                 |
| ipv6_ra_mode        | None                                 |
| name                | RD_subnet                            |
| network_id          | cc5f2b78-f499-40b1-bf7d-2fe76edb023c |
| project_id          | a78978b4bd2c4f4ba8eb485993ffdb9c     |
| revision_number     | 0                                    |
| segment_id          | None                                 |
| service_types       |                                      |
| subnetpool_id       | None                                 |
| tags                |                                      |
| updated_at          | 2020-04-26T06:54:51Z                 |
+---------------------+--------------------------------------+
```

❖ 典型故障：

- 创建私有网络报错："Error while executing command: HttpException: 503, Unable to create the network. No tenant network is available for allocation."，查看/var/log/neutron/server.log 日志，报 ERROR neutron.pecan_wsgi.hooks。

- 分析：ML2 配置问题，VXLAN 没有标识符范围，或者"vni_ranges = 1:1000"配置到了 ml2_type_vlan 小节。

- 解决：在 ml2_type_vxlan 小节中配置 vni_ranges = 1:1000。

（二）过程分析

（1）查看网桥和接口。使用 ifconfig 命令可以发现新增一个网桥 brqcc5f 和接口 tapdb1a、vxlan-58：

```
brqcc5f2b78-f4: flags=4163<UP,BROADCAST,RUNNING,MULTICAST>  mtu 1450
        inet6 fe80::fc48:91ff:fe7e:55b  prefixlen 64  scopeid 0x20<link>
        ether 86:66:68:9f:00:f3  txqueuelen 1000  (Ethernet)
        RX packets 2  bytes 152 (152.0 B)
        RX errors 0  dropped 0  overruns 0  frame 0
        TX packets 8  bytes 656 (656.0 B)
        TX errors 0  dropped 0 overruns 0  carrier 0  collisions 0

tapdb1a2ac4-46: flags=4163<UP,BROADCAST,RUNNING,MULTICAST>  mtu 1450
        ether 86:66:68:9f:00:f3  txqueuelen 1000  (Ethernet)
        RX packets 5  bytes 446 (446.0 B)
        RX errors 0  dropped 0  overruns 0  frame 0
        TX packets 7  bytes 566 (566.0 B)
        TX errors 0  dropped 0 overruns 0  carrier 0  collisions 0

vxlan-58: flags=4163<UP,BROADCAST,RUNNING,MULTICAST>  mtu 1450
        ether f2:d9:85:08:0b:b1  txqueuelen 1000  (Ethernet)
        RX packets 0  bytes 0 (0.0 B)
        RX errors 0  dropped 0  overruns 0  frame 0
        TX packets 0  bytes 0 (0.0 B)
        TX errors 0  dropped 9 overruns 0  carrier 0  collisions 0
```

（2）查看网桥接连。使用 brctl show 命令查看，可以发现，brqcc5f 包含接口 tapdb1a、vxlan-58：

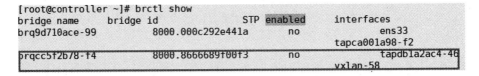

```
[root@controller ~]# brctl show
bridge name       bridge id               STP enabled       interfaces
brq9d710ace-99          8000.000c292e441a         no                  ens33
                                                                      tapca001a98-f2
brqcc5f2b78-f4          8000.8666689f00f3         no                  tapdb1a2ac4-46
                                                                      vxlan-58
```

结构如图 7-34 所示。

图 7-34　控制节点自服务网桥（RD）

（3）查看名称空间。使用 ip netns 命令可以看到两个 qdhcp 名字空间：

```
[root@controller ~]# ip netns
qdhcp-cc5f2b78-f499-40b1-bf7d-2fe76edb023c (id: 1)
qdhcp-9d710ace-9971-41d7-ad22-158c27067353 (id: 0)
```

结构如图 7-35 所示。

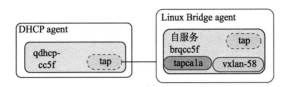

图 7-35　控制节点自服务网络（RD）

（三）创建 SL 内网

（1）加载 myuser 凭据的环境变量（以普通用户身份登录）：

`. myuser-openrc`

（2）创建网络 SL_net：

`openstack network create SL_net`

```
+---------------------------+--------------------------------------+
| Field                     | Value                                |
+---------------------------+--------------------------------------+
| admin_state_up            | UP                                   |
| availability_zone_hints   |                                      |
| availability_zones        |                                      |
| created_at                | 2020-04-26T06:57:53Z                 |
| description               |                                      |
| dns_domain                | None                                 |
| id                        | f511b97e-cb3b-4fba-85db-7c631d3167b6 |
| ipv4_address_scope        | None                                 |
| ipv6_address_scope        | None                                 |
| is_default                | False                                |
| is_vlan_transparent       | None                                 |
| mtu                       | 1450                                 |
| name                      | SL_net                               |
| port_security_enabled     | True                                 |
| project_id                | a78978b4bd2c4f4ba8eb485993ffdb9c     |
| provider:network_type     | None                                 |
| provider:physical_network | None                                 |
| provider:segmentation_id  | None                                 |
| qos_policy_id             | None                                 |
| revision_number           | 1                                    |
| router:external           | Internal                             |
| segments                  | None                                 |
| shared                    | False                                |
| status                    | ACTIVE                               |
| subnets                   |                                      |
| tags                      |                                      |
| updated_at                | 2020-04-26T06:57:53Z                 |
+---------------------------+--------------------------------------+
```

（3）创建子网 SL_subnet：

`openstack subnet create --network SL_net --dns-nameserver 8.8.8.8 --gateway 172.16.2.1 --subnet-range 172.16.2.0/24 SL_subnet`

```
+-------------------+--------------------------------------+
| Field             | Value                                |
+-------------------+--------------------------------------+
| allocation_pools  | 172.16.2.2-172.16.2.254              |
| cidr              | 172.16.2.0/24                        |
| created_at        | 2020-04-26T06:58:21Z                 |
| description       |                                      |
| dns_nameservers   | 8.8.8.8                              |
| enable_dhcp       | True                                 |
| gateway_ip        | 172.16.2.1                           |
| host_routes       |                                      |
| id                | 25d62fa2-ef41-4dda-935f-945c64e56722 |
| ip_version        | 4                                    |
| ipv6_address_mode | None                                 |
| ipv6_ra_mode      | None                                 |
| name              | SL_subnet                            |
| network_id        | f511b97e-cb3b-4fba-85db-7c631d3167b6 |
| project_id        | a78978b4bd2c4f4ba8eb485993ffdb9c     |
| revision_number   | 0                                    |
| segment_id        | None                                 |
| service_types     |                                      |
| subnetpool_id     | None                                 |
| tags              |                                      |
| updated_at        | 2020-04-26T06:58:21Z                 |
+-------------------+--------------------------------------+
```

（四）过程分析

（1）查看网桥和接口。使用 ifconfig 命令可以发现新增一个网桥 brqf511b 和接口 tapzd77、vxlan-31：

```
brqf511b97e-cb: flags=4163<UP,BROADCAST,RUNNING,MULTICAST>  mtu 1450
        inet6 fe80::801:f4ff:fea5:846  prefixlen 64  scopeid 0x20<link>
        ether 4e:ab:77:f4:41:52  txqueuelen 1000  (Ethernet)
        RX packets 2  bytes 152 (152.0 B)
        RX errors 0  dropped 0  overruns 0  frame 0
        TX packets 8  bytes 656 (656.0 B)
        TX errors 0  dropped 0 overruns 0  carrier 0  collisions 0

tap2d772ed3-c5: flags=4163<UP,BROADCAST,RUNNING,MULTICAST>  mtu 1450
        ether 56:69:4f:d8:4c:d0  txqueuelen 1000  (Ethernet)
        RX packets 5  bytes 446 (446.0 B)
        RX errors 0  dropped 0  overruns 0  frame 0
        TX packets 7  bytes 566 (566.0 B)
        TX errors 0  dropped 0 overruns 0  carrier 0  collisions 0

vxlan-31: flags=4163<UP,BROADCAST,RUNNING,MULTICAST>  mtu 1450
        ether 4e:ab:77:f4:41:52  txqueuelen 1000  (Ethernet)
        RX packets 0  bytes 0 (0.0 B)
        RX errors 0  dropped 0  overruns 0  frame 0
        TX packets 0  bytes 0 (0.0 B)
        TX errors 0  dropped 9 overruns 0  carrier 0  collisions 0
```

（2）查看网桥连接。使用 brctl show 命令查看，可以发现，brqf511b 包含接口 tap2d77、vxlan-31：

```
[root@controller ~]# brctl show
bridge name      bridge id              STP enabled    interfaces
brq9d710ace-99           8000.000c292e441a      no             ens33
                                                                tapca001a98-f2
brqcc5f2b78-f4           8000.8666689f00f3      no             tapdb1a2ac4-46
                                                                vxlan-58
brqf511b97e-cb           8000.4eab77f44152      no             tap2d772ed3-c5
                                                                vxlan-31
```

结构如图 7-36 所示。

图 7-36　控制节点自服务网桥（SL）

（3）查看名称空间。使用 ip netns 命令可以看到 3 个名字空间：

```
[root@controller ~]# ip netns
qdhcp-f511b97e-cb3b-4fba-85db-7c631d3167b6 (id: 2)
qdhcp-cc5f2b78-f499-40b1-bf7d-2fe76edb023c (id: 1)
qdhcp-9d710ace-9971-41d7-ad22-158c27067353 (id: 0)
```

结构如图 7-37 所示。

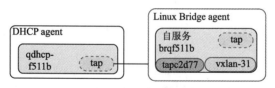

图 7-37　控制节点自服务网络（SL）

三、创建路由器

任务实施目标：

视 频

创建路由器

按照云平台规划参数要求，在 controller 节点上，使用普通用户身份（本例为 myuser）创建路由器（router1），连接外网和内网。

（一）创建路由器

执行命令：openstack router create router1，创建名为 router1 的路由器。

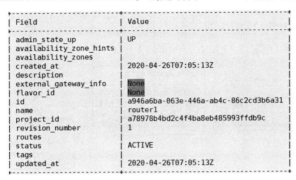

❖ 典型故障：如果找不到 qrouter 空间，检查服务是否启动。

（二）添加内网

（1）添加私网子网 RD_subnet：

```
openstack router add subnet router1 RD_subnet
```

```
[root@controller ~]# ip netns
qrouter-a946a6ba-063e-446a-ab4c-86c2cd3b6a31 (id: 3)
qdhcp-f511b97e-cb3b-4fba-85db-7c631d3167b6 (id: 2)
qdhcp-cc5f2b78-f499-40b1-bf7d-2fe76edb023c (id: 1)
qdhcp-9d710ace-9971-41d7-ad22-158c27067353 (id: 0)
```

（2）查看网桥信息。新增 tap8d5b，并连接于 brqcc5f 网桥：

```
[root@controller ~]# brctl show
bridge name     bridge id           STP enabled   interfaces
brq9d710ace-99       8000.000c292e441a      no              ens33
                                                     tapca001a98-f2
brqcc5f2b78-f4       8000.52995285c960      no          tap8d5b0a0b-ae
                                                     tapdb1a2ac4-46
                                                     vxlan-58
brqf511b97e-cb       8000.4eab77f44152      no          tap2d772ed3-c5
                                                     vxlan-31
```

（3）添加私网子网 SL_subnet：

```
openstack router add subnet router1 SL_subnet
```

（4）查看网桥信息。新增 tap2d77，并连接于 brqf511 网桥：

```
[root@controller ~]# brctl show
bridge name     bridge id           STP enabled   interfaces
brq9d710ace-99       8000.000c292e441a      no              ens33
                                                     tapca001a98-f2
brqcc5f2b78-f4       8000.52995285c960      no          tap8d5b0a0b-ae
                                                     tapdb1a2ac4-46
                                                     vxlan-58
brqf511b97e-cb       8000.4eab77f44152      no          tap2d772ed3-c5
                                                     tap6bce69ab-ea
                                                     vxlan-31
```

（5）查看路由：

```
openstack router show router1
```

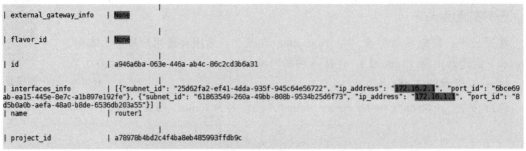

可以看到路由器中两个端口 172.16.2.1 和 172.16.1.1。结构如图 7-38 所示。

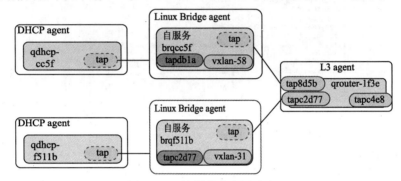

图 7-38　控制节点内网路由

（三）添加外网

（1）设置外网作为网关：

```
openstack router set router1 --external-gateway public
```

使用 openstack router show router1 命令，可以看到路由器外部网络地址。

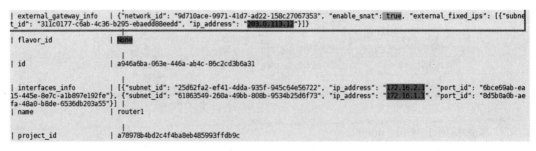

（2）查看网桥信息。新增 tapcdcf，并连接于 brq9d71 网桥：

```
[root@controller ~]# brctl show
bridge name        bridge id                STP enabled    interfaces
brq9d710ace-99     8000.000c292e441a        no                      ens33
                                                            tapca001a98-f2
                                                            tapcdcf7416-9f
brqcc5f2b78-f4     8000.52995285c960        no                      tap8d5b0a0b-ae
                                                            tapdb1a2ac4-46
                                                            vxlan-58
brqf511b97e-cb     8000.4eab77f44152        no                      tap2d772ed3-c5
                                                            tap6bce69ab-ea
                                                            vxlan-31
```

结构如图 7-39 所示。

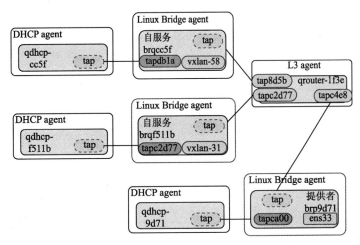

图 7-39 控制节点网络结构

视频

网络运维

四、网络运维

任务实施目标:

以管理员身份登录,在 controller 和 compute1 节点上,查看网络代理、名称空间、网络、端口等信息,分析是否存在故障。

(1)查看代理列表:

```
openstack network agent list
```

```
[root@controller ~]# openstack network agent list
+--------------------------------------+--------------------+------------+-------------------+-------+-------+---------------------------+
| ID                                   | Agent Type         | Host       | Availability Zone | Alive | State | Binary                    |
+--------------------------------------+--------------------+------------+-------------------+-------+-------+---------------------------+
| 66635a1b-729b-4e71-be57-c5e9c0195dc6 | Linux bridge agent | controller | None              | :-)   | UP    | neutron-linuxbridge-agent |
| d3647f8c-a9fa-406e-ab8e-f555240b2f6d | L3 agent           | controller | nova              | :-)   | UP    | neutron-l3-agent          |
| dc608794-9ff4-406d-99a1-0ea41efbb9cf | Metadata agent     | controller | None              | :-)   | UP    | neutron-metadata-agent    |
| e1ba0de1-7b81-42ff-a507-205d84cf43a0 | Linux bridge agent | compute1   | None              | :-)   | UP    | neutron-linuxbridge-agent |
| fce333ac-7ad0-4885-908b-ad37155e2aee | DHCP agent         | controller | nova              | :-)   | UP    | neutron-dhcp-agent        |
+--------------------------------------+--------------------+------------+-------------------+-------+-------+---------------------------+
```

(2)查看名称空间:

```
ip netns
```

```
[root@controller ~]# ip netns
qrouter-a946a6ba-063e-446a-ab4c-86c2cd3b6a31 (id: 3)
qdhcp-f511b97e-cb3b-4fba-85db-7c631d3167b6 (id: 2)
qdhcp-cc5f2b78-f499-40b1-bf7d-2fe76edb023c (id: 1)
qdhcp-9d710ace-9971-41d7-ad22-158c27067353 (id: 0)
```

(3)查看网桥:

```
brctl show
```

```
[root@controller ~]# brctl show
bridge name      bridge id          STP enabled    interfaces
brq9d710ace-99   8000.000c292e441a  no                    ens33
                                                          tapca001a98-f2
                                                          tapcdcf7416-9f
brqcc5f2b78-f4   8000.52995285c960  no                    tap8d5b0a0b-ae
                                                          tapdb1a2ac4-46
                                                          vxlan-58
brqf511b97e-cb   8000.4eab77f44152  no                    tap2d772ed3-c5
                                                          tap6bce69ab-ea
                                                          vxlan-31
```

(4)查看路由器:

```
openstack router list
```

```
[root@controller ~]# openstack router list
+--------------------------------------+---------+--------+-------+--------------------------------------+-------------+-------+
| ID                                   | Name    | Status | State | Project                              | Distributed | HA    |
+--------------------------------------+---------+--------+-------+--------------------------------------+-------------+-------+
| a946a6ba-063e-446a-ab4c-86c2cd3b6a31 | router1 | ACTIVE | UP    | a78978b4bd2c4f4ba8eb485993ffdb9c     | False       | False |
+--------------------------------------+---------+--------+-------+--------------------------------------+-------------+-------+
```

（5）查看端口：

`openstack port list`

```
[root@controller ~]# openstack port list
+--------------------------------------+------+-------------------+-------------------------------------------------------------------------------+--------+
| ID                                   | Name | MAC Address       | Fixed IP Addresses                                                            | Status |
+--------------------------------------+------+-------------------+-------------------------------------------------------------------------------+--------+
| 2d772ed3-c513-4cdf-809f-142a4d5931ab |      | fa:16:3e:b5:c3:24 | ip_address='172.16.2.2', subnet_id='25d62fa2-ef41-4dda-935f-945c64e56722'     | ACTIVE |
| 6bce69ab-ea15-445e-8e7c-a1b897e192fe |      | fa:16:3e:35:3f:41 | ip_address='172.16.2.1', subnet_id='25d62fa2-ef41-4dda-935f-945c64e56722'     | ACTIVE |
| 8d5b0a0b-aefa-48a0-b8de-6536db203a55 |      | fa:16:3e:f8:0a:a7 | ip_address='172.16.1.1', subnet_id='61863549-260a-49bb-808b-9534b25d6f73'     | ACTIVE |
| db1a2ac4-460c-4fc6-9bc6-35cb218c5962 |      | fa:16:3e:34:3a:92 | ip_address='172.16.1.2', subnet_id='61863549-260a-49bb-808b-9534b25d6f73'     | ACTIVE |
+--------------------------------------+------+-------------------+-------------------------------------------------------------------------------+--------+
```

📖 经验提示：可以采用管理员权限查看外网端口。

```
[root@controller ~]# openstack port list
+--------------------------------------+------+-------------------+-------------------------------------------------------------------------------+--------+
| ID                                   | Name | MAC Address       | Fixed IP Addresses                                                            | Status |
+--------------------------------------+------+-------------------+-------------------------------------------------------------------------------+--------+
| 2d772ed3-c513-4cdf-809f-142a4d5931ab |      | fa:16:3e:b5:c3:24 | ip_address='172.16.2.2', subnet_id='25d62fa2-ef41-4dda-935f-945c64e56722'     | ACTIVE |
| 6bce69ab-ea15-445e-8e7c-a1b897e192fe |      | fa:16:3e:35:3f:41 | ip_address='172.16.2.1', subnet_id='25d62fa2-ef41-4dda-935f-945c64e56722'     | ACTIVE |
| 8d5b0a0b-aefa-48a0-b8de-6536db203a55 |      | fa:16:3e:f8:0a:a7 | ip_address='172.16.1.1', subnet_id='61863549-260a-49bb-808b-9534b25d6f73'     | ACTIVE |
| ca001a98-f2a1-4724-9590-7efc94e06296 |      | fa:16:3e:d5:f7:d9 | ip_address='203.0.113.11', subnet_id='311c0177-c6ab-4c36-b295-ebaedd88eedd'   | ACTIVE |
| cdcf7416-9fc6-49fc-8466-67fbace98082 |      | fa:16:3e:ee:c7:7a | ip_address='203.0.113.12', subnet_id='311c0177-c6ab-4c36-b295-ebaedd88eedd'   | ACTIVE |
| db1a2ac4-460c-4fc6-9bc6-35cb218c5962 |      | fa:16:3e:34:3a:92 | ip_address='172.16.1.2', subnet_id='61863549-260a-49bb-808b-9534b25d6f73'     | ACTIVE |
+--------------------------------------+------+-------------------+-------------------------------------------------------------------------------+--------+
```

（6）查看网络：

`openstack network list`

```
[root@controller ~]# openstack network list
+--------------------------------------+--------+--------------------------------------+
| ID                                   | Name   | Subnets                              |
+--------------------------------------+--------+--------------------------------------+
| 9d710ace-9971-41d7-ad22-158c27067353 | public | 311c0177-c6ab-4c36-b295-ebaedd88eedd |
| cc5f2b78-f499-40b1-bf7d-2fe76edb023c | RD_net | 61863549-260a-49bb-808b-9534b25d6f73 |
| f511b97e-cb3b-4fba-85db-7c631d3167b6 | SL_net | 25d62fa2-ef41-4dda-935f-945c64e56722 |
+--------------------------------------+--------+--------------------------------------+
```

（7）查看子网：

`openstack subnet list`

```
[root@controller ~]# openstack subnet list
+--------------------------------------+---------------+--------------------------------------+----------------+
| ID                                   | Name          | Network                              | Subnet         |
+--------------------------------------+---------------+--------------------------------------+----------------+
| 25d62fa2-ef41-4dda-935f-945c64e56722 | SL_subnet     | f511b97e-cb3b-4fba-85db-7c631d3167b6 | 172.16.2.0/24  |
| 311c0177-c6ab-4c36-b295-ebaedd88eedd | public_subnet | 9d710ace-9971-41d7-ad22-158c27067353 | 203.0.113.0/24 |
| 61863549-260a-49bb-808b-9534b25d6f73 | RD_subnet     | cc5f2b78-f499-40b1-bf7d-2fe76edb023c | 172.16.1.0/24  |
+--------------------------------------+---------------+--------------------------------------+----------------+
```

（8）查看 dnsmasq 进程：

`ps -ef | grep dnsmasq`

```
[root@controller ~]# ps -ef | grep dnsmasq
nobody   65856    1  0 14:49 ?        00:00:00 dnsmasq --no-hosts --no-resolv --pid-file=/var/lib/neutron/dhcp/9d710ace-9971-41d7-ad22-158c27067353/pid --dhcp-host
sfile=/var/lib/neutron/dhcp/9d710ace-9971-41d7-ad22-158c27067353/host --addn-hosts=/var/lib/neutron/dhcp/9d710ace-9971-41d7-ad22-158c27067353/addn_hosts --dhcp-optsfi
le=/var/lib/neutron/dhcp/9d710ace-9971-41d7-ad22-158c27067353/opts --dhcp-leasefile=/var/lib/neutron/dhcp/9d710ace-9971-41d7-ad22-158c27067353/leases --dhcp-match=set
:ipxe,175 --local-service --bind-dynamic --dhcp-range=set:subnet-311c0177-c6ab-4c36-b295-ebaedd88eedd,203.0.113.0,static,255.255.255.0,86400s --dhcp-option-force=opti
on:mtu,1500 --dhcp-lease-max=256 --conf-file= --domain=openstacklocal
nobody   66205    1  0 14:54 ?        00:00:00 dnsmasq --no-hosts --no-resolv --pid-file=/var/lib/neutron/dhcp/cc5f2b78-f499-40b1-bf7d-2fe76edb023c/pid --dhcp-host
sfile=/var/lib/neutron/dhcp/cc5f2b78-f499-40b1-bf7d-2fe76edb023c/host --addn-hosts=/var/lib/neutron/dhcp/cc5f2b78-f499-40b1-bf7d-2fe76edb023c/addn_hosts --dhcp-optsfi
le=/var/lib/neutron/dhcp/cc5f2b78-f499-40b1-bf7d-2fe76edb023c/opts --dhcp-leasefile=/var/lib/neutron/dhcp/cc5f2b78-f499-40b1-bf7d-2fe76edb023c/leases --dhcp-match=set
:ipxe,175 --local-service --bind-dynamic --dhcp-range=set:subnet-61863549-260a-49bb-808b-9534b25d6f73,172.16.1.0,static,255.255.255.0,86400s --dhcp-option-force=optio
n:mtu,1450 --dhcp-lease-max=256 --conf-file= --domain=openstacklocal
nobody   66462    1  0 14:58 ?        00:00:00 dnsmasq --no-hosts --no-resolv --pid-file=/var/lib/neutron/dhcp/f511b97e-cb3b-4fba-85db-7c631d3167b6/pid --dhcp-host
sfile=/var/lib/neutron/dhcp/f511b97e-cb3b-4fba-85db-7c631d3167b6/host --addn-hosts=/var/lib/neutron/dhcp/f511b97e-cb3b-4fba-85db-7c631d3167b6/addn_hosts --dhcp-optsfi
le=/var/lib/neutron/dhcp/f511b97e-cb3b-4fba-85db-7c631d3167b6/opts --dhcp-leasefile=/var/lib/neutron/dhcp/f511b97e-cb3b-4fba-85db-7c631d3167b6/leases --dhcp-match=set
:ipxe,175 --local-service --bind-dynamic --dhcp-range=set:subnet-25d62fa2-ef41-4dda-935f-945c64e56722,172.16.2.0,static,255.255.255.0,86400s --dhcp-option-force=optio
n:mtu,1450 --dhcp-lease-max=256 --conf-file= --domain=openstacklocal
root     67477 18242  0 15:13 pts/0   00:00:00 grep --color=auto dnsmasq
```

五、实例部署

任务实施目标:

以项目账户身份（本例为 myuser）登录，创建主机实例，并定位和排查相关故障。

（一）创建主机 flavor

> **提示**
>
> Flavor 管理需要管理员身份，普通用户无权限。

（1）查看当前 flavor 列表：

```
openstack flavor list
```

（2）创建名为 chen.nano、编号为 0 的 flavor：

```
openstack flavor create --id 0 --vcpus 1 --ram 512 --disk 2 chen.nano
```

```
+----------------------------+---------+
| Field                      | Value   |
+----------------------------+---------+
| OS-FLV-DISABLED:disabled   | False   |
| OS-FLV-EXT-DATA:ephemeral  | 0       |
| disk                       | 2       |
| id                         | 0       |
| name                       | chen.nano |
| os-flavor-access:is_public | True    |
| properties                 |         |
| ram                        | 512     |
| rxtx_factor                | 1.0     |
| swap                       |         |
| vcpus                      | 1       |
+----------------------------+---------+
```

✎ **技术点:**

新建 flavor 时，Id 和名称不能与现有 flavor 重复。

（二）创建密钥对

（1）查看密钥对：

```
openstack keypair list
```

```
+-------+-------------------------------------------------+
| Name  | Fingerprint                                     |
+-------+-------------------------------------------------+
| mykey | 68:20:06:48:e8:97:dd:85:fc:a3:2c:31:6c:d5:99:f1 |
+-------+-------------------------------------------------+
```

（2）新建密钥对：

```
ssh-keygen -q -N ""
openstack keypair create --public-key ~/.ssh/id_rsa.pub chenkey
```

```
+-------------+-------------------------------------------------+
| Field       | Value                                           |
+-------------+-------------------------------------------------+
| fingerprint | b0:76:b8:13:ca:6c:4c:6f:42:ac:3e:a2:0c:c9:db:83 |
| name        | chenkey                                         |
| user_id     | 512696e1eb3e4b36a6a6d5340cc798f5                |
+-------------+-------------------------------------------------+
```

（3）查看密钥对：

```
openstack keypair list
```

```
+-------------------------------------------------------------+
| Name     | Fingerprint                                      |
+-------------------------------------------------------------+
| chenkey  | b0:76:b8:13:ca:6c:4c:6f:42:ac:3e:a2:0c:c9:db:83  |
| mykey    | d3:67:48:b1:fa:1b:72:fe:0d:de:2f:84:cc:26:4d:05  |
+-------------------------------------------------------------+
```

（三）创建安全组策略

（1）查看安全组：

```
openstack security group list
```

```
+------------------------------------------+---------+------------------------+------------------------------------+------+
| ID                                       | Name    | Description            | Project                            | Tags |
+------------------------------------------+---------+------------------------+------------------------------------+------+
| ea126070-995a-4e16-aa97-4f3937b126ee     | default | Default security group | a78978b4bd2c4f4ba8eb485993ffdb9c   | []   |
+------------------------------------------+---------+------------------------+------------------------------------+------+
```

（2）允许 icmp 流量通过：

```
openstack security group rule create --proto icmp default
```

（3）允许 SSH（端口 22）访问：

```
openstack security group rule create --proto tcp --dst-port 22 default
```

```
+-------------------+------------------------------------------+
| Field             | Value                                    |
+-------------------+------------------------------------------+
| created_at        | 2020-04-27T02:17:12Z                     |
| description       |                                          |
| direction         | ingress                                  |
| ether_type        | IPv4                                     |
| id                | 1528f21e-d0d7-4059-a246-bb7ebd7dfaa4     |
| name              | None                                     |
| port_range_max    | None                                     |
| port_range_min    | None                                     |
| project_id        | a78978b4bd2c4f4ba8eb485993ffdb9c         |
| protocol          | icmp                                     |
| remote_group_id   | None                                     |
| remote_ip_prefix  | 0.0.0.0/0                                |
| revision_number   | 0                                        |
| security_group_id | ea126070-995a-4e16-aa97-4f3937b126ee     |
| updated_at        | 2020-04-27T02:17:12Z                     |
+-------------------+------------------------------------------+
```

```
+-------------------+------------------------------------------+
| Field             | Value                                    |
+-------------------+------------------------------------------+
| created_at        | 2020-04-27T02:17:31Z                     |
| description       |                                          |
| direction         | ingress                                  |
| ether_type        | IPv4                                     |
| id                | 944128c1-bb9d-4dbf-bc89-1c5a47a9b4a9     |
| name              | None                                     |
| port_range_max    | 22                                       |
| port_range_min    | 22                                       |
| project_id        | a78978b4bd2c4f4ba8eb485993ffdb9c         |
| protocol          | tcp                                      |
| remote_group_id   | None                                     |
| remote_ip_prefix  | 0.0.0.0/0                                |
| revision_number   | 0                                        |
| security_group_id | ea126070-995a-4e16-aa97-4f3937b126ee     |
| updated_at        | 2020-04-27T02:17:31Z                     |
+-------------------+------------------------------------------+
```

（4）查看 default 安全组：

```
openstack security group show default
```

```
| rules          | created_at='2020-04-27T02:17:12Z', direction='ingress', ethertype='IPv4', id='1528f21e-d0d7-4059-a246-bb7eb
d7dfaa4', protocol='icmp', remote_ip_prefix='0.0.0.0/0', updated_at='2020-04-27T02:17:12Z'
                 |
|                | created_at='2020-04-26T06:15:19Z', direction='egress', ethertype='IPv6', id='17d721c1-328a-4c53-b111-910389
d6d6cb', updated_at='2020-04-26T06:15:19Z'
                 |
|                | created_at='2020-04-26T06:15:19Z', direction='ingress', ethertype='IPv6', id='3f4b1c33-6893-4251-9d1e-fe5c7
4e55213', remote_group_id='ea126070-995a-4e16-aa97-4f3937b126ee', updated_at='2020-04-26T06:15:19Z'
                 |
|                | created_at='2020-04-26T06:15:19Z', direction='ingress', ethertype='IPv4', id='60dc88dd-4899-4413-8819-f12f6
e6e1121', remote_group_id='ea126070-995a-4e16-aa97-4f3937b126ee', updated_at='2020-04-26T06:15:19Z'
                 |
|                | created_at='2020-04-27T02:17:31Z', direction='ingress', ethertype='IPv4', id='944128c1-bb9d-4dbf-bc89-1c5a4
7a9b4a9', port_range_max='22' port_range_min='22', protocol='tcp', remote_ip_prefix='0.0.0.0/0', updated_at='2020-04-27T02:17:
31Z'
|                | created_at='2020-04-26T06:15:19Z', direction='egress', ethertype='IPv4', id='e5ee2d7a-8281-4717-ac21-7dbe6c
37202d', updated_at='2020-04-26T06:15:19Z'
```

```
openstack security group rule list
```

ID	IP Protocol	IP Range	Port Range	Remote Security Group	Security Group
1528f21e-d0d7-4059-a246-bb7ebd7dfaa4	icmp	0.0.0.0/0		None	ea126070-995a-4e16-aa97-4f3937b126ee
17d721c1-328a-4c53-b111-910389d6d6cb	None	None		None	ea126070-995a-4e16-aa97-4f3937b126ee
3f4b1c33-6893-4251-9d1e-fe5c74e55213	None	None		ea126070-995a-4e16-aa97-4f3937b126ee	ea126070-995a-4e16-aa97-4f3937b126ee
60dc88dd-4899-4413-8819-f12f6e6e1121	None	None		ea126070-995a-4e16-aa97-4f3937b126ee	ea126070-995a-4e16-aa97-4f3937b126ee
944128c1-bb9d-4dbf-bc89-1c5a47a9b4a9	tcp	0.0.0.0/0	22:22	None	ea126070-995a-4e16-aa97-4f3937b126ee
e5ee2d7a-8281-4717-ac21-7dbe6d37202d	None	None		None	ea126070-995a-4e16-aa97-4f3937b126ee

（四）上传镜像

（1）查看镜像列表：

```
openstack image list
```

（2）如果没有镜像，请先上传镜像，详细参见"项目五 Glance 镜像服务部署"中任务三内容。

```
openstack image create "chen-test" --file cirros-0.3.4-x86_64-disk.img
--disk-format qcow2 --container-format bare
```

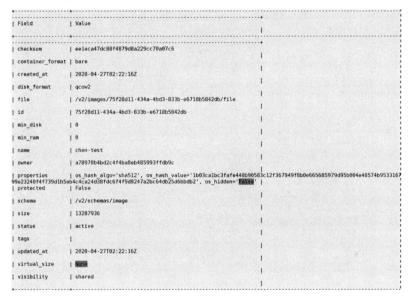

（3）查看镜像列表：

```
openstack image list
```

ID	Name	Status
75f28d11-434a-4bd3-833b-e6718b5842db	chen-test	active
c41404e9-20a1-4b70-b947-2d13a55b69b0	cirros	active

（五）创建实例

> **提示**
>
> 创建实例前，必须明确所在网络，可使用 openstack network list 查看 selfservice 的 id。

（1）创建 RD 部门 RD-instance 实例：

```
openstack server create --flavor chen.nano --image chen-test --nic net-id=
01a15f69-c30a-4f02- aa6b-41ac4b8e76b7 --security-group default --key-name
chenkey RD-instance
```

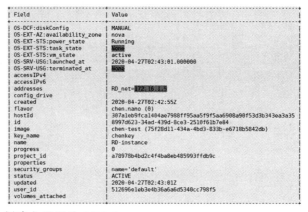

```
+-------------------------------+------------------------------------------------+
| Field                         | Value                                          |
+-------------------------------+------------------------------------------------+
| OS-DCF:diskConfig             | MANUAL                                         |
| OS-EXT-AZ:availability_zone   |                                                |
| OS-EXT-STS:power_state        | NOSTATE                                        |
| OS-EXT-STS:task_state         | scheduling                                     |
| OS-EXT-STS:vm_state           | building                                       |
| OS-SRV-USG:launched_at        | None                                           |
| OS-SRV-USG:terminated_at      | None                                           |
| accessIPv4                    |                                                |
| accessIPv6                    |                                                |
| addresses                     |                                                |
| adminPass                     | 7awZxxzmh2wE                                   |
| config_drive                  |                                                |
| created                       | 2020-04-27T02:42:55Z                           |
| flavor                        | chen.nano (0)                                  |
| hostId                        |                                                |
| id                            | 8997d623-34ad-439d-8ce3-2510f61b7e84           |
| image                         | chen-test (75f28d11-434a-4bd3-833b-e6718b5842db)|
| key_name                      | chenkey                                        |
| name                          | RD-instance                                    |
| progress                      | 0                                              |
| project_id                    | a78978b4bd2c4f4ba8eb485993ffdb9c               |
| properties                    |                                                |
| security_groups               | name='ea126070-995a-4e16-aa97-4f3937b126ee'    |
| status                        | BUILD                                          |
| updated                       | 2020-04-27T02:42:55Z                           |
| user_id                       | 512696e1eb3e4b36a6a6d5340cc798f5               |
| volumes_attached              |                                                |
+-------------------------------+------------------------------------------------+
```

技术点：

net-id 表示所在网络的 network-id。

（2）controller 查看虚拟机：

```
openstack server list
```

```
+--------------------------------------+-------------+--------+-----------------+-----------+-----------+
| ID                                   | Name        | Status | Networks        | Image     | Flavor    |
+--------------------------------------+-------------+--------+-----------------+-----------+-----------+
| 8997d623-34ad-439d-8ce3-2510f61b7e84 | RD-instance | ACTIVE | RD_net=172.16.1.5 | chen-test | chen.nano |
+--------------------------------------+-------------+--------+-----------------+-----------+-----------+
```

```
openstack server show RD-instance
```

```
+-------------------------------+-------------------------------------------------------+
| Field                         | Value                                                 |
+-------------------------------+-------------------------------------------------------+
| OS-DCF:diskConfig             | MANUAL                                                |
| OS-EXT-AZ:availability_zone   | nova                                                  |
| OS-EXT-STS:power_state        | Running                                               |
| OS-EXT-STS:task_state         | None                                                  |
| OS-EXT-STS:vm_state           | active                                                |
| OS-SRV-USG:launched_at        | 2020-04-27T02:43:01.000000                            |
| OS-SRV-USG:terminated_at      | None                                                  |
| accessIPv4                    |                                                       |
| accessIPv6                    |                                                       |
| addresses                     | RD_net=172.16.1.5                                     |
| config_drive                  |                                                       |
| created                       | 2020-04-27T02:42:55Z                                  |
| flavor                        | chen.nano (0)                                         |
| hostId                        | 307a1eb9fca1404ae7988ff95aa5f9f5aa6908a90f53d3b343ea3a35|
| id                            | 8997d623-34ad-439d-8ce3-2510f61b7e84                  |
| image                         | chen-test (75f28d11-434a-4bd3-833b-e6718b5842db)      |
| key_name                      | chenkey                                               |
| name                          | RD-instance                                           |
| progress                      | 0                                                     |
| project_id                    | a78978b4bd2c4f4ba8eb485993ffdb9c                      |
| properties                    |                                                       |
| security_groups               | name='default'                                        |
| status                        | ACTIVE                                                |
| updated                       | 2020-04-27T02:43:01Z                                  |
| user_id                       | 512696e1eb3e4b36a6a6d5340cc798f5                      |
| volumes_attached              |                                                       |
+-------------------------------+-------------------------------------------------------+
```

❖ 典型故障 1：创建主机后为 ERRO。

查看 /var/log/nova/nova-compute.log：

```
2020-08-11  16:37:28.035  34028  ERROR  nova.compute.manager  [instance:
7705dc67-bbbc-41c0-be9f-e5b6aaf32f34]      return self.request(url, 'POST'
2020-08-11 16:37:28.035 34028 ERROR nova.compute.manager [instance: 7705dc67-
bbbc-41c0-be9f-e5b6aaf32f34] File"/usr/lib/python2.7/site-pacion.py", line
943, in request
2020-08-11 16:37:28.035 34028 ERROR nova.compute.manager [instance: 7705dc67-
bbbc-41c0-be9f-e5b6aaf32f34] raise exceptions.from_response(
2020-08-11 16:37:28.035 34028 ERROR nova.compute.manager [instance: 7705dc67-
bbbc-41c0-be9f-e5b6aaf32f34] Unauthorized: The request you have tion. （HTTP
401） （Request-ID: req-035c3496-15b2-4557-8f50-058aabd2c481）
2020-08-11 16:37:28.035 34028 ERROR nova.compute.manager [instance: 7705dc67-
bbbc-41c0-be9f-e5b6aaf32f34]
```

```
2020-08-11 16:37:28.048 34028 INFO nova.compute.manager [req-20c71eee-c4a0-
47df-8c18-72d49caf33da 41943a912d3243d589ae1cfb3df6f85b 50767c898b default
default] [instance: 7705dc67-bbbc-41c0-be9f-e5b6aaf32f34] Terminating instance
2020-08-11 16:37:28.318 34028 WARNING nova.compute.manager [req-20c71eee-
c4a0-47df-8c18-72d49caf33da 41943a912d3243d589ae1cfb3df6f85b 50767c8f  -
default default] Could not clean up failed build, not rescheduling. Error:
The request you have made requires authentication. (HTTP 401) 7-41c1-
4679-9d3d-6cbc84972b63): Unauthorized: The request you have made requires
authentication. (HTTP 401) (Request-ID: req-e5c6a3a7-41c1-46
2020-08-11 16:37:28.436 34028 ERROR nova.compute.manager [req-20c71eee-
c4a0-47df-8c18-72d49caf33da 41943a912d3243d589ae1cfb3df6f85b 50767c898-
default default] [instance: 7705dc67-bbbc-41c0-be9f-e5b6aaf32f34] Build of
instance 7705dc67-bbbc-41c0-be9f-e5b6aaf32f34 aborted: The reques
authentication. (HTTP 401) (Request-ID: req-035c3496-15b2-4557-8f50-058aab
d2c481): BuildAbortException: Build of instance 7705dc67-bbbc-41cted: The
request you have made requires authentication. (HTTP 401) (Request-ID:
req-035c3496- 15b2-4557-8f50-058aabd2c481)
2020-08-11 16:37:28.686 34028 WARNING nova.compute.manager [req-20c71eee-
c4a0-47df-8c18-72d49caf33da 41943a912d3243d589ae1cfb3df6f85b 50767c8f  -
default default] Failed to update network info cache when cleaning up allocated
networks. Stale VIFs may be left on this host.Error: The quires authentication.
(HTTP 401) (Request-ID: req-d3ffbb20-502b-422a-9baf-8d0919328d4):
Unauthorized: The request you have made requires au (Request-ID:
req-d3ffbb20-502b-422a- 9baf-8d0919328d4)
```

分析原因：计算节点中，Nova 中 Neutron 小节认证错误，通常是用户名和密码有误；无法使用网络。

解决：检查 compute 节点 nova.config 中[neutron]配置；并重启服务 systemctl restart openstack-nova-compute.service。

❖ **典型故障 2**：创建主机失败，出现 No valid host was found. There are not enough hosts available，Host is not mapped to any cell nova-manage cell_v2 discover_hosts –verbose。

● **分析**：Nova 初始化数据问题。

● **解决**：Nova 数据初始化部分有问题，可按照"项目六　Nova 计算服务部署"中任务二进行配置。也可以采用重建 Nova 数据库方法测试，但原有 Nova 数据将丢弃；相关参考命令如下：

```
drop database nova;
drop database nova_api;
drop database nova_cell0;
su -s /bin/sh -c "nova-manage api_db sync" nova
su -s /bin/sh -c "nova-manage cell_v2 map_cell0" nova
su -s /bin/sh -c "nova-manage cell_v2 create_cell --name=cell1 --verbose"
nova
su -s /bin/sh -c "nova-manage db sync" nova
su -s /bin/sh -c "nova-manage api_db sync" nova
su -s /bin/sh -c "nova-manage cell_v2 map_cell0" nova
su -s /bin/sh -c "nova-manage cell_v2 create_cell --name=cell1 --verbose"
nova
su -s /bin/sh -c "nova-manage db sync" nova
```

```
systemctl restart openstack-nova-api.service openstack-nova-scheduler.service openstack-nova-conductor.service openstack-nova-novncproxy.service
```

（六）配置浮点 IP

（1）创建浮点 IP。用于通过外部网络访问虚拟机，相当于给虚拟机映射一个外网 IP。

```
openstack floating ip create public
```

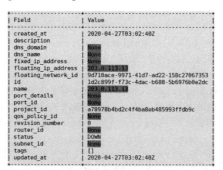

📖 **经验提示**：Public 对应于外网名称，如果填写 provider，则会报错：Error while executing command: No Network found for provider。

（2）查看浮点 IP：

```
openstack floating ip list
```

可以发现当前 Floating IP 地址未与主机 IP 绑定。

（3）关联浮点 IP：

```
openstack server add floating ip RD-instance 203.0.113.13#上一步创建的 IP
```

再次查看，可以发现地址关联给 172.16.1.5 实例（RD_instance）。

```
[root@controller ~]# openstack floating ip list
```

ID	Floating IP Address	Fixed IP Address	Port	Floating Network	Project
1d2c899f-f73c-4dac-b688-5b6976b0e2dc	203.0.113.13	172.16.1.5	984fa1a2-dcee-4336-ab91-865e57006477	9d710ace-9971-41d7-ad22-158c27067353	a78978b4bd2c4f4ba8eb485993ffdb9c

执行命令 openstack server list 和 openstack server show RD-instance，都可以查看内外网 IP 地址。

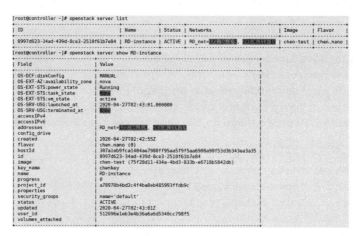

（七）　网络分析

在计算节点中查看端口和网桥连接：

```
brqcc5f2b78-f4: flags=4163<UP,BROADCAST,RUNNING,MULTICAST>  mtu 1450
        ether 76:43:5d:b0:9a:e6  txqueuelen 1000  (Ethernet)
        RX packets 173  bytes 6460 (6.3 KiB)
        RX errors 0  dropped 0  overruns 0  frame 0
        TX packets 0  bytes 0 (0.0 B)
        TX errors 0  dropped 0 overruns 0  carrier 0  collisions 0

tap984fa1a2-dc: flags=4163<UP,BROADCAST,RUNNING,MULTICAST>  mtu 1450
        inet6 fe80::fc16:3eff:fe5d:782a  prefixlen 64  scopeid 0x20<link>
        ether fe:16:3e:5d:78:2a  txqueuelen 1000  (Ethernet)
        RX packets 174  bytes 9183 (8.9 KiB)
        RX errors 0  dropped 0  overruns 0  frame 0
        TX packets 13  bytes 2212 (2.1 KiB)
        TX errors 0  dropped 0 overruns 0  carrier 0  collisions 0

[root@computer ~]# brctl show
bridge name     bridge id               STP enabled     interfaces
brqcc5f2b78-f4          8000.76435db09ae6       no              tap984fa1a2-dc
                                                                vxlan-58
```

具体网络结构描述略过，读者可参考控制节点讲解过程自行分析。

（八）访问实例

可以使用以下几种方式访问实例主机。

（1）使用 vnc 访问，获取访问 URL：

```
openstack console url show RD-instance
```

```
[root@controller ~]# openstack console url show RD-instance
+-------+------------------------------------------------------------------+
| Field | Value                                                            |
+-------+------------------------------------------------------------------+
| type  | novnc                                                            |
| url   | http://192.168.154.11:6080/vnc_auto.html?path=%3Ftoken%3D647d17e4-6288-42e2-ab53-d1997caa29f8 |
+-------+------------------------------------------------------------------+
```

复制 URL，在浏览器中打开，如图 7-40 所示。

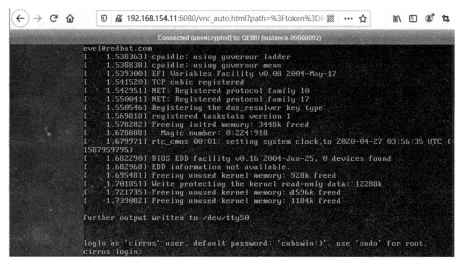

图 7-40　vnc 控制台

（2）在 controller 或者外网使用 SSH 访问：通过 ping 命令测试，ping –c 4 203.0.113.13，确保地址可达。执行命令：

```
ssh cirros@203.0.113.13
```

（3）在计算节点中访问。使用 virsh list 命令查看当前计算节点中实例：

```
[root@computer ~]# virsh list
 Id    Name                          State
----------------------------------------------------
 1     instance-00000002             running
```

也可以使用 virsh 方式登录实例。通过 virsh 命令进入 virsh 模式（虚拟化交互终端），通过 list 命令可以查看当前列表：

```
[root@computer ~]# virsh
Welcome to virsh, the virtualization interactive terminal.

Type:  'help' for help with commands
       'quit' to quit

virsh # list
 Id    Name                          State
----------------------------------------------------
 1     instance-00000002             running
```

使用 console id 命令，通过指定 id 访问某一实例：

```
virsh # console 1
Connected to domain instance-00000002
Escape character is ^]

login as 'cirros' user. default password: 'cubswin:)'. use 'sudo' for root.
rd-instance login: cirros
Password:
$
```

在 compute1 中查看 vnc 进程：监听 vnc 的端口，vnc 默认端口从 5900 开始，多台云主机，端口递增。执行命令：

```
netstat -ntlp
```

```
[root@computer ~]# netstat -ntlp
Active Internet connections (only servers)
Proto Recv-Q Send-Q Local Address           Foreign Address         State       PID/Program nam
tcp        0      0 127.0.0.1:25            0.0.0.0:*               LISTEN      1609/master
tcp        0      0 0.0.0.0:5900            0.0.0.0:*               LISTEN      11512/qemu-kvm
tcp        0      0 0.0.0.0:111             0.0.0.0:*               LISTEN      1/systemd
tcp        0      0 0.0.0.0:22              0.0.0.0:*               LISTEN      1414/sshd
tcp6       0      0 ::1:25                  :::*                    LISTEN      1609/master
tcp6       0      0 :::111                  :::*                    LISTEN      1/systemd
tcp6       0      0 :::22                   :::*                    LISTEN      1414/sshd
```

❖ 典型故障：实例无法访问外网地址、使用浮动 IP 无法访问实例；在名称空间中找不到 qrouter。

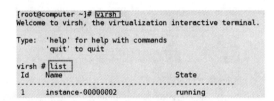

```
[root@controller ~]# ip netns
qdhcp-f511b97e-cb3b-4fba-85db-7c631d3167b6 (id: 2)
qdhcp-9d710ace-9971-41d7-ad22-158c27067353 (id: 1)
qdhcp-cc5f2b78-f499-40b1-bf7d-2fe76edb023c (id: 0)
```

- 分析：neutron-l3-agent 服务问题。
- 解决：查看 neutron-l3-agent 服务状态（systemctl status neutron-l3-agent），如果服务未激活，需要启动并加载 neutron-l3-agent 服务（systemctl start neutron-l3-agent systemctl enable neutron-l3-agent）。

执行代码：

```
. admin-openrc
openstack network create --share --external --availability-zone-hint nova
--provider-physical-network provider --provider-network-type flat public
openstack subnet create --network public --allocation-pool start=203.0.113.
11,end=203.0.113.20 --dns-nameserver 8.8.8.8 --gateway 203.0.113.1 --subnet
-range 203.0.113.0/24 public_subnet
```

```
. myuser-openrc
openstack network create RD_net
openstack subnet create --network RD_net --dns-nameserver 8.8.8.8 --gateway
172.16.1.1 --subnet-range 172.16.1.0/24 RD_subnet
openstack network create SL_net
openstack subnet create --network SL_net --dns-nameserver 8.8.8.8 --gateway
172.16.2.1 --subnet-range 172.16.2.0/24 SL_subnet
openstack router create router1
openstack router add subnet router1 RD_subnet
openstack router add subnet router1 SL_subnet
openstack router show router1
openstack router set router1 --external-gateway public
openstack router show router1
openstack network agent list

openstack flavor create --id 0 --vcpus 1 --ram 512 --disk 2 chen.nano
ssh-keygen -q -N ""
openstack keypair create --public-key ~/.ssh/id_rsa.pub chenkey
openstack security group rule create --proto icmp default
openstack security group rule create --proto tcp --dst-port 22 default
openstack image create "chen-test" --file cirros-0.3.4-x86_64-disk.img
--disk-format qcow2 --container-format bare
openstack server create\
--flavor chen.nano --image chen-test\
--nic net-id=cc5f2b78-f499-40b1-bf7d-2fe76edb023c\
--security-group default\
--key-name chenkey RD-instance
openstack floating ip create public
openstack server add floating ip RD-instance 203.0.113.13
openstack console url show RD-instance
```

任务验收

（1）验证网络配置，查看网络、子网、接口、路由器等参数是否正确，相关命令：
- openstack network agent list。
- openstack network list。
- openstack subnet list。
- openstack port list。
- openstack router list。

（2）查看主机实例信息，相关命令：
- openstack server show RD-instance。
- openstack console url show RD-instance。

（3）使用 VNC 和 SSH 两种方式访问主机实例。

项目八

Dashboard 控制界面部署

云平台的管理方式主要有两种类型：一是基于命令行 CLI 方式，适用于云技术专业人员；二是基于 Web 的图形化方式，主要适用于普通管理员用户。虽然，CLI 方式比 Web 方式功能更为强大，然而，对于非云计算或者计算机大类专业的管理员而言，操作命令显然难度较大。在一个云系统项目中，普通管理用户较多。因此，在 OpenStack 系统部署中，安装图形化界面管理功能非常必要，不仅可以提高用户系统的使用便捷性和直观性，更能体现系统的友好性，为用户提供良好的系统体验。

Dashboard 是一个 Web 接口，使得云平台管理员和用户可以管理不同的 OpenStack 资源及服务。通过友好的 Web 图形界面，便于用户查看、使用和管理 OpenStack 云平台的各种资源。这个图形界面被形象地称为 Dashboard，通常译为仪表盘。Horizon 是 OpenStack 的 Dashboard 项目的名称。本项目将带领读者一起动手安装 Dashboard 组件。

学习目标

- 了解 Dashboard 组件架构及其功能；
- 掌握 Dashboard 组件安装部署方法。

任务一　安装 Dashboard 组件

任务描述

理解 Dashboard 功能，在 Controller 节点上独立部署 Dashboard 组件，实现 OpenStack 其他组件和服务的可视化管理。

知识准备

一、Horizon 功能概述

Horizon 提供一个模块化的基于 Web 的用户界面，用于访问 OpenStack 的计算、存储、网络等资源。它是 OpenStack 整个应用的一个入口，提供一个 Web 用户界面的方式来访问、控制、存储和计算网络资源，如创建和启动实例、分配 IP 地址等。分别提供两种用户管理功能界面：

（1）云管理员：提供一个整体的视图，管理员可以总览整个云的资源大小及运行状况，可以创建终端用户和项目，向终端用户分配项目并进行项目的资源配额管理。Horizon 分别为以下两种用户提供了不同的功能界面。

（2）终端用户：提供一个自主服务的门户。可以在管理员分配的项目中，在不超过额定配额限制的条件下，自由操作、使用和存储网络资源。

Horizon 是通过管理员进行管理与控制的，管理员可以通过 Web 界面管理 OpenStack 平台上的资源数量、运行情况，创建用户、虚拟机，向用户指派虚拟机，管理用户的存储资源等。当管理员将用户指派给不同的项目中以后，用户就可以通过 Horizon 提供的服务进入 OpenStack 中，使用管理员分配的各种资源（如虚拟机、存储器、网络等）。

二、Horizon 功能框架

Horizon 主要由用户、系统和设置 3 个仪表板组成。这 3 个仪表板从不同角度提供 OpenStack 逻辑，不同的用户登录之后显示的界面不尽相同，其中所显示的项目都源于其他 OpenStack 服务和组件。Horizon 通过前端 Web 界面将隐藏于后端的服务可视化方式显示出来。Horizon 通过前端 Web 界面将隐藏于后台的 Web 服务器向客户端提供 Web 界面。

任务实施

一、安装软件包并配置服务

任务实施目标：

在 controller 节点上，使用管理员身份安装 dashboard 服务软件包，并修改配置文件。

（一）安装软件包

执行命令：. yum install openstack-dashboard -y

（二）修改配置文件

修改/etc/openstack-dashboard/local_settings，配置如下：

（1）配置仪表板以在 controller 节点上使用 OpenStack 服务：

```
OPENSTACK_HOST = "controller"
```

（2）配置允许访问的主机列表。增加一个星号，表示所有主机：

```
ALLOWED_HOSTS = ['*', ]
```

（3）配置 memcached 会话存储服务：

```
SESSION_ENGINE='django.contrib.sessions.backends.cache'
CACHES={
    'default':{
        'BACKEND': 'django.core.cache.backends.memcached.MemcachedCache',
        'LOCATION': 'controller:11211',
    }
}
```

（4）启用 Identity API 版本 3：

```
OPENSTACK_KEYSTONE_URL="http://%s:5000/v3"%OPENSTACK_HOST
```

（5）启用对域的支持：

```
OPENSTACK_KEYSTONE_MULTIDOMAIN_SUPPORT=True
```

（6）配置 API 版本：

```
OPENSTACK_API_VERSIONS={
    "identity": 3,
```

视频

Horizon 安装部署

```
    "image": 2,
    "volume": 3,
}
```

（7）配置 Default 为通过仪表板创建的用户的默认域：

```
OPENSTACK_KEYSTONE_DEFAULT_DOMAIN="Default"
```

（8）配置 user 为通过仪表板创建的用户的默认角色：

```
OPENSTACK_KEYSTONE_DEFAULT_ROLE="myrole"
```

（9）配置网络选项，如果使用网络选项 1，禁用对第三层网络服务的支持：

```
OPENSTACK_NEUTRON_NETWORK={
    'enable_router': True,
    'enable_quotas': False,
    'enable_distributed_router': False,
    'enable_ha_router': False,
    'enable_lb': False,
    'enable_firewall': False,
    'enable_vpn': False,
    'enable_fip_topology_check': False,
}
```

（10）配置时区：

```
TIME_ZONE="Asia/Shanghai"
```

（11）指定根目录：

```
WEBROOT='/dashboard'
```

（三）调整 apache 配置

在 /etc/httpd/conf.d/openstack-dashboard.conf 中添加以下行：

```
WSGIApplicationGroup%{GLOBAL}
```

（四）重启服务

```
systemctl restart httpd.service memcached.service
```

二、登录系统

任务实施目标：

使用管理员和普通用户两种角色登录系统。

（一）管理员登录

账号为 admin，密码为 admin123，注意观察界面结构及内容。

（二）用户登录

账号为 myuser，密码为 myz123，注意观察界面结构及内容与 admin 账户的区别。

执行代码：

```
yum install openstack-dashboard -y
sed -i '/^OPENSTACK_HOST/s/OPENSTACK_HOST/#OPENSTACK_HOST/' /etc/openstack-
dashboard/local_settings
sed -i '/^#OPENSTACK_HOST/a OPENSTACK_HOST="controller"' /etc/openstack-
dashboard/local_settings
sed -i '/^ALLOWED_HOSTS/s/ALLOWED_HOSTS/#ALLOWED_HOSTS/' /etc/openstack-dash
board/local_settings
```

```
sed -i "/^#ALLOWED_HOSTS/a ALLOWED_HOSTS=['*', ]" /etc/openstack-dashboard/
local_settings
cat <<EOF>> /etc/openstack-dashboard/local_settings
SESSION_ENGINE='django.contrib.sessions.backends.cache'
CACHES={
    'default':{
        'BACKEND': 'django.core.cache.backends.memcached.MemcachedCache',
        'LOCATION': 'controller:11211',
    }
}
OPENSTACK_KEYSTONE_MULTIDOMAIN_SUPPORT=True
OPENSTACK_API_VERSIONS={
    "identity": 3,
    "image": 2,
    "volume": 3,
}
OPENSTACK_KEYSTONE_DEFAULT_DOMAIN="Default"
OPENSTACK_KEYSTONE_DEFAULT_ROLE="myrole"
OPENSTACK_NEUTRON_NETWORK={
    'enable_router':False|True,
    'enable_quotas':False,
    'enable_distributed_router':False,
    'enable_ha_router':False,
    'enable_lb': False,
    'enable_firewall': False,
    'enable_vpn':False,
    'enable_fip_topology_check':False,
}
TIME_ZONE="Asia/Shanghai"
EOF
echo'WSGIApplicationGroup%{GLOBAL}'>>/etc/httpd/conf.d/openstack-dashboard.
conf
systemctl restart httpd.service memcached.service
```

任务验收

（1）查看/etc/openstack-dashboard/local_settings、/etc/httpd/conf.d/openstack-dashb oard.conf 等配置文件信息。

（2）使用浏览器登录 OpenStack 系统（http://192.168.154.11/dashboard）。

项目九

➡ Cinder 块存储服务部署

由镜像生成的虚拟机，其根磁盘运行操作系统，容量大小通常由实例类型大小决定。随着应用拓展，增加磁盘容量已成为一种常规需求。在传统服务器中，通常是增加新的磁盘，对磁盘进行卷操作。而在云系统中，可以根据用户需求灵活增加卷存储的数量和容量。此外，虚拟机中系统和数据通常存放于不同磁盘，确保数据安全性。云平台环境下需要部署永久性存储。在不影响应用服务的前提下，灵活提供虚拟化存储设备，通过挂载、卸载、扩容等逻辑进行卷操作。因此，合理部署、管理卷存储服务，是云计算技术架构平台应用的重要工作之一，提高网络磁盘的使用效率。需要注意的是，虚拟卷的规划和分配不仅要考虑满足当前和后续要求，而且尽可能做到不浪费资源，从分利用存储资源。

本项目部署 Cinder 块存储（Block Storage），为虚拟机提供永久性卷存储（Volume Storage）服务，基于数据块的设备访问、卷的挂载等方式，为实例提供额外磁盘。Cinder 块存储是虚拟基础架构中必不可少的组件，是存储虚拟机镜像文件及虚拟机使用的数据的基础。通过本项目中三个典型工作任务的学习，读者能在理解 Cinder 组件原理基础上，独立安装、部署和管理 Cinder 组件以及后端存储。文件共享作为文件系统共享给实例，与块存储一样，可以对其分区、格式化、挂载。

学习目标

- 了解 Cinder 组件架构及其功能；
- 掌握 Cinder 组件安装部署方法；
- 理解和掌握后端存储部署方法；
- 掌握卷的典型运维方法。

任务一　安装 Cinder 组件

任务描述

在前期实例创建基础上，业务主管安排云计算助理工程师小王学习块存储 Volume 服务，安装块存储 Volume 服务，部署 LVM 和 NFS 后端，学会虚拟机实例存储卷的常规运维。具体要求如下：

（1）理解 Cinder 组件架构及其功能。

（2）掌握基于命令行存储节点的安装方法。

（3）掌握 LVM 后端配置方法。

（4）基于报错信息定位和排查卷存储故障。

本项目中，OpenStack 网络拓扑结构如图 9-1 所示。这里使用独立主机部署 Cinder 存储服务，为了简便，在存储节点中新增一个本地磁盘（10 GB）作为存储设备，相关参数规划如表 9-1 所示。如果资源有限，也可以将 Volume 服务部署于 compute1 中。

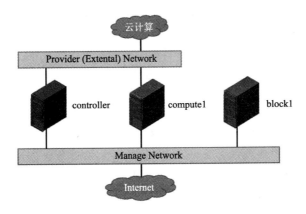

图 9-1　OpenStack 网络拓扑结构

表 9-1　OpenStack 平台块存储规划

主　机	OS	硬　件	网　络	网卡 IP	网　关	虚拟机网卡
controller	CentOS7	2CPU+4 GB 内存+ 60 GB 硬盘	提供者网络			桥接或仅主机
			管理网络 ens34	192.168.154.11/24	192.168.154.2	NAT
compute1	CentOS7	2CPU+4 GB 内存+ 50 GB 硬盘	提供者网络			桥接或仅主机
			管理网络 ens34	192.168.154.12/24	192.168.154.2	NAT
block1	CentOS7	1CPU+4 GB 内存+ 30 GB 硬盘+10 GB 硬盘	提供者网络			桥接或仅主机
			管理网络 ens34	192.168.154.13/24	192.168.154.2	NAT

LVM 后端规划如表 9-2 所示。

表 9-2　LVM 后端规划

节　点	物理卷	卷组名	配置节名	后　端	后端类型名
block1	/dev/sdb	cinder-volumes	lvm	LVM_STORAGE	LVM

🔲 知识准备

一、Cinder 概述

（一）主要功能

Cinder 为 Nova 计算服务的虚拟机实例提供持久性块存储资源。块存储又称卷存储，实现卷从创建到删除的整个生命周期管理，处理卷、卷的类型、卷的快照，类似于云硬盘。将不同的后端存储进行封装，对外提供统一的 API。需要注意的是：Cinder 本身不存储数据，其任务是管理后端存储，数据实际存储于后端设备（如 LVM、NFS、Ceph 等）。

（二）组件架构

块存储服务由 api、scheduler、volume、backup 等组件构成，如图 9-2 所示。前端 cinder-api，负责接收和处理 API 请求，并将通过 RabbitMq 队列，路由至其他组件；目前 cinder-api 有 3 个版本：v1、v2 和 v3，名称分别为 cinder、cinderv2 和 cinderv3。调度 cinder-scheduler，对请求进行调度，转发至合适的卷服务，通过调度算法选择最合适的存储节点，简言之，分配任务；cinder-scheduler 与 Nova 中的 nova-scheduler 的运行机制完全一样。默认的调度器 FilterScheduler，首先通过过滤器选择满足条件的存储节点（运行 cinder-volume），然后通过权重计算（Weighting）选择最优的存储节点。卷 cinder-volume，自身并不管理实际的存储设备，通过卷驱动（Volume Drivers）管理块存储设备，对卷的生命周期进行管理，定义后端存储设备，运行在存储节点上。要使用多存储后端，必须在 /etc/cinder/cinder.conf 配置文件中使用 enabled_backends 参数定义不同后端的配置组名称。Cinder 的卷类型与 Nova 的实例类型（Flavor）类似。存储后端的名称需要通过卷类型的扩展规格来定义。创建一个卷，必须指定卷类型，因为卷类型中的扩展规格用于决定要使用的后端。使用卷类型之前必须定义。备份 cinder-backup，提供卷的备份功能，将块存储备份至对象存储 Shift。卷提供者 volume provider，定义存储设备，如外部磁盘整列等存储设施，提供物理存储空间。支持多种 volume provider，通过各自驱动与 cinder-volume 协调工作。

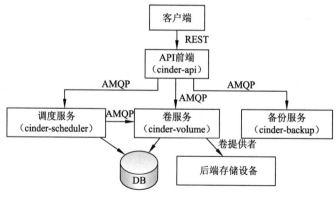

图 9-2　Cinder 架构与组件

（三）卷创建流程

通过 Cinder 创建卷的主要流程（见图 9-3）：

（1）客户（OpenStack 最终用户）向 cinder-api 发送请求，要求创建一个卷。

（2）cinder-api 对请求做一些必要处理后，向 RabbitMQ 发送一条消息，让 cinder-scheduler 服务创建一个卷。

（3）cinder-scheduler 从消息队列中获取到 cinder-api 发给它的消息，然后执行调度算法，从若干存储节点中选出某一节点。

（4）cinder-scheduler 向消息队列发送了一条消息，让该存储节点创建这个卷。

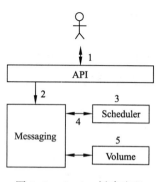

图 9-3　Cinder 创建流程

（5）该存储节点的 cinder-volume 服务从消息队列中获取到 cinder-scheduler 发给它的消息，然后通过驱动在 volume provider 定义的后端存储设备上创建卷。

二、相关技术

（一）LVM

Volume（卷）是指采用特定协议（SAS、SCSI、SAN、iSCSI 等）挂接裸磁盘，通过分区、格式化创建文件，或者直接使用裸硬盘存储提供块存储服务。

PV、VG、LV 三者间的关系如图 9-4 所示。

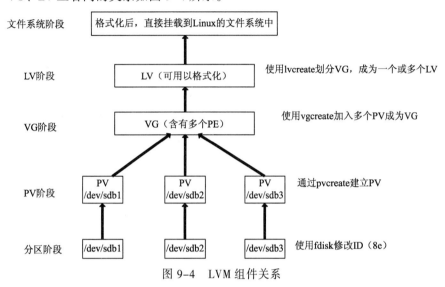

图 9-4　LVM 组件关系

LVM（Logical Volume Manager，逻辑卷管理）是 Linux 环境下一种磁盘分区管理机制。其核心思想是：将底层物理磁盘（物理卷）封装为逻辑卷，共上层应用使用，进而实现动态管理（扩展和缩小分区等）。在 CentOS 环境下，需要使用 lvm2 软件包为 lvm2。LVM 技术主要涉及以下术语：

（1）物理卷（Physical Volume，PV）：指磁盘分区或从逻辑上与磁盘分区具有同样功能的设备（如 RAID），是 LVM 的基本存储逻辑块，但和基本的物理存储介质（如分区、磁盘等）比较，却包含有与 LVM 相关的管理参数。

（2）卷组（Volume Group，VG）：类似于非 LVM 系统中的物理磁盘，其由一个或多个物理卷 PV 组成。可以在卷组上创建一个或多个 LV（逻辑卷）。

（3）逻辑卷（Logical Volume，LV）：类似于非 LVM 系统中的磁盘分区，逻辑卷建立在卷组 VG 之上。在逻辑卷 LV 之上可以建立文件系统（如/home 或者/usr 等）。

（4）物理块（Physical Extent，PE）PE 是物理卷 PV 的基本划分单元，具有唯一编号的 PE 是可以被 LVM 寻址的最小单元。PE 的大小是可配置的，默认为 4 MB，所以物理卷（PV）由大小等同的基本单元 PE 组成。

（5）逻辑块（Logical Extent，LE）：逻辑卷 LV 也被划分为可被寻址的基本单位，称为 LE。在同一个卷组中，LE 的大小和 PE 是相同的，并且一一对应。

LVM 三个阶段的常用命令如表 9-3 所示。

表 9-3 LVM 管理命令

任务	PV 阶段	VG 阶段	LV 阶段
查找（scan）	pvscan	vgscan	lvscan
新建（create）	pvcreate	vgcreate	lvcreate
显示（display）	pvdisplay	vgdisplay	lvdisplay
增加（extend）	/	vgextend	lvextend（lvresize）
减少（reduce）	/	vgreduce	lvreduce（lvresize）
删除（remove）	pvremove	vgremove	lvremove

（二）iSCSI

iSCSI（Internet Small Computer System Interface，Internet 小型计算机系统接口）是一种由 IBM 公司研究开发的 IP SAN 技术，它是通过 TCP/IP 网络传输 SCSI 指令的协议，让 SCSI 命令通过网络传送到远程 SCSI 设备上，而 SCSI 协议只能访问本地的 SCSI 设备。

iSCSI 使用客户/服务器模型。客户端称为 initiator，服务器端称为 target。iSCSI 是传输层之上的协议，使用 TCP 连接建立会话。在 initiator 端的 TCP 端口号随机选取，target 的端口号默认是 3260。initiator 通常指用户主机系统，用户产生 SCSI 请求，并将 SCSI 命令和数据封装到 TCP/IP 包中发送到 IP 网络中。target 通常存在于存储设备上，用于转换 TCP/IP 包中的 SCSI 命令和数据。

在 Linux 环境下，ISCSI 服务端和客户端分别安装 targetcli 和 iscsi-initiator-utils 软件包。

三、磁盘管理

常见的磁盘管理命令如表 9-4 所示。

表 9-4 磁盘管理命令

命令	功能	命令	功能
lsblk	查看分区和磁盘	blkid	查看硬盘 label（别名）
df –Th	查看空间使用情况	du –sh ./*	统计当前目录各文件夹大小
fdisk –l	用分区工具查看分区信息	free –h	查看内存大小
cfdisk /dev/sda	查看分区		

任务实施

视 频

Cinder 控制
节点部署

一、安装部署控制节点

任务实施目标：

在 controller 节点上，参考表 9-5 参数规划，基于命令方式创建 Cinder 服务数据库，安装 Cinder 服务。

表 9-5　Cinder 组件安装相关参数

节　点	服　务	账　号	用户名/密码
controller （192.168.154.11）	cinder-api cinder-scheduler	MySQL 登录	root/123
		Cinder 库访问	cinder/ cd123
		Cinder 用户	cinder/ cd123
		RBMQ 消息队列账户	openstack/ rb123
block1 （192.168.154.13）	cinder-volume target	Cinder 库访问	cinder/ cd123
		Cinder 用户	cinder/ cd123
		RBMQ 消息队列账户	openstack/ rb123

（一）配置 hosts

编辑 cat /etc/hosts，添加记录：

```
192.168.154.11   controller
192.168.154.12   compute1
192.168.154.13   block1
```

（二）控制节点安装

（1）创库授权：

```
mysql -u root -p
CREATE DATABASE cinder;
GRANT ALL PRIVILEGES ON cinder.* TO 'cinder'@'localhost' IDENTIFIED BY
'cd123';
GRANT ALL PRIVILEGES ON cinder.* TO 'cinder'@'%' IDENTIFIED BY 'cd123';
```

（2）创建服务凭证：

```
# 创建用户 cinder，密码为 cd123
openstack user create --domain default --password-prompt cinder
# 将 cinder 用户加入 servicer 项目，并赋予 admin 角色
openstack role add --project service --user cinder admin
# 创建 cinderv2 和 cinderv3 服务实体
openstack service create --name cinderv2 --description "OpenStack Block
Storage" volumev2
openstack service create --name cinderv3 --description "OpenStack Block
Storage" volumev3
# 创建服务端点
openstack endpoint create --region RegionOne volumev2 public http://controller:
8776/v2/%\ (project_id\) s
openstack endpoint create --region RegionOne volumev2 internal http://
controller:8776/v2/%\ (project_id\) s
openstack endpoint create --region RegionOne volumev2 admin http://
controller:8776/v2/%\ (project_id\) s
openstack endpoint create --region RegionOne volumev3 public http://
controller:8776/v3/%\ (project_id\) s
openstack endpoint create --region RegionOne volumev3 internal http://
controller:8776/v3/%\ (project_id\) s
openstack endpoint create --region RegionOne volumev3 admin http://
controller:8776/v3/%\ (project_id\) s
```

（三）安装配置组件

（1）安装软件包：

```
yum install openstack-cinder -y
```

（2）编辑配置文件：

编辑/etc/cinder/cinder.conf 文件并完成以下操作：

```
[database]
# 配置数据访问
connection=mysql+pymysql://cinder:cd123@controller/cinder
[DEFAULT]
# 配置 rabbitMQ 消息队列
transport_url=rabbit://openstack:rb123@controller
my_ip=192.168.154.11
# 配置身份服务访问
auth_strategy=keystone
[keystone_authtoken]
www_authenticate_uri=http://controller:5000
auth_url=http://controller:5000
memcached_servers=controller:11211
auth_type=password
project_domain_id=default
user_domain_id=default
project_name=service
username=cinder
password=cd123
# 配置锁路径
[oslo_concurrency]
lock_path=/var/lib/cinder/tmp
# 检查验证
egrep -v "^#|^$" /etc/cinder/cinder.conf
[root@controller cinder]# egrep -v "^#|^$" /etc/cinder/cinder.conf
[database]
connection=mysql+pymysql://cinder:cd123@controller/cinder
[DEFAULT]
transport_url=rabbit://openstack:rb123@controller
my_ip=192.168.154.11
auth_strategy=keystone
[keystone_authtoken]
www_authenticate_uri=http://controller:5000
auth_url=http://controller:5000
memcached_servers=controller:11211
auth_type=password
project_domain_id=default
user_domain_id=default
project_name=service
username=cinder
password=cd123
[oslo_concurrency]
lock_path=/var/lib/cinder/tmp
```

（3）填充数据库并验证：

#填充数据库：
```
su -s /bin/sh -c "cinder-manage db sync" cinder
```

📖 经验提示：忽略输出的弃用信息 "Deprecated: Option "logdir" from group "DEFAULT" is deprecated. Use option "log-dir" from group "DEFAULT"."

#验证数据库
```
mysql -ucinder -pcd123 -e "use cinder;show tables;"  #查看表
mysql -ucinder -pcd123 -e "use cinder;show tables;"|wc  #查看表数量（35张）
```

（四）配置计算服务使用块设备存储

编辑/etc/nova/nova.conf 文件，添加以下 cinder 内容：

```
[cinder]
os_region_name=RegionOne
```

📖 经验提示：如果在默认 nova.conf 中配置，可以尝试在 4235 行后添加，即执行 sed -i '4235a os_region_name = RegionOne' /etc/nova/nova.conf 命令。

（五）完成安装

（1）启动相关 Nova 和 Cinder 相关服务：
```
systemctl restart openstack-nova-api.service
systemctl enable openstack-cinder-api.service openstack-cinder-scheduler.
service
systemctl start openstack-cinder-api.service openstack-cinder-scheduler.
service
```

（2）验证：`openstack volume service list`

```
+------------------+------------+------+---------+-------+----------------------------+
| Binary           | Host       | Zone | Status  | State | Updated At                 |
+------------------+------------+------+---------+-------+----------------------------+
| cinder-scheduler | controller | nova | enabled | up    | 2020-04-30T05:57:37.000000 |
+------------------+------------+------+---------+-------+----------------------------+
```

❖ 典型故障 1：执行 openstack volume service list，提示 "The server is currently unavailable. Please try again at a later time.

The Keystone service is temporarily unavailable."

分析：查看/var/log/cinder/api.log，提示 "10275 WARNING keystonemiddleware.auth_token [−] Identity response: {"error":{"code":401,"message":"The request you have made requires authentication.", "title":"Unauthorized"}} : Unauthorized: The request you have made requires authentication.（HTTP 401）（Request−ID: req−81c6db71−4b97−4fd4−9de4−1dc346d26954）"，即认证错误。

解决：检查 cinder 创建、密码、项目名、角色等内容。

二、安装部署存储节点

任务实施目标：

在 cinder1 节点上，利用本地 sdb 磁盘创建 LVM，完成 Cinder 服务安装与 LVM 后端部署。

（一）block1 节点基本配置

（1）修改 ens34 网卡地址：

视　频

Cinder 存储节点部署与控制节点验证

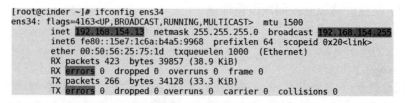

```
[root@cinder ~]# ifconfig ens34
ens34: flags=4163<UP,BROADCAST,RUNNING,MULTICAST>  mtu 1500
        inet 192.168.154.13  netmask 255.255.255.0  broadcast 192.168.154.255
        inet6 fe80::15e7:1c6a:b4a5:9968  prefixlen 64  scopeid 0x20<link>
        ether 00:50:56:25:75:1d  txqueuelen 1000  (Ethernet)
        RX packets 423  bytes 39857 (38.9 KiB)
        RX errors 0  dropped 0  overruns 0  frame 0
        TX packets 266  bytes 34128 (33.3 KiB)
        TX errors 0  dropped 0 overruns 0  carrier 0  collisions 0
```

（2）修改 hosts 记录：

```
192.168.154.11 controller
192.168.154.12 compute1
192.168.154.13 block1
```

（3）修改主机名为 block1。

（二）block1 节点准备存储设备

（1）安装支持工具包：

```
#安装 LVM 包
yum install lvm2 device-mapper-persistent-data -y
#启动 LVM 元数据服务并设为系统启动
systemctl enable lvm2-lvmetad.service
systemctl start lvm2-lvmetad.service
#查看验证
systemctl list-unit-files |grep lvm2-lvmetad |grep enabled
```

（2）创建 LVM 物理卷：

```
#查看块存储 lsblk，可以发现 sda 和 sdb 两块磁盘
```

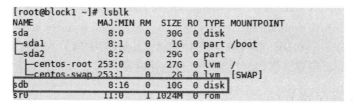

```
[root@block1 ~]# lsblk
NAME           MAJ:MIN RM  SIZE RO TYPE MOUNTPOINT
sda              8:0    0   30G  0 disk
├─sda1           8:1    0    1G  0 part /boot
└─sda2           8:2    0   29G  0 part
  ├─centos-root 253:0   0   27G  0 lvm  /
  └─centos-swap 253:1   0    2G  0 lvm  [SWAP]
sdb              8:16   0   10G  0 disk
sr0             11:0    1 1024M  0 rom
```

```
#将/dev/sdb 创建名物理卷
pvcreate /dev/sdb
#创建名为 cinder-volumes 的卷组（将/dev/sdb 加入组）
vgcreate cinder-volumes /dev/sdb
#查看卷 vgdisplay cinder-volumes
```

```
--- Volume group ---
VG Name                  cinder-volumes
System ID
Format                   lvm2
Metadata Areas           1
Metadata Sequence No     1
VG Access                read/write
VG Status                resizable
MAX LV                   0
Cur LV                   0
Open LV                  0
Max PV                   0
Cur PV                   1
Act PV                   1
VG Size                  <10.00 GiB
PE Size                  4.00 MiB
Total PE                 2559
Alloc PE / Size          0 / 0
Free  PE / Size          2559 / <10.00 GiB
VG UUID                  PL84r6-zbQ7-3Heb-q5F3-0jYt-f9VB-svksnh
```

（3）编辑 /etc/lvm/lvm.conf 文件。编辑 /etc/lvm/lvm.conf 文件，在 devices 下添加以下内容：

```
devices{
    filter=[ "a/sdb/", "r/.*/"]
}
```

或者在 141 行后添加：

```
sed -i '141a filter = [ "a/sdb/", "r/.*/"]' /etc/lvm/lvm.conf
```

📖 **经验总结：**

只有实例才能访问块存储卷。但是，底层操作系统管理与卷关联的设备。默认情况下，LVM 卷扫描工具会扫描 /dev 目录以查找包含卷的块存储设备。如果项目在其卷上使用 LVM，则扫描工具会检测这些卷并尝试对其进行缓存，这可能会导致底层操作系统和项目卷出现各种问题。因此，必须重新配置 LVM 以仅扫描包含 cinder-volumes 卷组的设备。

✏️ **技术点：**

滤波器（Filter）阵列中的每个项目开始于 a 用于接受或开始于 r 用于拒绝，并且包括用于所述装置名称的正则表达式。阵列必须 r/.*/ 以拒绝任何剩余设备结束。可以使用 vgs –vvvv 命令来测试过滤器。

通过编辑 /etc/lvm/lvm.conf 中的 filter 段，来定义过滤那些设备要扫描。例如：

filter =["al/dev/sd.*l", "al/dev/hd.*l", "rl.*l"]，表示对 scsi 及 ide 设备扫描，对其他设备均不扫描。

（三）block1 节点系统安装

（1）安装软件包：

```
yum install openstack-cinder targetcil python-keystone -y
```

（2）编辑 /etc/cinder/cinder.conf：

```
[database]
# 配置数据访问
connection=mysql+pymysql://cinder:cd123@192.168.154.11/cinder
[DEFAULT]
# 配置 rabbitMQ 消息队列
transport_url=rabbit://openstack:rb123@controller
# 启用 lvm_1 后端；当前为一个，如果有多个后端，可使用逗号隔开。
enabled_backends=lvm_1
# 配置 Image 服务 API 的位置
glance_api_servers=http://192.168.154.11:9292
# 配置身份服务访问
auth_strategy=keystone
[keystone_authtoken]
```

```
www_authenticate_uri=http://192.168.154.11:5000
auth_url=http://192.168.154.11:5000
memcached_servers=192.168.154.11:11211
auth_type=password
project_domain_id=default
user_domain_id=default
project_name=service
username=cinder
password=cd123

# 配置锁路径
[oslo_concurrency]
lock_path=/var/lib/cinder/tmp

# 配置 LVM 存储后端（backend），group 为前期创建的 lvm 卷组名
[lvm]
volume_driver=cinder.volume.drivers.lvm.LVMVolumeDriver
volume_group=cinder-volumes
#指定 iSCSI 协议
target_protocol=iscsi
#指定 iSCSI 管理工具
target_helper=lioadm
#创建 backend name,
volume_backend_name=LVM_STORAGE
```

📖 **经验提示**：如果不指定 iSCSI 管理工具，云主机在给实例添加云盘的时候会报错，导致创建出来的卷添加不上。

✏️ **技术点**：

在创建 volume-type 时需要关联 volume_backend_name 及其参数，一个 backend name 可以对应统一类型多个后端存储。

📖 **经验提示**：block 节点与 controller 中 cinder.conf 配置主要区别，一是[DEFAULT]节内容不同；二是增加了后端存储节，如[LVM]等。

enabled_backends 中后端名称必须与后续存储标题匹配（如 lvm）。

（3）检查验证：

```
egrep -v "^#|^$" /etc/cinder/cinder.conf
[DEFAULT]
transport_url=rabbit://openstack:rb123@controller
auth_strategy=keystone
enabled_backends=lvm
glance_api_servers=http://192.168.154.11:9292
my_ip=192.168.154.13
[database]
connection=mysql+pymysql://cinder:cd123@controller/cinder
[keystone_authtoken]
www_authenticate_uri=http://controller:5000
auth_url=http://controller:5000
memcached_servers=controller:11211
auth_type=password
```

```
project_domain_name=Default
user_domain_name=Default
project_name=service
username=cinder
password=cd123
[oslo_concurrency]
lock_path=/var/lib/cinder/tmp
[lvm]
volume_driver=cinder.volume.drivers.lvm.LVMVolumeDriver
volume_group=cinder-volumes
target_protocol=iscsi
target_helper=lioadm
volume_backend_name=LVM_STORAGE
```

注意

[***] 小节用来定义某个 backend，需要启用的 backend 一定要添加到 enabled_ backends 的值中。

volume_backend_name 后续会被 volume type 用到，通过--property volume_backend_name 属性来设置。

多个 backends 中的 volume_backend_name 可以相同。此时，scheduler 会按照指定的调度放在多个 backend 之内选择一个最合适的。

每个 backend 都会有一个 cinder volume service instance，出现在 cinder service-list 命令的输出中，其 Host 的格式为 <节点名称>@<backend 值>。

Cinder 为每一个 backend 运行一个 cinder-volume 服务。

通过在 cinder.conf 中设置 storage_availability_zone 参数，指定 cinder-volume host 的 Zone。用户创建 volume 时可以选择 AZ，配合 cinder-scheduler 的 AvailabilityZoneFilter 可以将 volume 创建到指定的 AZ 中。默认的情况下 Zone 为 nova。

通过在 cinder.conf 中的 backend 配置部分设置 iscsi_ip_address=192.168.154.13，可以指定 iSCSI session 使用的网卡，从而做到数据网络和管理网络的分离。

搭以上多节点环境，一定要注意各节点之间使用 NTP 进行时间同步，否则可能出现 cinder-volume 没有任何错误，但是其状态为 down 的情况。

（四）启动服务
可执行以下命令启动服务：
```
systemctl enable openstack-cinder-volume.service target.service
systemctl start openstack-cinder-volume.service target.service
```

三、在控制节点验证

任务实施目标：

在 controller 节点上，检查 cinder-volume 服务，并排查相关故障。

（一）验证服务
执行 openstack volume service list 命令，查看卷服务列表，会发现增加 cinder-volume 服务。

```
+------------------+------------+------+---------+-------+----------------------------+
| Binary           | Host       | Zone | Status  | State | Updated At                 |
+------------------+------------+------+---------+-------+----------------------------+
| cinder-scheduler | controller | nova | enabled | up    | 2020-08-12T05:19:45.000000 |
| cinder-volume    | block1@lvm | nova | enabled | up    | 2020-08-12T05:19:47.000000 |
+------------------+------------+------+---------+-------+----------------------------+
```

> **注意**
>
> block1 后的 lvm 表示 [lvm]小节的名称，而非 volume_backend_name。

📖 经验提示：如果使用虚拟机环境部署，遇到 cinder-volume 状态为 down 问题，可稍等片刻，或者尝试重启 block 节点，再查看卷服务列表。

四、工程化操作

任务实施目标：

基于脚本方式配置系统。

基于终端软件使用 SSH 方式登录 CentOS 主机，执行以下代码：

```
#安装部署控制节点
mysql -u root -p123
CREATE DATABASE cinder;
GRANT ALL PRIVILEGES ON cinder.* TO 'cinder'@'localhost' IDENTIFIED BY
'cd123';
GRANT ALL PRIVILEGES ON cinder.* TO 'cinder'@'%' IDENTIFIED BY 'cd123';
quit
. /root/admin-openrc
openstack user create --domain default --password=cd123 cinder
openstack role add --project service --user cinder admin
openstack service create --name cinderv2 --description "OpenStack Block
Storage" volumev2
openstack service create --name cinderv3 --description "OpenStack Block
Storage" volumev3
openstack endpoint create --region RegionOne volumev2 public
http://controller:8776/v2/%\(project_id\)s
openstack endpoint create --region RegionOne volumev2 internal
http://controller:8776/v2/%\(project_id\)s
openstack endpoint create --region RegionOne volumev2 admin
http://controller:8776/v2/%\(project_id\)s
openstack endpoint create --region RegionOne volumev3 public
http://controller:8776/v3/%\(project_id\)s
openstack endpoint create --region RegionOne volumev3 internal
http://controller:8776/v3/%\(project_id\)s
openstack endpoint create --region RegionOne volumev3 admin
http://controller:8776/v3/%\(project_id\)s
yum install openstack-cinder -y

cp /etc/cinder/cinder.conf /etc/cinder/cinder.conf.bak
grep -Ev '^$|#' /etc/cinder/cinder.conf.bak > /etc/cinder/cinder.conf

openstack-config --set/etc/cinder/cinder.conf database connection
mysql+pymysql://cinder:cd123@controller/cinder
```

```
openstack-config -set /etc/cinder/cinder.conf DEFAULT transport_url
rabbit://openstack:rb123@controller
openstack-config -set /etc/cinder/cinder.conf DEFAULT auth_strategy
keystone
openstack-config --set /etc/cinder/cinder.conf DEFAULT my_ip 192.168.154.11

openstack-config --set /etc/cinder/cinder.conf keystone_authtoken www_
authenticate_uri http://controller:5000
openstack-config --set /etc/cinder/cinder.conf keystone_authtoken auth_url
http://controller:5000
openstack-config --set /etc/cinder/cinder.conf keystone_authtoken memcached_
servers controller:11211
openstack-config --set /etc/cinder/cinder.conf keystone_authtoken auth_
type password
openstack-config --set /etc/cinder/cinder.conf keystone_authtoken project_
domain_name Default
openstack-config --set /etc/cinder/cinder.conf keystone_authtoken user_domain
_name Default
openstack-config --set /etc/cinder/cinder.conf keystone_authtoken project_name
service
openstack-config --set /etc/cinder/cinder.conf keystone_authtoken username
cinder
openstack-config --set /etc/cinder/cinder.conf keystone_authtoken password
cd123
openstack-config --set /etc/cinder/cinder.conf oslo_concurrency lock_path
/var/lib/cinder/tmp

su -s /bin/sh -c "cinder-manage db sync" cinder
mysql -ucinder -pcd123 -e "use cinder;show tables;"|wc

#sed -i '/^\[cinder\]/a os_region_name=RegionOne' /etc/nova/nova.conf
openstack-config --set /etc/nova/nova.conf cinder os_region_name RegionOne

systemctl restart openstack-nova-api.service
systemctl enable openstack-cinder-api.service openstack-cinder-scheduler.
service
systemctl restart openstack-cinder-api.service openstack-cinder-scheduler.
service
openstack volume service list

#安装部署存储节点
yum install lvm2 device-mapper-persistent-data -y
systemctl enable lvm2-lvmetad.service
systemctl restart lvm2-lvmetad.service
systemctl list-unit-files |grep lvm2-lvmetad |grep enabled

lsblk
pvcreate /dev/sdb
vgcreate cinder-volumes /dev/sdb
sed -i '141a filter=[ "a/sdb/", "r/.*/"]' /etc/lvm/lvm.conf
```

```
yum install openstack-cinder targetcil python-keystone openstack-utils -y

cp /etc/cinder/cinder.conf/etc/cinder/cinder.conf.bak
grep -Ev '^$|#' /etc/cinder/cinder.conf.bak > /etc/cinder/cinder.conf

openstack-config --set /etc/cinder/cinder.conf database connection mysql+
pymysql://cinder:cd123@controller/cinder
openstack-config -set /etc/cinder/cinder.conf DEFAULT transport_url
rabbit://openstack:rb123@controller
openstack-config --set /etc/cinder/cinder.conf DEFAULT auth_strategy keystone
openstack-config --set /etc/cinder/cinder.conf DEFAULT enabled_backends lvm
openstack-config --set /etc/cinder/cinder.conf DEFAULT glance_api_servers
http://192.168.154.11:9292
openstack-config --set /etc/cinder/cinder.conf DEFAULT my_ip 192.168.154.13

openstack-config -set /etc/cinder/cinder.conf keystone_authtoken
www_authenticate_uri http://controller:5000
openstack-config -set /etc/cinder/cinder.conf keystone_authtoken auth_url
http://controller:5000
openstack-config -set /etc/cinder/cinder.conf keystone_authtoken
memcached_servers controller:11211
openstack-config -set /etc/cinder/cinder.conf keystone_authtoken auth_type
password
openstack-config -set /etc/cinder/cinder.conf keystone_authtoken
project_domain_name Default
openstack-config -set /etc/cinder/cinder.conf keystone_authtoken
user_domain_name Default
openstack-config -set /etc/cinder/cinder.conf keystone_authtoken
project_name service
openstack-config -set /etc/cinder/cinder.conf keystone_authtoken username
cinder
openstack-config -set /etc/cinder/cinder.conf keystone_authtoken password
cd123
openstack-config -set /etc/cinder/cinder.conf oslo_concurrency lock_path
/var/lib/cinder/tmp
openstack-config -set /etc/cinder/cinder.conf lvm volume_driver cinder.
volume.drivers.lvm.LVMVolumeDriver
openstack-config -set /etc/cinder/cinder.conf lvm volume_group
cinder-volumes
openstack-config -set /etc/cinder/cinder.conf lvm target_protocol iscsi
openstack-config -set /etc/cinder/cinder.conf lvm target_helper lioadm
openstack-config -set /etc/cinder/cinder.conf lvm volume_backend_name
LVM_STORAGE

systemctl enable openstack-cinder-volume.service target.service
systemctl start openstack-cinder-volume.service target.service
```

📖 **典型故障：**

现象：cinder-volume 状态为 up 之后，一致变为 down 问题，block 节点中 volume service 为 active 状态。

分析：NTP 时间不同步。

解决：将 NTP 设置为同一服务器，重启 NTP 服务。

任务验收

（1）使用命令（openstack endpoint list | grep volume）查看 volume 卷服务端点信息。

（2）使用命令（egrep −v "^#|^$" /etc/cinder/cinder.conf）查看 cinder 配置参数。

（3）使用命令（mysql −ucinder −pcd123 −e "use cinder;show tables;"|wc）查看 cinder 数据库表项。

（4）在配置完成存储节点后，在控制节点上执行命令（openstack volume service list），查看卷服务列表中是否增加 cinder-volume 服务。

任务二　部署 NFS 存储后端

任务描述

为体验 Cinder 对多种类型后端的支持，业务主管要求云计算助理工程师小王学习部署 NFS 后端，部署多后端存储。具体要求如下：

（1）掌握 NFS 共享存储方法。

（2）部署 NFS 存储后端，如表 9-6 所示。

（3）掌握后端存储部署方法。

（4）能定位卷服务和排查故障。

表 9-6　NFS 后端部署

节　　点	共享目录	共享配置文件	配置节名	后端名	后端类型名称
block1	/data/nfs	/etc/cinder/nfs_shares	nfs	NFS_STORAGE	NFS

知识准备

Cinder-volume 自身并不管理实际的存储设备，存储设备是由卷驱动（Volume Drivers）管理的。通过卷驱动架构支持多种后端存储设备。Cinder 可以同时支持多个或多种后端存储设备，为同一个计算服务提供服务，如图 9-5 所示。Cinder 为每一个后端或者后端存储池运行一个 cinder-volume 服务。在多存储后端配置中，每个后端有一个名称。要使用多存储后端，必须在 /etc/cinder/cinder.conf 配置文件中使用 enabled_backends 参数定义不同后端的配置组名称。

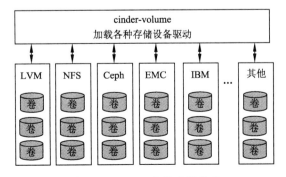

图 9-5　Cinder 支持后端类型

NFS（Network File System）即网络文件系统，是 FreeBSD 支持的文件系统中的一种，它允许网络中的计算机之间通过 TCP/IP 网络共享资源。在 NFS 的应用中，本地 NFS 的客户端应用可以透明地读/写位于远端 NFS 服务器上的文件，就像访问本地文件一样。

NFS 的基本原则是"允许不同的客户端及服务端通过一组 RPC 分享相同的文件系统"，它独立于操作系统，允许不同硬件及操作系统共同进行文件的分享。NFS 在文件传送或信息传送过程中依赖于 RPC 协议。RPC（Remote Procedure Call，远程过程调用）是能使客户端执行其他系统中程序的一种机制。NFS 本身是没有提供信息传输的协议和功能的，但 NFS 却能让我们通过网络进行数据的分享，这是因为 NFS 使用了一些其他的传输协议，而这些传输协议用到了 RPC 功能。可以说 NFS 本身就是使用 RPC 的一个程序，或者说 NFS 也是一个 RPC SERVER。所以，只要用到 NFS 的地方都要启动 RPC 服务，不论是 NFS Server 或者 NFS Client。这样 Server 和 Client 才能通过 RPC 来实现 Program Port 的对应。可以这么理解 RPC 和 NFS 的关系：NFS 是一个文件系统，而 RPC 是负责信息的传输。

NFS 相关软件包包括：nfs-utils，其中包括基本的 NFS 命令与监控程序；rpcbind 或 portmap 支持安全 NFS RPC 服务的连接。

任务实施

一、部署 NFS 后端

任务实施目标：

在 block 节点中，部署 NFS 后端，共享本地目录/data/nfs。

（一）创建 NFS 共享

（1）安装 NFS 相关软件包并启动。使用 admin 账户登录，执行以下命令：

```
yum install nfs-utils rpcbind -y
systemctl start nfs rpcbind
systemctl enable nfs rpcbind
```

（2）创建共享目录。新建目录/data/nfs，执行以下命令：

```
mkdir/data/nfs -p
```

（3）修改配置文件。编辑 vi /etc/exports，配置 NFS 共享目录及其访问权限：

```
/data/nfs *（rw,no_all_squash）
```

技术点：

在以上配置中，表示任意网段的用户可以挂载 NFS 服务器上的/data/nfs 目录，挂载后具有读/写权限；no_all_squash 表示访问用户先与本机用户匹配，匹配失败后再映射为匿名用户或组。

使配置生效：

```
exportfs -r
```

（4）查看本机挂载卷：

```
showmount -e 127.0.0.1
Export list for 127.0.0.1:
/data/nfs *
```

或者使用 mount 命令：

```
192.168.154.13:/data/nfs on /var/lib/cinder/mnt/e617b43a708dea11c849d48e7ab9a88b
type nfs4（rw,relatime,vers=4.1,rsize=131072,wsize=131072,namlen=255,hard,
```

```
proto=tcp,timeo=600,retrans=2,sec=sys,clientaddr=192.168.154.13,local_lo
ck=none,addr=192.168.154.13)
systemctl restart nfs rpcbind
```

（二）配置 NFS 存储后端

编辑/etc/cinder/cinder.conf。添加 NFS 后端配置，在 enabled_backends 中增加 nfs：

```
enabled_backends=lvm,nfs
```

增加 nfs 配置小节：

```
[nfs]
volume_backend_name=NFS_STORAGE
volume_driver=cinder.volume.drivers.nfs.NfsDriver
nfs_mount_point_base=$state_path/mnt
nfs_shares_config=/etc/cinder/nfs_shares
```

> **注意**
>
> $state_path 默认指向/var/lib/cinder/。

（三）创建 NFS 共享

（1）创建 NFS 共享配置文件。在/etc/cinder 下创建文件 nfs_shares 配置文件，用于 NFS 共享存储，添加以下内容：

```
192.168.154.13:/data/nfs
```

✎ **技术点：**

采用 HOST:SHARE 格式。HOST 是 NFS 服务器的 IP 地址或主机名；SHARE 是现有和可访问的 NFS 共享的绝对路径。

（2）设置权限。设置 nfs_shares 为由 root 用户和 cinder 组拥有：

```
chown root:cinder /etc/cinder/nfs_shares
```

设置 nfs_shares 为可以被 cinder 组的成员读取：

```
chmod 0640 /etc/cinder/nfs_shares
```

（四）查看结果

（1）重新启动块存储卷服务：

```
systemctl restart openstack-cinder-volume.service
```

（2）查看挂载卷。执行 mount 命令，查看结果：

```
192.168.154.13:/data/nfs on /var/lib/cinder/mnt/e617b43a708dea11c849d48e7ab9a88b
type nfs4（rw,relatime,vers=4.1,rsize=131072,wsize=131072,namlen=255,hard,
proto=tcp, timeo=600, ret rans=2,sec=sys,clientaddr=192.168.154.13,local_
lock=none,addr=192.168.154.13）
```

（3）在 controller 节点上查看 volume 服务：

```
openstack volume service list
```

Binary	Host	Zone	Status	State	Updated At
cinder-volume	block1@lvm	nova	enabled	up	2020-08-12T06:21:43.000000
cinder-scheduler	controller	nova	enabled	up	2020-08-12T06:21:48.000000
cinder-volume	block1@nfs	nova	enabled	up	2020-08-12T06:21:36.000000

二、多后端管理

任务实施目标：

在 controller 节点中，创建存储 LVM 和 NFS 类型，并关联存储后端。

在 Cinder 中包含多种后端时，需要创建卷类型，指定相应类型存储后端设备，否则使用默认 LVM 类型。

> **注意**
>
> 卷类型类似于虚拟机实例的 flavor，必须使用管理员权限才能创建。

（一）创建 LVM 存储类型

使用 admin 账户登录，完成以下操作：

1. 图形界面操作

（1）使用 admin 账户登录系统。

（2）在左侧"管理员"→"卷"菜单中，单击"卷类型"，如图 9-6 所示。

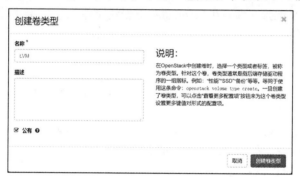

图 9-6　新建卷类型

（3）选择"查看扩展规格"，创建 LVM 规格，如图 9-7 和图 9-8 所示。

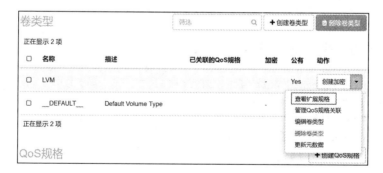

图 9-7　扩展规格

创建卷类型扩展规格

键*
```
volume_backend_name
```

值*
```
LVM_STORAGE
```

说明：
为卷类型创建新的"扩展规格"键值对。

取消　创建

图 9-8　规格参数

注意
键和值必须与 block 节点中[kvm]小节中参数一致。

2. 命令行操作

（1）创建类型：

```
cinder type-create LVM
```

```
+--------------------------------------+------+-------------+-----------+
| ID                                   | Name | Description | Is_Public |
+--------------------------------------+------+-------------+-----------+
| 681f0de6-4ba0-4cf2-a9bb-a719c1f54f2b | LVM  | -           | True      |
+--------------------------------------+------+-------------+-----------+
```

（2）关联后端。将后端存储和云硬盘类型关联：

```
cinder type-key LVM set volume_backend_name=LVM_STORAGE
```

注意
LVM 为后端类型；lvm 为后端类型名称（volume_backend_name 对应值）。

（3）查看。cinder type-show LVM 结果如下：

```
+-----------------------------+--------------------------------------+
| Property                    | Value                                |
+-----------------------------+--------------------------------------+
| description                 |                                      |
| extra_specs                 | volume_backend_name : lvm            |
| id                          | dc18152e-78d2-423f-830a-1a48329d0701 |
| is_public                   | True                                 |
| name                        | LVM                                  |
| os-volume-type-access:is_public | True                             |
| qos_specs_id                | None                                 |
+-----------------------------+--------------------------------------+
```

（二）创建 NFS 存储类型

使用 admin 账户登录，完成以下操作：

1. 命令行操作

（1）创建 NFS 卷类型：

```
cinder type-create NFS
```

```
+--------------------------------------+------+-------------+-----------+
| ID                                   | Name | Description | Is_Public |
+--------------------------------------+------+-------------+-----------+
| ad478539-6305-4738-a510-d4ba8d8efbe2 | NFS  | -           | True      |
+--------------------------------------+------+-------------+-----------+
```

（2）关联类型：

```
cinder type-key NFS set volume_backend_name= NFS_STORAGE
```

注意
volume_backend_name 值必须与 Cinder 节点配置文件中 nfs 标签中对应。

（3）查看类型：

```
cinder type-list
```

```
+--------------------------------------+------+-------------+-----------+
| ID                                   | Name | Description | Is_Public |
+--------------------------------------+------+-------------+-----------+
| ad478539-6305-4738-a510-d4ba8d8efbe2 | NFS  | -           | True      |
| dc18152e-78d2-423f-830a-1a48329d0701 | LVM  |             | True      |
+--------------------------------------+------+-------------+-----------+
```

执行代码：

```
yum install nfs-utils rpcbind -y
mkdir /data/nfs -p
chown cinder:cinder/data/nfs
chmod 777 /data/nfs
echo '/data/nfs *（rw,no_all_squash)'>/etc/exports
exportfs -r
systemctl start nfs rpcbind
systemctl enable nfs rpcbind
showmount -e 127.0.0.1
openstack-config -set /etc/cinder/cinder.conf DEFAULT enabled_backends
lvm,nfs
openstack-config -set /etc/cinder/cinder.conf nfs volume_backend_name
NFS_STORAGE
openstack-config -set /etc/cinder/cinder.conf nfs volume_driver cinder.
volume.drivers.nfs.NfsDriver
openstack-config -set /etc/cinder/cinder.conf nfs nfs_mount_point_base
'$state_path'/mnt
openstack-config -set /etc/cinder/cinder.conf nfs nfs_shares_config
/etc/cinder/nfs_shares
echo '192.168.154.13:/data/nfs'>/etc/cinder/nfs_shares
chown root:cinder /etc/cinder/nfs_shares
chmod 0640 /etc/cinder/nfs_shares
systemctl restart openstack-cinder-volume.service
systemctl status openstack-cinder-volume.service
```

任务验收

使用命令行或者图形界面方式创建 LVM 和 NFS1GB 的卷，验证是否成功。

任务三　Cinder 运维

任务描述

使用图形界面和命令行方式管理 LVM 卷，完成卷的创建、删除、连接、分离、扩展、快照、转让等典型任务。具体要求如下：

（1）理解 Cinder 与 Nova 组件间管理。
（2）熟练掌握图形化界面下卷管理方法。
（3）熟练命令行界面下卷管理方法。
（4）能定位卷服务和排查故障。

知识准备

一、Cinder 与 Nova 关系

Cinder 为 Nova 实例提供卷服务，负责卷的整个生命周期管理，如图 9-9 所示。虚拟机实例通过连接 Cinder 卷将其作为存储设备，用户可以进行读/写、格式化等操作。当虚拟机不在使用卷时，采用分离卷操作，注意分离后卷的数据不会丢失，还可以重新连接至本虚拟机实例或者其他实例。卷的操作与虚拟机生命周期对应关系如图 9-10 所示。

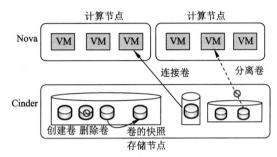

图 9-9　Cinder 与 Nova 间关联图

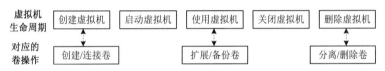

图 9-10　卷操作与虚拟机生命周期对应关系

二、存储卷管理

Cinder 管理命令主要包括卷类型、对象、连接、快照、转让等管理操作。主要命令如表 9-7 所示。

表 9-7　Cinder 存储常用命令

分　项	操　作	命　令
区域	列表展示 zone	openstack availability zone list
卷类型	创建卷类型	openstack volume type create
	扩展卷类型规格	openstack volume type set
	列出卷类型	openstack volume type list
卷对象	创建卷	openstack volume create
	删除卷	openstack volume delete
	查看卷列表	openstack volume list
卷连接	卷连接到实例	openstack server add volume
	卷分离实例	openstack server remove volume

续表

分　项	操　作	命　令
快照	新建快照	openstack volume snapshot create
	删除快照	openstack volume snapshot delete
	查看快照列表	openstack volume snapshot list
	设置快照	openstack volume snapshot set
转让	转让创建	openstack volume transfer request create
	转让接受	openstack volume transfer request accept
扩容	卷扩容	openstack cinder extend

三、卷类型

Cinder 的卷类型的作用与 Nova 的实例类型（Flavor）类似。存储后端的名称需要通过卷类型的扩展规格来定义。创建一个卷，必须指定卷类型，因为卷类型中的扩展规格用于决定要使用的后端。

如果不指定 volume type，cinder-scheduler 会忽略 volume type，按默认的调度器从所有 cinder-volume 调度。

四、卷转让

卷转让又称为迁移。作为管理员，可以迁移一个卷从一个项目到另一个项目，迁移方式是对用户透明的。注意，只能迁移没有快照且没有附属在云主机实例上的卷。可以使用 openstack volume transfer request create 命令创建转让卷；然后在另一个项目中使用 openstack volume transfer request accept 命令接受卷。

如果卷有快照，则指定的目标主机不能接受这个卷；如果用户不是管理员，则迁移会失败。

五、快照

虚拟机的快照功能提供了很大的便利，当虚拟机发生系统崩溃，或者数据丢失时，通过快照功能可以很方便地使系统恢复原来的状态。在 OpenStack 系统中，虚拟机实例的快照将以镜像的方式存在。

卷快照类似于虚拟机快照，用于保存卷当前状态。为保持创建快照时数据一致，一般建议将卷从实例分离。此外，卷快照依赖于卷，如果删除卷，快照不再可用。

任务实施

一、卷创建与挂载

任务实施目标：

利用 myuser 账户，在 block 节点中创建基于 LVM 和 NFS 后端卷（LVM_1G 和 NFS_1G）；将 NFS_1G 卷挂载至实例 RD-instance。

（一）创建 LVM 卷

视 频

图形化创建卷

注意

使用 myuser 账户登录，在用户项目下管理卷。

1. 图形化界面创建卷

（1）进入卷管理界面，如图 9-11 所示。

图 9-11　卷管理

（2）定义卷名称为 LVM_1G，类型为 LVM，容量为 1 GB，如图 9-12 所示。

图 9-12　创建卷

（3）系统显示创建过程及结果，如图 9-13 所示。

图 9-13　创建卷的过程

图 9-13　创建卷的过程（续）

2. 命令行创建卷

（1）登录 controller 节点，执行命令：

```
. myuser-openrc
```

（2）创建卷 LVM_1G，执行命令：

```
openstack volume create --type LVM --size 1 --availability-zone nova LVM_1G
```

（3）查看卷列表，执行命令：

```
openstack volume list
```

```
+----------------------------------------+--------+-----------+------+-------------+
| ID                                     | Name   | Status    | Size | Attached to |
+----------------------------------------+--------+-----------+------+-------------+
| 4dead013-6c3d-4bd7-9e0d-2fcc1dbb218a   | LVM_1G | available |    1 |             |
+----------------------------------------+--------+-----------+------+-------------+
```

（4）查看 LVM_1G 卷，执行命令：

```
openstack volume show LVM_1G
```

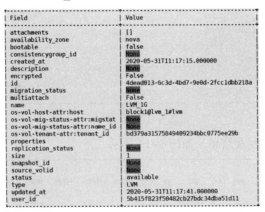

注意

状态必须是可用（available）。

3．删除卷

```
openstack volume delete LVM_1G
```

📖 经验提示：如果要删除卷类型，必须先删除该类型的卷。

（二）创建 NFS 卷

1．图形化界面方式

以 myuser 账户登录，创建大小为 1 GB，名称为 NFS_1G 的 NFS 类型的卷，如图 9-14 所示。

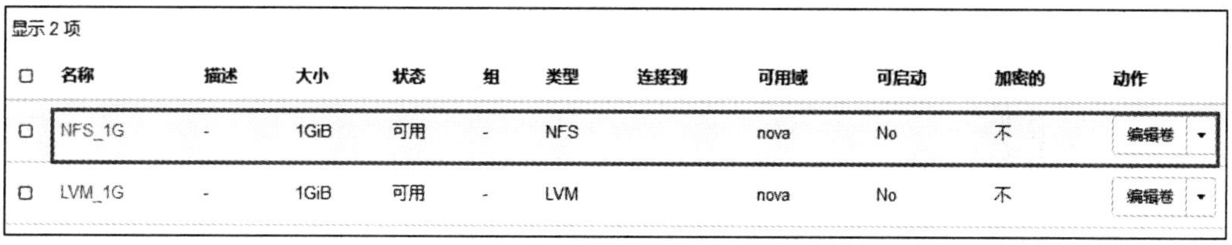

显示 2 项										
□	名称	描述	大小	状态	组	类型	连接到	可用域	可启动	加密的	动作
□	NFS_1G	-	1GiB	可用	-	NFS		nova	No	不	编辑卷 ▼
□	LVM_1G	-	1GiB	可用	-	LVM		nova	No	不	编辑卷 ▼

图 9-14　卷列表

❖ 典型故障 1：无法创建 NFS 卷。

报错信息："WARNING cinder.scheduler.filter_scheduler [req-32aac0be-e68c-465a-8e65-992a 30d1191f 453a41fa03934f9484b7725793af9dcf c035827059164 a8f96a2a56f181cb193 – default default] No weighed backend found for volume with properties: {'name': u'NFS', 'qos_specs_id': None, 'deleted': False, 'created_at': '2020-06-01T06:20:33.000000', 'updated_at': None, 'extra_specs': {u'NFS_Storage': None, u'volume_backend_name': u''}, 'is_public': True, 'deleted_at': None, 'id': u'ad478539-6305-4738-a510-d4ba8d8efbe2', 'projects': [], 'description': None}"。

分析：NFS 类型中缺乏后端关联信息。

解决：删除错误卷，以管理员身份登录，检查并修改卷类型中后端关联信息。

❖ 典型故障 2：无法创建 NFS 卷。

报错信息："WARNING cinder.scheduler.filter_scheduler [req-2e626b0e-20fd-428c-b891-275f37735314 453a41fa03934f9484b7725793af9dcf c035827059164a8f96a2a56f181cb193 – default default] No weighed backend found for volume with properties: {'name': u'NFS', 'qos_specs_id': None, 'deleted': False, 'created_at': '2020-06-01T06:20:33.000000', 'updated_at': None, 'extra_specs': {u'volume_backend_name': u'NFS-Storage'}, 'is_public': True, 'deleted_at': None, 'id': u'ad478539-6305-4738-a510-d4ba8d8efbe2', 'projects': [], 'description': None}"

分析：NFS 类型中后端关联信息配置错误，如 cinder 配置文件中后端名为 NFS_Storage，而关联信息中为 NFS-Storage，导致无法找到后端。

解决：删除错误卷，以管理员身份登录，修改卷类型中后端关联信息。

2．命令行方式

（1）创建卷。创建一个名为 NFS_test、容量为 1GB 的 NFS 卷，在 controller 节点中，以 myuser 身份，执行以下命令：

```
openstack volume create --type NFS --size 1 --availability-zone nova NFS_test
```

```
| Field               | Value                                |
| attachments         | []                                   |
| availability_zone   | nova                                 |
| bootable            | false                                |
| consistencygroup_id | None                                 |
| created_at          | 2020-06-01T06:51:40.000000           |
| description         | None                                 |
| encrypted           | False                                |
| id                  | 6716cbcb-7819-4fbb-95db-69ce6a5481d6 |
| migration_status    | None                                 |
| multiattach         | False                                |
| name                | NFS_test                             |
| properties          |                                      |
| replication_status  | None                                 |
| size                | 1                                    |
| snapshot_id         | None                                 |
| source_volid        | None                                 |
| status              | creating                             |
| type                | NFS                                  |
| updated_at          | None                                 |
| user_id             | 5b415f823f50482cb27bdc34dba51d11     |
```

（2）查看卷：

```
openstack volume list
```

```
+--------------------------------------+----------+-----------+------+-------------+
| ID                                   | Name     | Status    | Size | Attached to |
+--------------------------------------+----------+-----------+------+-------------+
| b967e0f4-7a4a-4e0e-bd04-e93b34566342 | NFS_test | creating  | 1    |             |
| 53c3cd88-aedd-4861-8945-05949e53993b | NFS_1G   | available | 1    |             |
| 0a603fa2-b9f8-42d4-b1c7-467f00394709 | LVM_1G   | available | 1    |             |
+--------------------------------------+----------+-----------+------+-------------+
```

在 Cinder 节点中，查看存储目录下的对象，可以发现两个卷文件（1 GB）：

```
[root@block1 ~]# ls -l /data/nfs/
total 0
-rw-rw-rw-. 1 root root 1073741824 Jun  1 14:43 volume-53c3cd88-aedd-4861-8945-05949e53993b
-rw-rw-rw-. 1 root root 1073741824 Jun  1 14:55 volume-b967e0f4-7a4a-4e0e-bd04-e93b34566342
```

● 视 频

图形化挂载卷

（三）挂载与分离卷

1. 图形界面挂载卷

方法 1：在"卷"界面下"挂载"卷。

（1）以 myuser 身份，在"卷"界面下单击"管理连接"，并选择连接到具体实例，如图 9-15 所示。

图 9-15　连接卷

（2）将 NFS_1G 挂载到实例（RD-instance），如图 9-16 所示。

图 9-16　挂载卷

（3）状态由"保留的"切换至"正在使用"，如图 9-17 所示。

图 9-17　卷状态

（4）访问实例，使用 lsblk 查看卷，可以发现大小为 1 GB 的 vdb 磁盘，如图 9-18 所示。

图 9-18　查看卷

方法 2：在"实例"界面下连接卷，如图 9-19 所示。

图 9-19　连接卷

2. 命令行挂载卷

（1）查看卷和实例 id：

```
[root@controller ~]# openstack server list
+--------------------------------------+-------------+--------+-----------------------------+-----------+----------+
| ID                                   | Name        | Status | Networks                    | Image     | Flavor   |
+--------------------------------------+-------------+--------+-----------------------------+-----------+----------+
| c0aaa951-d155-4b83-a9c8-a35e78ce6b68 | SL-instance | ACTIVE | SL_net=172.16.2.3           | chen-test | chen.nano|
| 04fd296f-2934-4573-9dc4-8aac225f22bd | RD-instance | ACTIVE | RD_net=172.16.1.7, 203.0.113.17 | chen-test | chen.nano|
+--------------------------------------+-------------+--------+-----------------------------+-----------+----------+
```

```
[root@controller ~]# openstack volume list
+--------------------------------------+----------+-----------+------+-------------+
| ID                                   | Name     | Status    | Size | Attached to |
+--------------------------------------+----------+-----------+------+-------------+
| b967e0f4-7a4a-4e0e-bd04-e93b34566342 | NFS_test | available |    1 |             |
| 53c3cd88-aedd-4861-8945-05949e53993b | NFS_1G   | available |    1 |             |
| 0a603fa2-b9f8-42d4-b1c7-467f00394709 | LVM_1G   | available |    1 |             |
+--------------------------------------+----------+-----------+------+-------------+
```

（2）将 NFS_1G 卷挂载至实例 RD-instance：

```
openstack server add volume 04fd296f-2934-4573-9dc4-8aac225f22bd\
  53c3cd88-aedd-4861-8945-05949e53993b --device /dev/vdb
```

或

```
openstack server add volume RD-instance NFS_1G --device /dev/vdb
```
（3）查看卷挂载情况。执行 openstack volume list，可以看到 NFS_1G 卷由"保留的"切换为 in-usr 状态，并标注挂载至 RD-instance。

3. 图形界面分离卷

（1）以 myuser 身份，在图形化界面下，将 NFS_1G 从实例（RD-instance）分离，如图 9-20 所示。

图 9-20　分离卷

（2）选择分离某个卷，如图 9-21 所示。

图 9-21　分离某个卷

（3）分离过程执行较快，如图 9-22 所示。

图 9-22　快照

4. 命令行分离卷

```
openstack server remove volume 04fd296f-2934-4573-9dc4-8aac225f22bd\
  53c3cd88-aedd-4861-8945-05949e53993b
```
或
```
openstack server remove volume RD-instance NFS_1G
```

二、卷扩容与转让

任务实施目标：

分别在图形化界面和命令行下，将 NFS_1G 卷扩容为 23 GB；并将 NFS_test 卷由当前项目（myproject）转让到另一个项目（admin）。

（一）卷扩容

1. 分离卷

📖 经验提示：当卷已挂载至实例时，无论实例是开机还是关机状态，卷都属于"正在使用"（In-user）状态。此时，无法对卷进行扩容，如图 9-23 所示。

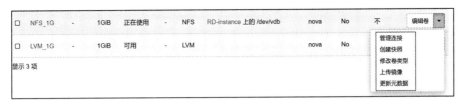

图 9-23　编辑卷

2. 图形界面扩容

（1）单击"扩展卷"，如图 9-24 所示，卷状态如图 9-25 所示。

图 9-24　扩展卷

图 9-25　卷状态

（2）设置新大小值，如图 9-26 和图 9-27 所示。

图 9-26　卷扩展

图 9-27　扩展后的卷

（3）查看卷，执行命令 cinder volume list。

```
[root@controller ~]# openstack volume list
+--------------------------------------+----------+-----------+------+-------------+
| ID                                   | Name     | Status    | Size | Attached to |
+--------------------------------------+----------+-----------+------+-------------+
| b967e0f4-7a4a-4e0e-bd04-e93b34566342 | NFS_test | available |    1 |             |
| 53c3cd88-aedd-4861-8945-05949e53993b | NFS_1G   | available |    2 |             |
| 0a603fa2-b9f8-42d4-b1c7-467f00394709 | LVM_1G   | available |    1 |             |
+--------------------------------------+----------+-----------+------+-------------+
```

3. 命令行扩容

执行命令 cinder extend NFS_1G 3，将 2 GB 扩容为 3 GB。

```
[root@controller ~]# openstack volume list
+--------------------------------------+----------+-----------+------+-------------+
| ID                                   | Name     | Status    | Size | Attached to |
+--------------------------------------+----------+-----------+------+-------------+
| b967e0f4-7a4a-4e0e-bd04-e93b34566342 | NFS_test | available |    1 |             |
| 53c3cd88-aedd-4861-8945-05949e53993b | NFS_1G   | extending |    2 |             |
| 0a603fa2-b9f8-42d4-b1c7-467f00394709 | LVM_1G   | available |    1 |             |
+--------------------------------------+----------+-----------+------+-------------+
```

```
[root@controller ~]# openstack volume list
+--------------------------------------+----------+-----------+------+-------------+
| ID                                   | Name     | Status    | Size | Attached to |
+--------------------------------------+----------+-----------+------+-------------+
| b967e0f4-7a4a-4e0e-bd04-e93b34566342 | NFS_test | available |    1 |             |
| 53c3cd88-aedd-4861-8945-05949e53993b | NFS_1G   | available |    3 |             |
| 0a603fa2-b9f8-42d4-b1c7-467f00394709 | LVM_1G   | available |    1 |             |
+--------------------------------------+----------+-----------+------+-------------+
```

> **注意**
> 扩容后的新容量必须大于原有容量。

（二）新建 NFS_test 卷

新建一个 1 GB 的 NFS_test 卷，如图 9-28 所示。

	名称	描述	大小	状态	组	类型	连接到	可用域	可启动	加密的	动作
	NFS_test	-	1GiB	可用	-	NFS		nova	No	不	编辑卷

图 9-28　卷列表

（三）图形界面转让卷

1. 创建卷转让

图形界面转让方式如图 9-29 所示。

图 9-29　卷转让界面

卷转让状态如图 9-30 所示。

图 9-30　卷转让状态

2. 接受转让

以 admin 账户登录 admin 项目，如图 9-31 所示。

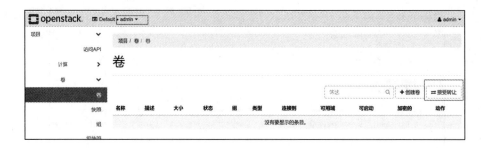

图 9-31　接受卷转让

3. 查看原有项目中卷

NFS_test 卷已不存在，如图 9-32 所示。

图 9-32　卷列表

（四）命令行转让卷

提示

本节基于任务二中任务实施第二步的结果，采用命令行方式将 NFS_test 卷由 admin 项目转让至 myuser 项目。

1. 创建卷转让

（1）以 admin 身份登录系统。

（2）查看项目中卷列表：

```
[root@controller ~]# openstack volume list
+--------------------------------------+----------+-----------+------+-------------+
| ID                                   | Name     | Status    | Size | Attached to |
+--------------------------------------+----------+-----------+------+-------------+
| b967e0f4-7a4a-4e0e-bd04-e93b34566342 | NFS_test | available |    1 |             |
+--------------------------------------+----------+-----------+------+-------------+
```

（3）创建转让：

```
openstack volume transfer request create NFS_test
```

```
[root@controller ~]# openstack volume transfer request create NFS_test
+------------+--------------------------------------+
| Field      | Value                                |
+------------+--------------------------------------+
| auth_key   | 48be3a551471eb01                     |
| created_at | 2020-06-02T13:19:17.293747           |
| id         | 1a88aa87-d175-48ff-ba39-1131ec56f3b0 |
| name       | None                                 |
| volume_id  | b967e0f4-7a4a-4e0e-bd04-e93b34566342 |
+------------+--------------------------------------+
```

#记录下 auth_key（48be3a551471eb01）和 id（1a88aa87-d175-48ff-ba39-1131ec56f3b0）

2. 接受卷转让

（1）以 myuser 身份登录系统。

（2）查看项目中卷列表：

```
[root@controller ~]# openstack volume list
+--------------------------------------+--------+-----------+------+------------------------------------+
| ID                                   | Name   | Status    | Size | Attached to                        |
+--------------------------------------+--------+-----------+------+------------------------------------+
| 53c3cd88-aedd-4861-8945-05949e53993b | NFS_1G | in-use    |    3 | Attached to RD-instance on /dev/vdb|
| 0a603fa2-b9f8-42d4-b1c7-467f00394709 | LVM_1G | available |    1 |                                    |
+--------------------------------------+--------+-----------+------+------------------------------------+
```

（3）执行命令：

```
openstack volume transfer request accept 1a88aa87-d175-48ff-ba39- 1131ec56f3b0
--auth-key 48be3a551471eb01
```

```
+-----------+--------------------------------------+
| Field     | Value                                |
+-----------+--------------------------------------+
| id        | 1a88aa87-d175-48ff-ba39-1131ec56f3b0 |
| name      | None                                 |
| volume_id | b967e0f4-7a4a-4e0e-bd04-e93b34566342 |
+-----------+--------------------------------------+
```

（4）再次查看项目中卷列表：

```
[root@controller ~]# openstack volume list
+--------------------------------------+----------+-----------+------+------------------------------------+
| ID                                   | Name     | Status    | Size | Attached to                        |
+--------------------------------------+----------+-----------+------+------------------------------------+
| b967e0f4-7a4a-4e0e-bd04-e93b34566342 | NFS_test | available |    1 |                                    |
| 53c3cd88-aedd-4861-8945-05949e53993b | NFS_1G   | in-use    |    3 | Attached to RD-instance on /dev/vdb|
| 0a603fa2-b9f8-42d4-b1c7-467f00394709 | LVM_1G   | available |    1 |                                    |
+--------------------------------------+----------+-----------+------+------------------------------------+
```

三、快照管理

任务实施目标：

以 myuser 身份，为 NFS_test 卷分别创建快照：RD_1G_snapshot 和 RD_1G_snapshot2。

（一）配置 nfs 快照支持

修改/etc/cinder/cinder.conf 配置文件，在 nfs 标签下添加：

```
nfs_snapshot_support=True
```

（二）图形创建快照

1. 图形界面方式

（1）以 myuser 身份登录系统，进入实例管理页面，单击"创建快照"（NFS_1G_snapshot1），如图 9-33 和图 9-34 所示。

图 9-33　创建快照

图 9-34　创建快照

（2）在"卷快照"管理页面中查看创建过程和结果，如图 9-35 所示。

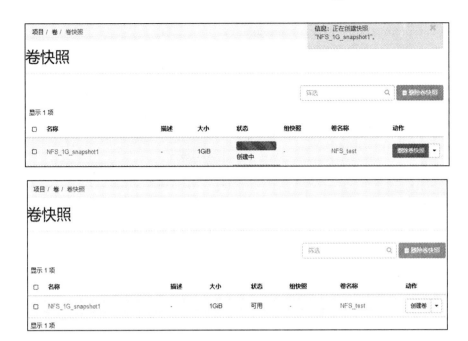

图 9-35　管理快照

✏️ **技术点：**

如果想让 NFS 存储支持快照功能，需要在配置文件 cinder.conf 文件[nfs]小节添加 nfs_snapshot_support = True，否则，报不支持快照错误信息：ERROR oslo_messaging.rpc.server VolumeDriverException: Volume driver reported an error: NFS driver snapshot support is disabled in cinder.conf。

2. 命令行方式

（1）以 myuser 身份登录系统，为 NFS_test 卷创建快照 NFS_1G_snapshot2：

```
cinder snapshot-create --display-name NFS_1G_snapshot2  NFS_test
```

```
+-------------+--------------------------------------+
| Property    | Value                                |
+-------------+--------------------------------------+
| created_at  | 2020-06-03T02:19:03.687670           |
| description | None                                 |
| id          | 6dcec841-1545-47f8-8daf-32af167b50ac |
| metadata    | {}                                   |
| name        | NFS_1G_snapshot2                     |
| size        | 1                                    |
| status      | creating                             |
| updated_at  | None                                 |
| volume_id   | b967e0f4-7a4a-4e0e-bd04-e93b34566342 |
+-------------+--------------------------------------+
```

（2）查看快照列表：

```
cinder snapshot-list
```

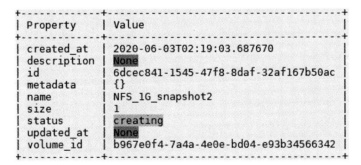

查看快照详细信息：

```
cinder snapshot-show NFS_1G_snapshot2
```

```
+----------------------------------------------+----------------------------------------------+
| Property                                     | Value                                        |
+----------------------------------------------+----------------------------------------------+
| created_at                                   | 2020-06-03T02:19:03.000000                   |
| description                                  | None                                         |
| id                                           | 6dcec841-1545-47f8-8daf-32af167b50ac         |
| metadata                                     | {}                                           |
| name                                         | NFS_1G_snapshot2                             |
| os-extended-snapshot-attributes:progress     | 100%                                         |
| os-extended-snapshot-attributes:project_id   | c035827059164a8f96a2a56f181cb193             |
| size                                         | 1                                            |
| status                                       | available                                    |
| updated_at                                   | 2020-06-03T02:20:44.000000                   |
| volume_id                                    | b967e0f4-7a4a-4e0e-bd04-e93b34566342         |
+----------------------------------------------+----------------------------------------------+
```

如果需删除某一快照，可执行：

```
cinder snapshot-delete 快照名
```

📋 任务验收

按照具体任务查看卷转让、快照配置结果。

项目十

→ Swift 对象存储服务部署

百度网盘、云盘等网络存储为用户提供了大容量的互联网存储空间。然而，现有网络的使用主要存在几点不足：一是数据上传和现在速度依赖于网速，在互联网接入带宽不够或者供应商限速时，用户体验较差；二是部分数据托管于运营商，存在一定的数据风险。在条件允许的情况下，解决上述问题的方法是构建本地或者私有云系统的对象存储服务，利用内部网络高速传输数据，同时保障数据安全和私密性。因此，作为云计算技术人员而言，针对用户需求和实际情况，应能提供适合的对象存储部署方案。

对象存储存放的数据称为对象（Object），主要用于虚拟机实例备份、归档、镜像保存等，OpenStack 中通过 Swift 组件提供对象存储（Object Storage）服务。通过本项目中两个典型工作任务的学习，读者能在理解 Swift 组件原理基础上，独立安装、部署和管理 Swift 组件，理解账户、容器、对象，合理部署对象存储。

学习目标

- 了解 Swift 组件架构及其功能；
- 掌握 Swift 组件安装部署方法；
- 理解和掌握对象存储部署方法。

任务一 安装 Swift 组件

任务描述

业务主管安排云计算助理工程师小王学习对象存储 Swift 服务，安装 Swift 服务，尝试新建容器，学会对象存储组件工作原理。具体要求如下：

（1）理解 Swift 组件架构及其功能。

（2）掌握基于命令行节点安装方法。

（3）基于报错信息定位和排查对象存储故障。

本项目中，对象存储服务拓扑结构如图 10-1 所示。本例中使用 2 个独立主机部署 Swift 存储服务，为了简便，以文件系统作为存储后端，相关参数规划如表 10-1 所示。如果资源有限，也可以新增 1 个 Swift 主机，另一个 swift 部署于 compute1 或者 block1 中。

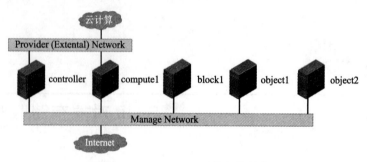

图 10-1 OpenStack 网络拓扑结构

表 10-1 OpenStack 平台块存储规划

主 机	OS	硬 件	网 络	网卡 IP	网 关	虚拟机网卡
controller	CentOS7	2CPU+4 GB 内存+ 60 GB 硬盘	提供者网络			桥接或仅主机
			管理网络 ens34	192.168.154.11/24	192.168.154.2	NAT
compute1	CentOS7	2CPU+4 GB 内存+ 50 GB 硬盘	提供者网络			桥接或仅主机
			管理网络 ens34	192.168.154.12/24	192.168.154.2	NAT
block1	CentOS7	1CPU+4 GB 内存+ 30 GB 硬盘+10 GB 硬盘	提供者网络			桥接或仅主机
			管理网络 ens34	192.168.154.13/24	192.168.154.2	NAT
object1	CentOS7	1CPU+1 GB 内存+ 30 GB 硬盘+10 GB 硬盘+10 GB 硬盘	提供者网络			桥接或仅主机
			管理网络 ens34	192.168.154.14/24	192.168.154.2	NAT
Object2	CentOS7	1CPU+1 GB 内存+ 30 GB 硬盘+10 GB 硬盘+10 GB 硬盘	提供者网络			桥接或仅主机
			管理网络 ens34	192.168.154.15/24	192.168.154.2	NAT

知识准备

一、Swift 对象存储系统

（一）Swift 概述

Swift 最初是由 Rackspace 公司开发的高可用分布式对象存储服务，并于 2010 年贡献给 OpenStack 开源社区作为其最初的核心子项目之一，为其 Nova 子项目提供虚机镜像存储服务。（当前镜像存储由 Glance 提供）。Swift 构筑在比较便宜的标准硬件存储基础设施之上，无须采用 RAID（磁盘冗余阵列）；通过在软件层面引入一致性散列技术和数据冗余性，牺牲一定程度的数据一致性来达到高可用性和可伸缩性；支持多租户模式、容器和对象读写操作，适合解决互联网的应用场景下非结构化数据存储问题。

Swift 对象存储，用于永久类型的静态数据的长期存储，典型应用场景为网盘，用于数据备份、存档和保存。Swift 所存储的逻辑单元是对象，而非文件或者实时数据。

（二）Swift 数据模型

Swift 采用层次数据模型，共设三层逻辑结构：Account/Container/Object（账户/容器/对象），每层节点数均没有限制，可以任意扩展。这里的账户和个人账户不是一个概念，可理解为租户，用来做顶层的隔离机制，可以被多个个人账户所共同使用；容器代表封装一组对象，类似文件夹或目录；叶子节点代表对象，由元数据和内容两部分组成，如图 10-2 所示。

（三）Swift 系统架构

Swift 采用完全对称、面向资源的分布式系统架构设计，如图 10-3 所示。所有组件都可扩展，避免因单点失效而扩散并影响整个系统运转；通信方式采用非阻塞式 I/O 模式，提高了系统吞吐和响应能力。

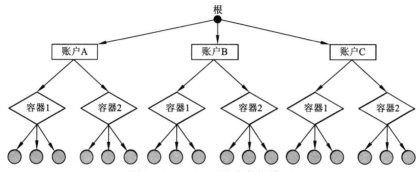

图 10-2　Swift 层次化数据模型

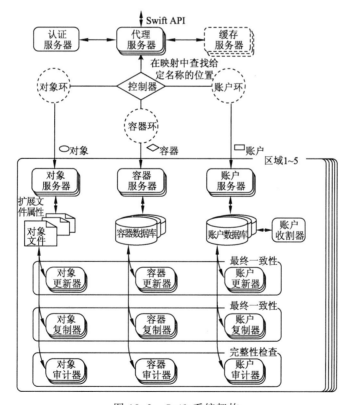

图 10-3　Swift 系统架构

Swift 系统组件包括：

（1）代理服务（Proxy Server）：对外提供对象服务 API，会根据环的信息来查找服务地址并转发用户请求至相应的账户、容器或者对象服务；由于采用无状态的 REST 请求协议，可以进行横向扩展来均衡负载。

（2）环（Ring）：表示集群中保存的实体名称与磁盘上物理位置之间的映射，将数据的逻辑名称映射到特定磁盘的具体位置。环使用区域（Zone）、设备（Device）、分区（Partition）和副本（Replicas）来维护这种映射信息，如图 10-4 所示。

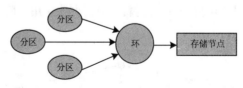

图 10-4　环的原理

（3）区域（Zones）：为隔离故障边界，对象存储允许配置区域。如果可能，每个数据副本位于一个独立的区域。最小级别的区域可以理解为一个单独或者一组驱动器。如果有 5 个对象存储服务器，每个服务器将代表自己的存储区域。大规模部署将有一个或多个机架的对象存储服务器，每个代表一个区域。由于数据跨区域复制，一个区域中的故障不影响集群中其他区域。

（4）账户服务（Account Server）：提供账户元数据和统计信息，并维护所含容器列表的服务，每个账户的信息被存储在一个 SQLite 数据库中，如图 10-5 所示。

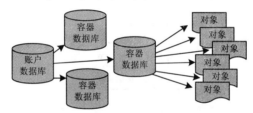

图 10-5　账户和容器服务数据库

（5）容器服务（Container Server）：提供容器元数据和统计信息，并维护所含对象列表的服务，每个容器的信息也存储在一个 SQLite 数据库中。

（6）对象服务（Object Server）：提供对象元数据和内容服务，每个对象的内容会以文件的形式存储在文件系统中，元数据会作为文件属性来存储，建议采用支持扩展属性的 XFS 文件系统。

（7）分区（Partitions）：存储的数据的一个集合，包括账户数据库、容器数据库和对象，有助于管理数据在集群中的位置。分区类似于将一个大仓库使用箱子存放对象，系统移动整个箱子则比多个离散对象处理更为方便。一个分区就是位于磁盘上的一个目录，拥有它所包含的内容的相应哈希表，如图 10-6 所示。

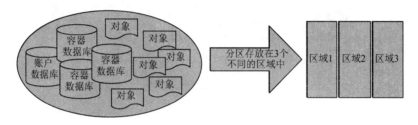

图 10-6　分区示意图

（8）复制服务（Replicator）：会检测本地分区副本和远程副本是否一致，具体通过对比散列文件和高级水印来完成，发现不一致时会采用推式 （Push）更新远程副本。例如，对象复制服务会使用远程文件复制工具 rsync 来同步；另外一个任务是确保被标记删除的对象从文件系统中移除。

（四）Swift 组件协同

1. 对象上传

客户使用 Rest API 构造一个 HTTP 请求，将一个对象上传到一个已有容器中。集群收到请求后，执行以下操作：

（1）必须解决将该数据存放在何处（通过账户、容器和对象名称确定）。

（2）通过环中查询，明确使用哪个存储节点类容纳该分区。

（3）数据被发送到要存放该分区的每个存储节点。客户收到上传成功通知之前，必须至少有三分之二的写入是成功的。

（4）容器数据库异步更新，反映到加入的新对象。

2. 对象下载

收到一个对账户/容器/对象的请求，使用同样的一致性哈希计算来决定分区的索引，环中的查询获知哪个存储节点包含该分区。请求提交给其中一个存储节点来获得该分区对象，如果失败，则请求转发至其他节点。

图 10-7 所示为对象上传与下载框架。

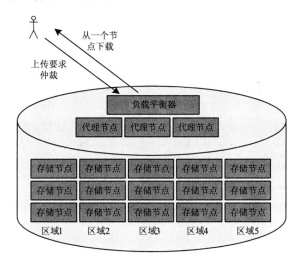

图 10-7 对象上传与下载框架

🖥 任务实施

一、安装控制节点

任务实施目标：

在 controller 节点上，参考表 10-2 参数规划，基于命令方式创建 Swift 服务凭证和服

视频

控制节点安装

编辑配置文件。

表 10-2 Swift 组件安装相关参数

节 点	服 务	用户名/密码
controlle1 （192.168.154.11）	openstack-swift-proxy、memcached	swift/sf123
object1 （192.168.154.14）	openstack-swift-account、openstack-swift-account-auditor、openstack-swift-account-reaper、openstack-swift-account-replicator、openstack-swift- container、openstack-swift-container-auditor、openstack-swift-container- replicator、openstack-swift-container-updater、openstack-swift-object、openstack-swift-object-auditor、openstack-swift-object-replicator、openstack -swift-object-updater	
object2 （192.168.154.15）		

（一）配置 hosts

编辑 cat /etc/hosts，添加记录：

```
echo'
192.168.154.14 object1
192.168.154.15 object2
'>> /etc/hosts
```

注意

对象存储不使用 SQL 数据库，使用各个存储节点上的分布式 SQLLite 数据库。

（二）创建身份服务凭证

（1）以管理员身份进入 CLI：

```
.admin-openrc
```

（2）创建用户 swift：

```
openstack user create --domain default --password-prompt swift    #设置密码
为 sf123
```

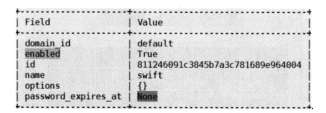

📖 **经验提示**：Keystone 未能完全启动结束，会报错 Failed to discover available identity versions when contacting http://controller:5000/v3. Attempting to parse version from URL.Keystone; 未能完全启动结束，会报错 Failed to discover available identity versions when contacting http://controller:5000/v3. Attempting to parse version from URL. Unable to establish connection to http://controller:5000/v3/auth/tokens: HTTPConnectionPool(host='controller', port= 5000): Max retries exceeded with url: /v3/auth/tokens （Caused by NewConnectionError ('<urllib3. connection.HTTPConnection object at 0x7f2b2ad2ad10>: Failed to establish a new connection: [Errno 111] Connection refused',)）。建议稍等后再创建用户。

（3）将 swift 加入管理员角色：

```
openstack role add --project service --user swift admin
```

（4）创建 swift 服务实体：

```
openstack service create --name swift\
--description "OpenStack Object Storage" object-store
```

```
+-------------+----------------------------------+
| Field       | Value                            |
+-------------+----------------------------------+
| description | OpenStack Object Storage         |
| enabled     | True                             |
| id          | 8fa1716f66db4dcf83c2e88a9cf4ab4d |
| name        | swift                            |
| type        | object-store                     |
+-------------+----------------------------------+
```

（三）创建服务 API 端点

```
openstack endpoint create --region RegionOne\
object-store public http://controller:8080/v1/AUTH_%\(project_id\)s
```

```
+--------------+-----------------------------------------+
| Field        | Value                                   |
+--------------+-----------------------------------------+
| enabled      | True                                    |
| id           | 9389dd6877254d0fbffef762771c3e63        |
| interface    | public                                  |
| region       | RegionOne                               |
| region_id    | RegionOne                               |
| service_id   | 8fa1716f66db4dcf83c2e88a9cf4ab4d        |
| service_name | swift                                   |
| service_type | object-store                            |
| url          | http://controller:8080/v1/AUTH_%(project_id)s |
+--------------+-----------------------------------------+
```

```
openstack endpoint create --region RegionOne\
object-store internal http://controller:8080/v1/AUTH_%\(project_id\)s
```

```
+--------------+-----------------------------------------+
| Field        | Value                                   |
+--------------+-----------------------------------------+
| enabled      | True                                    |
| id           | 68fad70a1311465d8bf07bd572cccd85        |
| interface    | internal                                |
| region       | RegionOne                               |
| region_id    | RegionOne                               |
| service_id   | 8fa1716f66db4dcf83c2e88a9cf4ab4d        |
| service_name | swift                                   |
| service_type | object-store                            |
| url          | http://controller:8080/v1/AUTH_%(project_id)s |
+--------------+-----------------------------------------+
```

```
openstack endpoint create --region RegionOne\
object-store admin http://controller:8080/v1
```

```
+--------------+----------------------------------+
| Field        | Value                            |
+--------------+----------------------------------+
| enabled      | True                             |
| id           | 929ae0ad8adf45b8adbdb67eec4da988 |
| interface    | admin                            |
| region       | RegionOne                        |
| region_id    | RegionOne                        |
| service_id   | 8fa1716f66db4dcf83c2e88a9cf4ab4d |
| service_name | swift                            |
| service_type | object-store                     |
| url          | http://controller:8080/v1        |
+--------------+----------------------------------+
```

（四）安装配置组件

（1）安装软件包：

```
yum install openstack-swift-proxy python-swiftclient python- keystoneclient
```

```
python-keystonemiddleware  memcached -y
```
（2）从对象存储源存储库获取代理服务配置文件：
```
curl -o /etc/swift/proxy-server.conf https://opendev.org/ openstack/swift
/raw/branch/stable/train/etc/proxy-server.conf-sample
```
（3）编辑代理服务配置文件：

编辑 /etc/swift/proxy-server.conf：
```
[DEFAULT]
#配置绑定端口、用户和配置目录
bind_port=8080
user=swift
swift_dir=/etc/swift

[pipeline:main]
# 删除 tempurl 和 tempauth 内部认证模块，添加 authtoken 和 keystoneauth（keystone）
认证模块：

pipeline=catch_errors gatekeeper healthcheck proxy-logging cache container_
sync bulk ratelimit authtoken keystoneauth container-quotas account-quotas
slo dlo versioned_writes proxy-logging proxy-server

[app:proxy-server]
use=egg:swift#proxy
#启动账户自动创建功能
account_autocreate=True

[filter:keystoneauth]
#配置操作员角色
use=egg:swift#keystoneauth
operator_roles=admin,reader, member,myrole

[filter:authtoken]
#配置身份服务（注意使用 swift 对应密码，本例为 sf123）
paste.filter_factory=keystonemiddleware.auth_token:filter_factory
www_authenticate_uri=http://192.168.154.11:5000/
auth_url=http://controller:5000
memcached_servers=controller:11211
auth_type=password
project_domain_id=default
user_domain_id=default
project_name=service
username=swift
password=sf123
delay_auth_decision=True

[filter:cache]
#配置缓存位置
use=egg:swift#memcache
memcache_servers=controller:11211
```

二、部署存储节点

任务实施目标:

参考表 10-4 参数规划,创建两个服务节点,部署 rsync 服务;基于命令行方式安装和配置账户、容器、对象。

> **提示**
>
> 对象存储节点建议部署 3 个以上。考虑到虚拟机资源有限,本例中仅部署两个节点,每个节点增加 2 块 10 GB 的磁盘。

(一) 创建对象存储节点

(1)创建两个节点主机:object1 和 object2 两个节点采用相同配置。

(2)初始化节点系统:

- 以最小化系统方式安装两个节点,配置 IP 地址分别为 192.168.154.14 和 192.168.154.15,主机名为 objetc1 和 object2。
- 停止网络服务、防火墙。
- 启用 NTP 服务,将 ntp1.aliyun.com 作为时间服务器。
- 设置时区为 Asia/Shanghai。

视频

存储节点配置

(3)编辑 cat /etc/hosts,添加记录:

```
echo '
192.168.154.11 controller
192.168.154.12 compute1
192.168.154.13 block1
192.168.154.14 object1
192.168.154.15 object2
'>> /etc/hosts
```

> **提示**
>
> 以上具体步骤可参考项目三中内容。

(二)安装准备

(1)安装支撑软件包:

```
yum install xfsprogs rsync -y
#yum install xfsprogs rsync openstack-swift-account openstack-swift-
container openstack-swift-object -y
```

(2)查看磁盘信息。确定 sdb 和 sdc 两个磁盘存在:

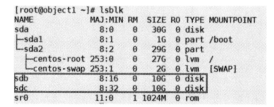

(3)格式化磁盘。将 sdb 和 sdc 格式化为 xfs 格式:

```
mkfs.xfs /dev/sdb
```

```
mkfs.xfs /dev/sdc
```

（4）挂载磁盘：

#创建挂载点目录

```
mkdir -p /srv/node/sdb
mkdir -p /srv/node/sdc
```

#在/etc/fstab 中添加配置

```
/dev/sdb /srv/node/sdb xfs noatime,nodiratime,nobarrier,logbufs=8 0 2
/dev/sdc /srv/node/sdc xfs noatime,nodiratime,nobarrier,logbufs=8 0 2
```

可执行下列代码：

```
echo'
/dev/sdb /srv/node/sdb xfs noatime,nodiratime,nobarrier,logbufs=8 0 2
/dev/sdc /srv/node/sdc xfs noatime,nodiratime,nobarrier,logbufs=8 0 2
'>> /etc/fstab
```

#挂装硬盘

```
mount /srv/node/sdb
mount /srv/node/sdc
```

（5）配置/etc/rsyncd.conf：

```
uid=swift
gid=swift
log file=/var/log/rsyncd.log
pid file=/var/run/rsyncd.pid
```

#配置存储节点管理口 IP，本例以 object1 为例，object2 相应修改

```
address=192.168.154.14
[account]
max connections=2
path=/srv/node/
read only=False
lock file=/var/lock/account.lock
[container]
max connections=2
path=/srv/node/
read only=False
lock file=/var/lock/container.lock
[object]
max connections=2
path=/srv/node/
read only=False
lock file=/var/lock/object.lock
```

可执行下列代码：

```
echo'
uid=swift
gid=swift
log file=/var/log/rsyncd.log
pid file=/var/run/rsyncd.pid
address=192.168.154.14
[account]
max connections=2
```

```
path=/srv/node/
read only=False
lock file=/var/lock/account.lock

[container]
max connections=2
path=/srv/node/
read only=False
lock file=/var/lock/container.lock

[object]
max connections=2
path=/srv/node/
read only=False
lock file=/var/lock/object.lock
'>> /etc/rsyncd.conf
```

注意

　　rsync 服务不需要认证，在生产环境中应考虑在内网运行。

（6）重启 tsyncd 服务：

```
systemctl enable rsyncd.service
systemctl start rsyncd.service
```

（三）安装配置组件

（1）安装支撑软件包：

```
yum install openstack-swift-account openstack-swift-container openstack-
swift-object -y
```

📖 典型故障：

　　现象：找不到可用的包 No package openstack-swift-account available.No package openstack-swift-container available.No package openstack-swift-object available。

　　解决：安装 train 源。yum install centos-release-openstack-train -y，如果太慢可以尝试使用国内源，具体参考项目三中内容。

（2）从对象存储源仓库获取账户、容器、对象服务配置文件：

```
curl -o /etc/swift/account-server.conf https://opendev.org/ openstack/
swift/raw/branch/stable/train/etc/account-server.conf-sample
curl -o /etc/swift/container-server.conf https://opendev.org/openstack/
swift/raw/branch/stable/train/etc/container-server.conf-sample
curl -o /etc/swift/object-server.conf https://opendev.org/openstack/
swift/raw/branch/stable/train/etc/object-server.conf-sample
```

（3）编辑账户配置文件：

```
vi /etc/swift/account-server.conf
[DEFAULT]
...
#配置绑定地址、端口、用户、配置目录和挂载点目录
bind_ip=192.168.154.14
bind_port=6202
user=swift
```

```
swift_dir=/etc/swift
devices=/srv/node
mount_check=True

[pipeline:main]
#启用合适的模块
pipeline=healthcheck recon account-server

[filter:recon]
#配置探测（计量）缓存目录
use=egg:swift#recon
...
recon_cache_path=/var/cache/swift
```
（4）编辑容器配置文件：
```
vi /etc/swift/container-server.conf
[DEFAULT]
...
#配置绑定地址、端口、用户、配置目录和挂载点目录
bind_ip=192.168.154.14
bind_port=6201
user=swift
swift_dir=/etc/swift
devices=/srv/node
mount_check=True

[pipeline:main]
#启用合适的模块
pipeline=healthcheck recon container-server

[filter:recon]
#配置探测（计量）缓存目录
use=egg:swift#recon
...
recon_cache_path=/var/cache/swift
```
（5）编辑对象配置文件：
```
vi /etc/swift/object-server.conf
[DEFAULT]
...
#配置绑定地址、端口、用户、配置目录和挂载点目录
bind_ip=192.168.154.14
bind_port=6200
user=swift
swift_dir=/etc/swift
devices=/srv/node
mount_check=True

[pipeline:main]
#启用合适的模块
pipeline=healthcheck recon object-server
```

```
[filter:recon]
#配置探测（计量）缓存目录
use=egg:swift#recon
...
recon_cache_path=/var/cache/swift
recon_lock_path=/var/lock
```

（6）设置挂载点目录所有权：

```
chown -R swift:swift /srv/node
```

（7）创建 recon 目录并授予所有权：

```
mkdir -p /var/cache/swift
chown -R root:swift /var/cache/swift
chmod -R 775 /var/cache/swift
```

三、创建和分发初始环

任务实施目标：

在 controller 节点上，创建账户、容器、对象 3 个层次环。部署一个地区（Region）和两个区域（Zone），最多 2^{10}（1 024）个分区，每个对象 3 个副本，1 小时内移动分区不超过 1 次。

> **提示**
>
> 在 controller 上操作。

（一）创建账户环

（1）创建 account.builder 文件：

```
#进入目录/etc/swift，执行以下命令：
swift-ring-builder account.builder create 10 3 1
```

（2）将每一个存储节点添加至该环。本例采用 1 个 region，其中 2 个 zone。语法规则：

```
swift-ring-builder account.builder add --region 1 --zone 1 --ip
STORAGE_NODE_MANAGEMENT_INTERFACE_IP_ADDRESS --port 6202 --device
DEVICE_NAME --weight DEVICE_WEIGHT
```

本例设置权重为 100，需要对每个存储上的每个设备执行该命令，共执行 4 次命令。

```
swift-ring-builder account.builder add \
  --region 1 --zone 1 --ip 192.168.154.14 --port 6202 --device sdb --weight
100
swift-ring-builder account.builder add \
  --region 1 --zone 1 --ip 192.168.154.14 --port 6202 --device sdc --weight
100
swift-ring-builder account.builder add \
  --region 1 --zone 2 --ip 192.168.154.15 --port 6202 --device sdb --weight
100
swift-ring-builder account.builder add \
  --region 1 --zone 2 --ip 192.168.154.15 --port 6202 --device sdc --weight
100
```

（3）验证环内容：

```
swift-ring-builder account.builder
```

```
[root@controller ~]# swift-ring-builder account.builder
account.builder, build version 4, id bb0e883ac25f4986b9351b06f8449298
1024 partitions, 3.000000 replicas, 1 regions, 2 zones, 4 devices, 100.00 balance, 0.00 dispersion
The minimum number of hours before a partition can be reassigned is 1 (0:00:00 remaining)
The overload factor is 0.00% (0.000000)
Ring file account.ring.gz not found, probably it hasn't been written yet
Devices:    id region zone         ip address:port replication ip:port  name weight partitions balance flags meta
             0      1    1 192.168.154.14:6202 192.168.154.14:6202  sdb 100.00          0 -100.00
             1      1    1 192.168.154.14:6202 192.168.154.14:6202  sdc 100.00          0 -100.00
             2      1    2 192.168.154.15:6202 192.168.154.15:6202  sdb 100.00          0 -100.00
             3      1    2 192.168.154.15:6202 192.168.154.15:6202  sdc 100.00          0 -100.00
```

（4）重新平衡环：

```
swift-ring-builder account.builder rebalance
```

```
[root@controller ~]# swift-ring-builder account.builder rebalance
Reassigned 3072 (300.00%) partitions. Balance is now 0.00.  Dispersion is now 0.00
```

> **注意**
>
> 如果删除环，可采用 remove 命令，如 swift-ring-builder account.builder remove --region 1 --zone 1 --ip 192.168.154.14 --port 6202 --device sdb --weight 100；但需要重新平衡后才能生效。
>
> 删除环文件：swift-ring-builder account.builder delete 10 3 1

（二）创建容器环

（1）创建 container.builder 文件：

```
#进入目录/etc/swift，执行以下命令
swift-ring-builder container.builder create 10 3 1
```

（2）添加每个节点每个存储至该环

```
#参考账户方法，执行以下命令
swift-ring-builder container.builder add\
  --region 1 --zone 1 --ip 192.168.154.14 --port 6201 --device sdb --weight
100
swift-ring-builder container.builder add\
  --region 1 --zone 1 --ip 192.168.154.14 --port 6201 --device sdc --weight
100
swift-ring-builder container.builder add\
  --region 1 --zone 2 --ip 192.168.154.15 --port 6201 --device sdb --weight
100
swift-ring-builder container.builder add\
  --region 1 --zone 2 --ip 192.168.154.15 --port 6201 --device sdc --weight
100
```

（3）验证环内容：

```
swift-ring-builder container.builder
```

```
[root@controller ~]# swift-ring-builder container.builder
container.builder, build version 4, id b663c37c759d482c80f8315d29b37edb
1024 partitions, 3.000000 replicas, 1 regions, 2 zones, 4 devices, 100.00 balance, 0.00 dispersion
The minimum number of hours before a partition can be reassigned is 1 (0:00:00 remaining)
The overload factor is 0.00% (0.000000)
Ring file container.ring.gz not found, probably it hasn't been written yet
Devices:    id region zone         ip address:port replication ip:port  name weight partitions balance flags meta
             0      1    1 192.168.154.14:6201 192.168.154.14:6201  sdb 100.00          0 -100.00
             1      1    1 192.168.154.14:6201 192.168.154.14:6201  sdc 100.00          0 -100.00
             2      1    2 192.168.154.15:6201 192.168.154.15:6201  sdb 100.00          0 -100.00
             3      1    2 192.168.154.15:6201 192.168.154.15:6201  sdc 100.00          0 -100.00
```

（4）重新平衡环：

```
swift-ring-builder container.builder rebalance
```

```
[root@controller ~]# swift-ring-builder container.builder rebalance
Reassigned 3072 (300.00%) partitions. Balance is now 0.00. Dispersion is now 0.00
```

（三）创建对象环

（1）创建 object.builder 文件：

```
#进入目录/etc/swift，执行以下命令
swift-ring-builder object.builder create 10 3 1
```

（2）添加每个节点每个存储至该环：

```
#参考账户方法，执行以下命令
swift-ring-builder object.builder add\
  --region 1 --zone 1 --ip 192.168.154.14 --port 6200 --device sdb --weight
100
swift-ring-builder object.builder add\
  --region 1 --zone 1 --ip 192.168.154.14 --port 6200 --device sdc --weight
100
swift-ring-builder object.builder add\
  --region 1 --zone 2 --ip 192.168.154.15 --port 6200 --device sdb --weight
100
swift-ring-builder object.builder add\
  --region 1 --zone 2 --ip 192.168.154.15 --port 6200 --device sdc --weight
100
```

（3）验证环内容：

```
swift-ring-builder object.builder
```

```
[root@controller ~]# swift-ring-builder object.builder
object.builder, build version 4, id bdeca9bc7a6647509977ac707f795c32
1024 partitions, 3.000000 replicas, 1 regions, 2 zones, 4 devices, 100.00 balance, 0.00 dispersion
The minimum number of hours before a partition can be reassigned is 1 (0:00:00 remaining)
The overload factor is 0.00% (0.000000)
Ring file object.ring.gz not found, probably it hasn't been written yet
Devices:    id region zone    ip address:port replication ip:port   name weight partitions balance flags meta
             0      1    1 192.168.154.14:6200 192.168.154.14:6200   sdb 100.00          0 -100.00
             1      1    1 192.168.154.14:6200 192.168.154.14:6200   sdc 100.00          0 -100.00
             2      1    2 192.168.154.15:6200 192.168.154.15:6200   sdb 100.00          0 -100.00
             3      1    2 192.168.154.15:6200 192.168.154.15:6200   sdc 100.00          0 -100.00
```

（4）重新平衡环：

```
swift-ring-builder object.builder rebalance
```

```
[root@controller ~]# swift-ring-builder object.builder rebalance
Reassigned 3072 (300.00%) partitions. Balance is now 0.00. Dispersion is now 0.00
```

（四）分发环配置文件

将控制节点当前目录下的 account.ring.gz、container.ring.gz 和 object.ring.gz 文件复制到每个存储节点和运行代理服务的其他节点/etc/swift 目录中。

```
scp *.gz object1:/etc/swift/
scp *.gz object2:/etc/swift/
```

执行 scp 命令后，需要先确认 yes，再输入 object 主机密码：

视　频

分发配置

```
[root@controller ~]# scp *.gz object2:/etc/swift/
The authenticity of host 'object2 (192.168.154.15)' can't be established.
ECDSA key fingerprint is SHA256:NhgeDHDfv24RTcBtGXo8ABvMq+KIMUZtGJxC65KYb20.
ECDSA key fingerprint is MD5:96:7c:e6:bd:c2:55:c0:f5:a1:af:40:8f:1a:4e:e5:09.
Are you sure you want to continue connecting (yes/no)? yes
Warning: Permanently added 'object2,192.168.154.15' (ECDSA) to the list of known hosts.
root@object2's password:
account.ring.gz                                    100% 1509    2.1MB/s   00:00
container.ring.gz                                  100% 1500    2.3MB/s   00:00
object.ring.gz                                     100% 1475    2.3MB/s   00:00
```

四、完成安装

任务实施目标:

在 controller 节点上，编辑 swift.conf 文件，并复制到其他节点，并测试容器创建。

┌─ 提示 ───┐
│   在 controller 和 object 上操作。   │
└──┘

（一）在 controller 上获取/etc/swift/swift.conf 配置文件

```
curl -o /etc/swift/swift.conf\
https://opendev.org/openstack/swift/raw/branch/stable/train/etc/swift.co
nf-sample
```

```
[root@controller ~]# curl -o /etc/swift/swift.conf \
>  https://opendev.org/openstack/swift/raw/branch/stable/rocky/etc/swift.conf-sample
  % Total    % Received % Xferd  Average Speed   Time    Time     Time  Current
                                 Dload  Upload   Total   Spent    Left  Speed
100  7894    0  7894    0     0   3036      0 --:--:--  0:00:02 --:--:--  3037
```

（二）在 controller 上编辑/etc/swift/swift.conf 配置文件

```
[swift-hash]
#根据当前环境配置哈希路径前缀和后缀
...
swift_hash_path_suffix=HASH_PATH_SUFFIX
swift_hash_path_prefix=HASH_PATH_PREFIX

[storage-policy:0]
#配置默认存储策略
...
name=Policy-0
default=yes
```

┌─ 注意 ───┐
│   使用随机唯一的字符串替换 HASH_PATH_PREFIX 和 HASH_PATH_SUFFIX 参数，并注 │
│ 意保密和保管，不要修改或丢失。默认为 changeme，本例设置为 123456 和 654321。 │
└──┘

（三）复制 swift.conf 文件

将 controller 上/etc/swift/swift.conf 文件复制到每个存储节点和运行代理服务的其他节点的
/etc/swift 目录中:

```
scp /etc/swift/swift.conf object1:/etc/swift/
scp /etc/swift/swift.conf object2:/etc/swift/
```

```
[root@controller ~]# scp /etc/swift/swift.conf object1:/etc/swift/
root@object1's password:
swift.conf                                      100% 7896     522.0KB/s     00:00
[root@controller ~]# scp /etc/swift/swift.conf object2:/etc/swift/
root@object2's password:
swift.conf                                      100% 7896     230.2KB/s     00:00
```

（四）在所有节点上执行权限操作

```
chown -R root:swift /etc/swift
```

（五）启动服务命令

（1）在 controller 和其他代理节点上运行代理服务：

```
systemctl enable openstack-swift-proxy.service memcached.service
systemctl start openstack-swift-proxy.service memcached.service
```

（2）在存储节点上，启动对象存储服务：

```
systemctl enable openstack-swift-account.service openstack-swift-account-
auditor.service\
  openstack-swift-account-reaper.service
openstack-swift-account-replicator.service
systemctl start openstack-swift-account.service openstack-swift-account-
auditor.service\
  openstack-swift-account-reaper.service
openstack-swift-account-replicator.service
systemctl enable openstack-swift-container.service\
  openstack-swift-container-auditor.service
openstack-swift-container-replicator.service\
  openstack-swift-container-updater.service
systemctl start openstack-swift-container.service\
  openstack-swift-container-auditor.service
openstack-swift-container-replicator.service\
  openstack-swift-container-updater.service
systemctl enable openstack-swift-object.service openstack-swift-object-
auditor.service\
  openstack-swift-object-replicator.service
openstack-swift-object-updater.service
systemctl start openstack-swift-object.service openstack-swift-object-auditor.
service\
  openstack-swift-object-replicator.service
openstack-swift-object-updater.service
```

（六）测试

（1）查看参数信息。在 controller 节点中，分别以 admin 和 myuser 身份，执行 swift stat 命令，查看账户、对象和容器信息。安装完成后，每个租户（项目）账户中参数均为 0：

```
[root@controller swift]# . admin-openrc
[root@controller swift]# swift stat
Account: AUTH_bd379a31575849409234bbc0775ee29b
Containers: 0
Objects: 0
Bytes: 0
X-Put-Timestamp: 1592879057.10887
X-Timestamp: 1592879057.10887
X-Trans-Id: txd770488ddb34491982734-005ef167d0
```

```
Content-Type: text/plain; charset=utf-8
X-Openstack-Request-Id: txd770488ddb34491982734-005ef167d0
[root@controller ~]# . myuser-openrc
[root@controller ~]# swift stat
Account: AUTH_c035827059164a8f96a2a56f181cb193
Containers: 0
Objects: 0
Bytes: 0
X-Put-Timestamp: 1592882587.28657
X-Timestamp: 1592882587.28657
X-Trans-Id: txaac61cd37f204d3a97a9b-005ef1759b
Content-Type: text/plain; charset=utf-8
X-Openstack-Request-Id: txaac61cd37f204d3a97a9b-005ef1759b
```

（2）创建容器。以 admin 或者 myuser 身份登录，执行 openstack container create container1
命令，创建名为 container1 的容器：

```
[root@controller ~]# openstack container create container1
+-----------------------------------------+------------+----------------------------------+
| account                                 | container  | x-trans-id                       |
+-----------------------------------------+------------+----------------------------------+
| AUTH_c035827059164a8f96a2a56f181cb193   | container1 | tx751318e86ca14b3ca2201-005ef1765a |
+-----------------------------------------+------------+----------------------------------+
```

📖 典型故障 1：代理服务文件配置错误无法获取 Swift 服务信息。

现象：在 controller 中执行 swift stat 或者 swift list 结果 HTTPConnectionPool（host='controller'，
port=8080）：Max retries exceeded with url: /v1/AUTH_bd379a31575849409234bbc0775ee29b?format=json
（Caused by NewConnectionError（'<urllib3.connection.HTTPConnection object at 0x7fc5d8e78210>: Failed
to establish a new connection: [Errno 111] Connection refused',)）。

排查：在 controller 中执行 netstat –na | grep 8080 无输出；执行 ps –ef | grep swift：root　62324
55025　0 14:34 pts/1　00:00:00 grep --color=auto swift。

分析：swift-proxy-server 服务并没有启动。

解决：修改/etc/swift/proxy-server.conf 配置文件，只启动核心模块，以及其他参数。

再次验证：

```
[root@controller ~]# netstat -na|grep 8080
tcp        0      0 0.0.0.0:8080            0.0.0.0:*               LISTEN
tcp        0      0 192.168.154.11:59750    192.168.154.11:8080     ESTABLISHED
tcp        0      0 192.168.154.11:59772    192.168.154.11:8080     ESTABLISHED
tcp        0      0 192.168.154.11:8080     192.168.154.11:59750    ESTABLISHED
tcp        0      0 192.168.154.11:8080     192.168.154.11:59772    ESTABLISHED
tcp        0      0 192.168.154.11:59760    192.168.154.11:8080     ESTABLISHED
tcp        0      0 192.168.154.11:59798    192.168.154.11:8080     ESTABLISHED
tcp        0      0 192.168.154.11:8080     192.168.154.11:59760    ESTABLISHED
tcp        0      0 192.168.154.11:59792    192.168.154.11:8080     ESTABLISHED
tcp        0      0 192.168.154.11:8080     192.168.154.11:59792    ESTABLISHED
tcp        0      0 192.168.154.11:8080     192.168.154.11:59798    ESTABLISHED

[root@controller ~]# ps -ef | grep swift
swift    56035      1  0 09:58 ?        00:00:47 /usr/bin/python2 /usr/bin/swift-proxy-server /etc/swift/proxy-server.conf
swift    56052  56035  0 09:58 ?        00:00:00 /usr/bin/python2 /usr/bin/swift-proxy-server /etc/swift/proxy-server.conf
swift    56053  56035  0 09:58 ?        00:00:00 /usr/bin/python2 /usr/bin/swift-proxy-server /etc/swift/proxy-server.conf
root     60382  54697  0 11:28 pts/1    00:00:00 grep --color=auto swift
```

📖 典型故障 2：防火墙开启导致容器创建报错。

现象：执行 openstack container create container1 命令，报错：Internal Server Error（HTTP 500）
（Request–ID: txa2fabb68696840709b18e-005ef16984）。

分析：在 controller 中查看/var/log/message 文件中报错信息 controller proxy–server: ERROR 500

Trying to PUT /AUTH_bd379a31575849409234bbc0775ee29b From Container Server 192.168.154. 15:6202/sdc(txn: txa2fabb68696840709b18e-005ef16984)(client_ip: 192.168.154.11)Jun 23 10:31:33 controller proxy-server: ERROR 500 Trying to PUT /AUTH_bd379a31575849409234bbc0775ee29b From Container Server 192.168.154.14:6202/sdc (txn: txa2fabb68696840709b 18e-005ef16984)(client_ip: 192.168.154.11)。表明 192.168.154.15:6202 无法提供服务，通常是防火墙原因。

解决：把 object 节点的 selinux 和 firewalld 关闭，并重启系统。

五、工程化操作

任务实施目标:

基于脚本方式配置系统。

基于终端软件使用 SSH 方式登录 CentOS 主机，执行以下代码：

```
#任务1: 控制节点安装
（1）配置 hosts
echo '
192.168.154.14 object1
192.168.154.15 object2
（2）创建身份服务凭证
' >> /etc/hosts
. admin-openrc
openstack user create --domain default --password sf123 swift
openstack role add --project service --user swift admin
openstack service create --name swift --description "OpenStack Object
Storage" object-store
openstack endpoint create --region RegionOne object-store public
http://controller:8080/v1/AUTH_%\（project_id\）s
openstack endpoint create --region RegionOne object-store internal
http://controller:8080/v1/AUTH_%\（project_id\）s
openstack endpoint create --region RegionOne object-store admin
http://controller:8080/v1/AUTH_%\（project_id\）s
（3）安装配置组件
yum install openstack-swift-proxy python-swiftclient python-keystoneclient
python-keystonemiddleware memcached -y
#下载模板
curl -o /etc/swift/proxy-server.conf https://opendev.org/openstack/swift
/raw/branch/stable/train/etc/proxy-server.conf-sample --insecure

cp /etc/swift/proxy-server.conf /etc/swift/proxy-server.conf.bak
grep -Ev '^$|^#' /etc/swift/proxy-server.conf.bak > /etc/swift/proxy-
server.conf
#修改配置文件
openstack-config --set /etc/swift/proxy-server.conf DEFAULT bind_port 8080
openstack-config --set /etc/swift/proxy-server.conf DEFAULT user swift
openstack-config --set /etc/swift/proxy-server.conf DEFAULT swift_dir
/etc/swift
openstack-config --set /etc/swift/proxy-server.conf pipeline:main
pipeline 'catch_errors gatekeeper healthcheck proxy-logging cache
```

```
container_sync bulk ratelimit authtoken keystoneauth container-quotas
account-quotas slo dlo versioned_writes proxy-logging proxy-server'
openstack-config --set /etc/swift/proxy-server.conf app:proxy-server use
'egg:swift#proxy'
openstack-config --set /etc/swift/proxy-server.conf app:proxy-server
account_autocreate True

openstack-config --set /etc/swift/proxy-server.conf filter:keystoneauth
use 'egg:swift#keystoneauth'
openstack-config --set /etc/swift/proxy-server.conf filter:keystoneauth
operator_roles 'admin,user,member,myrole'

openstack-config --set /etc/swift/proxy-server.conf filter:authtoken
paste.filter_factory 'keystonemiddleware.auth_token:filter_factory'
openstack-config --set /etc/swift/proxy-server.conf filter:authtoken
www_authenticate_uri http://192.168.154.11:5000
openstack-config --set /etc/swift/proxy-server.conf filter:authtoken
auth_url http://controller:5000/v3
openstack-config --set /etc/swift/proxy-server.conf filter:authtoken
memcached_servers controller:11211
openstack-config --set /etc/swift/proxy-server.conf filter:authtoken
auth_type password
openstack-config --set /etc/swift/proxy-server.conf filter:authtoken
project_domain_id default
openstack-config --set /etc/swift/proxy-server.conf filter:authtoken
user_domain_id default
openstack-config --set /etc/swift/proxy-server.conf filter:authtoken
project_name service
openstack-config --set /etc/swift/proxy-server.conf filter:authtoken
username swift
openstack-config --set /etc/swift/proxy-server.conf filter:authtoken
password sf123
openstack-config --set /etc/swift/proxy-server.conf filter:authtoken
delay_auth_decision True

openstack-config --set /etc/swift/proxy-server.conf filter:cache use
'egg:swift#memcache'
openstack-config --set /etc/swift/proxy-server.conf filter:cache memcache
servers controller:11211

#任务2: 部署存储节点
#对象存储节点配置14:
yum install xfsprogs rsync openstack-utils -y
lsblk
mkfs.xfs /dev/sdb
mkfs.xfs /dev/sdc
mkdir -p /srv/node/sdb
mkdir -p /srv/node/sdc
echo '
/dev/sdb /srv/node/sdb xfs noatime,nodiratime,nobarrier,logbufs=8 0 2
```

```
/dev/sdc /srv/node/sdc xfs noatime,nodiratime,nobarrier,logbufs=8 0 2
'>> /etc/fstab

mount /dev/sdb /srv/node/sdb
mount /dev/sdc /srv/node/sdc

cp /etc/rsyncd.conf /etc/rsyncd.conf.bak
grep -Ev '^$|^#' /etc/rsyncd.conf.bak > /etc/rsyncd.conf

echo '
uid=swift
gid=swift
log file=/var/log/rsyncd.log
address=192.168.154.14' >>/etc/rsyncd.conf

openstack-config --set /etc/rsyncd.conf account 'max connections' 2
openstack-config --set /etc/rsyncd.conf account path /srv/node/
openstack-config --set /etc/rsyncd.conf account 'read only' False
openstack-config --set /etc/rsyncd.conf account 'lock file' /var/lock/
account.lock
openstack-config --set /etc/rsyncd.conf container 'max connections' 2
openstack-config --set /etc/rsyncd.conf container path /srv/node/
openstack-config --set /etc/rsyncd.conf container 'read only' False
openstack-config --set /etc/rsyncd.conf container 'lock file' /var/lock/
container.lock
openstack-config --set /etc/rsyncd.conf object 'max connections' 2
openstack-config --set /etc/rsyncd.conf object path /srv/node/
openstack-config --set /etc/rsyncd.conf object 'read only' False
openstack-config --set /etc/rsyncd.conf object 'lock file' /var/lock/
object.lock

systemctl enable rsyncd.service
systemctl start rsyncd.service

yum install openstack-swift-account openstack-swift-container openstack-
swift-object -y

curl -o /etc/swift/account-server.conf https://opendev.org/openstack/
swift/raw/branch/stable/train/etc/account-server.conf-sample
curl -o /etc/swift/container-server.conf https://opendev.org/openstack/
swift/raw/branch/stable/train/etc/container-server.conf-sample
curl -o /etc/swift/object-server.conf https://opendev.org/openstack/
swift/raw/branch/stable/train/etc/object-server.conf-sample

#curl -o /etc/swift/account-server.conf https://git.openstack.org/cgit/
openstack/swift/plain/etc/account-server.conf-sample?h=stable/train
#curl -o /etc/swift/container-server.conf https://git.openstack.org/cgit/
openstack/swift/plain/etc/container-server.conf-sample?h=stable/train
#curl -o /etc/swift/object-server.conf https://git.openstack.org/cgit/
openstack/swift/plain/etc/object-server.conf-sample?h=stable/train
```

```
cp /etc/swift/account-server.conf /etc/swift/account-server.conf.bak
grep -Ev '^$|^#' /etc/swift/account-server.conf.bak > /etc/swift/account-
server.conf

cp /etc/swift/container-server.conf /etc/swift/container-server.conf.bak
grep -Ev '^$|^#' /etc/swift/container-server.conf.bak > /etc/swift/
container-server.conf

cp /etc/swift/object-server.conf /etc/swift/object-server.conf.bak
grep -Ev '^$|^#' /etc/swift/object-server.conf.bak > /etc/swift/
object-server.conf

openstack-config --set /etc/swift/account-server.conf DEFAULT bind_ip 192.
168.154.14
openstack-config --set /etc/swift/account-server.conf DEFAULT bind_port
6202
openstack-config --set /etc/swift/account-server.conf DEFAULT user swift
openstack-config --set /etc/swift/account-server.conf DEFAULT swift_dir
/etc/swift
openstack-config --set /etc/swift/account-server.conf DEFAULT devices /
srv /node
openstack-config --set /etc/swift/account-server.conf DEFAULT mount_check
True
openstack-config --set /etc/swift/account-server.conf pipeline:main pipeline
'healthcheck recon account-server'
openstack-config --set /etc/swift/account-server.conf filter:recon use
'egg:swift#recon'
openstack-config --set /etc/swift/account-server.conf filter:recon recon_
cache_path /var/cache/swift

openstack-config --set /etc/swift/container-server.conf DEFAULT bind_ip
192.168.154.14
openstack-config --set /etc/swift/container-server.conf DEFAULT bind_port
6201
openstack-config --set /etc/swift/container-server.conf DEFAULT user swift
openstack-config --set /etc/swift/container-server.conf DEFAULT swift_dir
/etc/swift
openstack-config --set /etc/swift/container-server.conf DEFAULT devices
/srv/node
openstack-config --set /etc/swift/container-server.conf DEFAULT mount_
check True
openstack-config --set /etc/swift/container-server.conf pipeline:main pipeline
'healthcheck recon container-server'
openstack-config --set /etc/swift/container-server.conf filter:recon use
'egg:swift#recon'
openstack-config --set /etc/swift/container-server.conf filter:recon recon_
cache_path /var/cache/swift
```

```
openstack-config --set /etc/swift/object-server.conf DEFAULT bind_ip 192.
168.154.14
openstack-config --set /etc/swift/object-server.conf DEFAULT bind_port
6200
openstack-config --set /etc/swift/object-server.conf DEFAULT user swift
openstack-config --set /etc/swift/object-server.conf DEFAULT swift_dir /etc
/swift
openstack-config --set /etc/swift/object-server.conf DEFAULT devices /srv/
node
openstack-config --set /etc/swift/object-server.conf DEFAULT mount_check
True
openstack-config --set /etc/swift/object-server.conf pipeline:main pipeline
'healthcheck recon object-server'
openstack-config --set /etc/swift/object-server.conf filter:recon use 'egg:
swift#recon'
openstack-config --set /etc/swift/object-server.conf filter:recon recon_
cache_path /var/cache/swift

chown -R swift:swift /srv/node
restorecon -R /srv

mkdir -p /var/cache/swift
chown -R root:swift /var/cache/swift
chmod -R 775 /var/cache/swift

#对象存储节点配置15:
yum install xfsprogs rsync openstack-utils -y
lsblk
mkfs.xfs /dev/sdb
mkfs.xfs /dev/sdc
mkdir -p /srv/node/sdb
mkdir -p /srv/node/sdc
echo '
/dev/sdb /srv/node/sdb xfs noatime,nodiratime,nobarrier,logbufs=8 0 2
/dev/sdc /srv/node/sdc xfs noatime,nodiratime,nobarrier,logbufs=8 0 2
'>> /etc/fstab

mount /dev/sdb /srv/node/sdb
mount /dev/sdc /srv/node/sdc

cp /etc/rsyncd.conf /etc/rsyncd.conf.bak
grep -Ev '^$|^#' /etc/rsyncd.conf.bak > /etc/rsyncd.conf

echo '
uid=swift
gid=swift
log file=/var/log/rsyncd.log
address=192.168.154.15' >>/etc/rsyncd.conf

openstack-config --set /etc/rsyncd.conf account 'max connections' 2
```

```
openstack-config --set /etc/rsyncd.conf account path /srv/node/
openstack-config --set /etc/rsyncd.conf account 'read only' False
openstack-config --set /etc/rsyncd.conf account 'lock file' /var/lock/
account.lock
openstack-config --set /etc/rsyncd.conf container 'max connections' 2
openstack-config --set /etc/rsyncd.conf container path /srv/node/
openstack-config --set /etc/rsyncd.conf container 'read only' False
openstack-config --set /etc/rsyncd.conf container 'lock file' /var/lock/
container.lock
openstack-config --set /etc/rsyncd.conf object 'max connections' 2
openstack-config --set /etc/rsyncd.conf object path /srv/node/
openstack-config --set /etc/rsyncd.conf object 'read only' False
openstack-config --set /etc/rsyncd.conf object 'lock file' /var/lock/
object.lock

systemctl enable rsyncd.service
systemctl start rsyncd.service

yum install openstack-swift-account openstack-swift-container openstack-
swift-object -y

curl -o /etc/swift/account-server.conf https://opendev.org/ openstack/
swift/raw/branch/stable/train/etc/account-server.conf-sample
curl -o /etc/swift/container-server.conf https://opendev.org/ openstack/
swift/raw/branch/stable/train/etc/container-server.conf-sample
curl -o /etc/swift/object-server.conf https://opendev.org/openstack/
swift/raw/branch/stable/train/etc/object-server.conf-sample

#curl -o /etc/swift/account-server.conf https://git.openstack.org/cgit/
openstack/swift/plain/etc/account-server.conf-sample?h=stable/train
#curl -o /etc/swift/container-server.conf https://git.openstack.org/cgit/
openstack/swift/plain/etc/container-server.conf-sample?h=stable/train
#curl -o /etc/swift/object-server.conf https://git.openstack.org/cgit/
openstack/swift/plain/etc/object-server.conf-sample?h=stable/train

cp /etc/swift/account-server.conf /etc/swift/account-server.conf.bak
grep -Ev '^$|^#' /etc/swift/account-server.conf.bak > /etc/swift/ account-
server.conf

cp /etc/swift/container-server.conf /etc/swift/container-server.conf.bak
grep -Ev '^$|^#' /etc/swift/container-server.conf.bak>/etc/swift/ container-
server.conf

cp /etc/swift/object-server.conf /etc/swift/object-server.conf.bak
grep -Ev '^$|^#' /etc/swift/object-server.conf.bak>/etc/swift/ object-
server.conf

openstack-config --set /etc/swift/account-server.conf DEFAULT bind_ip 192.
168.154.15
```

```
openstack-config --set /etc/swift/account-server.conf DEFAULT bind_port
6202
openstack-config --set /etc/swift/account-server.conf DEFAULT user swift
openstack-config --set /etc/swift/account-server.conf DEFAULT swift_dir
/etc/swift
openstack-config --set /etc/swift/account-server.conf DEFAULT devices /srv
/node
openstack-config --set /etc/swift/account-server.conf DEFAULT mount_check
True
openstack-config --set /etc/swift/account-server.conf pipeline:main pipeline
'healthcheck recon account-server'
openstack-config --set /etc/swift/account-server.conf filter:recon use 'egg:
swift#recon'
openstack-config --set /etc/swift/account-server.conf filter:recon recon_
cache_path /var/cache/swift

openstack-config --set /etc/swift/container-server.conf DEFAULT bind_ip
192.168.154.15
openstack-config --set /etc/swift/container-server.conf DEFAULT bind_port
6201
openstack-config --set /etc/swift/container-server.conf DEFAULT user swift
openstack-config --set /etc/swift/container-server.conf DEFAULT swift_dir
/etc/swift
openstack-config --set /etc/swift/container-server.conf DEFAULT devices
/srv/node
openstack-config --set /etc/swift/container-server.conf DEFAULT mount_ check
True
openstack-config --set /etc/swift/container-server.conf pipeline:main pipeline
'healthcheck recon container-server'
openstack-config --set /etc/swift/container-server.conf filter:recon use
'egg:swift#recon'
openstack-config --set /etc/swift/container-server.conf filter:recon recon_
cache_path /var/cache/swift

openstack-config --set /etc/swift/object-server.conf DEFAULT bind_ip 192.
168.154.15
openstack-config --set /etc/swift/object-server.conf DEFAULT bind_port 6200
openstack-config --set /etc/swift/object-server.conf DEFAULT user swift
openstack-config --set /etc/swift/object-server.conf DEFAULT swift_dir /etc
/swift
openstack-config --set /etc/swift/object-server.conf DEFAULT devices /srv
/node
openstack-config --set /etc/swift/object-server.conf DEFAULT mount_check
True
openstack-config --set /etc/swift/object-server.conf pipeline:main pipeline
'healthcheck recon object-server'
openstack-config --set /etc/swift/object-server.conf filter:recon use 'egg:
swift#recon'
openstack-config --set /etc/swift/object-server.conf filter:recon recon_
cache_path /var/cache/swift
```

```
chown -R swift:swift /srv/node
restorecon -R /srv

mkdir -p /var/cache/swift
chown -R root:swift /var/cache/swift
chmod -R 775 /var/cache/swift

#控制节点上，创建和发放初始环
cd /etc/swift

swift-ring-builder account.builder create 10 3 1
swift-ring-builder account.builder add\
  --region 1 --zone 1 --ip 192.168.154.14 --port 6202 --device sdb --weight
100
swift-ring-builder account.builder add\
  --region 1 --zone 1 --ip 192.168.154.14 --port 6202 --device sdc --weight
100
swift-ring-builder account.builder add\
  --region 1 --zone 2 --ip 192.168.154.15 --port 6202 --device sdb --weight
100
swift-ring-builder account.builder add\
  --region 1 --zone 2 --ip 192.168.154.15 --port 6202 --device sdc --weight
100
swift-ring-builder account.builder
swift-ring-builder account.builder rebalance

swift-ring-builder container.builder create 10 3 1
swift-ring-builder container.builder add\
  --region 1 --zone 1 --ip 192.168.154.14 --port 6201 --device sdb --weight
100
swift-ring-builder container.builder add\
  --region 1 --zone 1 --ip 192.168.154.14 --port 6201 --device sdc --weight
100
swift-ring-builder container.builder add\
  --region 1 --zone 2 --ip 192.168.154.15 --port 6201 --device sdb --weight
100
swift-ring-builder container.builder add\
  --region 1 --zone 2 --ip 192.168.154.15 --port 6201 --device sdc --weight
100
swift-ring-builder container.builder
swift-ring-builder container.builder rebalance

swift-ring-builder object.builder create 10 3 1
swift-ring-builder object.builder add\
  --region 1 --zone 1 --ip 192.168.154.14 --port 6200 --device sdb --weight
100
swift-ring-builder object.builder add\
  --region 1 --zone 1 --ip 192.168.154.14 --port 6200 --device sdc --weight
100
```

```
swift-ring-builder object.builder add\
  --region 1 --zone 2 --ip 192.168.154.15 --port 6200 --device sdb --weight
100
swift-ring-builder object.builder add\
  --region 1 --zone 2 --ip 192.168.154.15 --port 6200 --device sdc --weight
100
swift-ring-builder object.builder
swift-ring-builder object.builder rebalance

scp -r ./*.gz object1:/etc/swift/
scp -r ./*.gz object2:/etc/swift/

#在 controller 上执行:
#curl -o /etc/swift/swift.conf https://opendev.org/openstack/swift/raw/
branch/master/etc/swift.conf-sample

curl -o /etc/swift/swift.conf https://opendev.org/openstack/swift/
raw/branch/stable/train/etc/swift.conf-sample

#curl -o /etc/swift/proxy-server.conf https://opendev.org/openstack/swift/
raw/branch/stable/train/etc/proxy-server.conf-sample
#curl -o /etc/swift/swift.conf https://git.openstack.org/cgit/openstack/
swift/plain/etc/swift.conf-sample?h=stable/train

openstack-config --set /etc/swift/swift.conf swift-hash swift_hash_path_
suffix 123456
openstack-config --set /etc/swift/swift.conf swift-hash swift_hash_path_
prefix 654321
openstack-config --set /etc/swift/swift.conf storage-policy:0 name Policy-0
openstack-config --set /etc/swift/swift.conf storage-policy:0 default yes

scp /etc/swift/swift.conf object1:/etc/swift/
scp /etc/swift/swift.conf object2:/etc/swift/

#在 controller 和两个存储节点上操作:
chown -R root:swift /etc/swift

#控制节点上:
systemctl enable openstack-swift-proxy.service memcached.service
systemctl start openstack-swift-proxy.service memcached.service
#systemctl restart openstack-swift-proxy.service memcached.service

#存储节点上:
systemctl enable openstack-swift-account.service openstack-swift-account-
auditor.service\
  openstack-swift-account-reaper.service
openstack-swift-account-replicator.service
systemctl start openstack-swift-account.service openstack-swift-account-
auditor.service\
```

```
  openstack-swift-account-reaper.service
openstack-swift-account-replicator.service
systemctl enable openstack-swift-container.service\
  openstack-swift-container-auditor.service
openstack-swift-container-replicator.service\
  openstack-swift-container-updater.service
systemctl start openstack-swift-container.service\
  openstack-swift-container-auditor.service
openstack-swift-container-replicator.service\
  openstack-swift-container-updater.service
systemctl enable openstack-swift-object.service openstack-swift-object-
auditor.service\
  openstack-swift-object-replicator.service
openstack-swift-object-updater.service
systemctl start openstack-swift-object.service openstack-swift-object-
auditor.service\
  openstack-swift-object-replicator.service
openstack-swift-object-updater.service
```

任务验收

（1）在控制节点上查看对象存储所需端点信息，检查配置文件是否正确。

（2）在存储节点上，查看账户、容器、对象配置文件。

（3）在控制节点和存储节点上，查看服务状态。

（4）在控制节点查看 swift stat，并尝试创建容器 container1（openstack container create container1）。

任务二　配置管理 Swift 服务

任务描述

使用命令行和图形界面两种方式管理对象存储。具体要求如下：

（1）理解 Swift 组件架构及其功能。

（2）掌握基于命令行的对象存储管理方法。

（3）掌握基于 Web 界面的管理方法。

知识准备

一、Container 管理命令

（一）container create

创建新容器：

```
openstack container create <container-name>
```

其中，<container-name>表示新容器名称。

（二）container delete

删除指定容器：

```
openstack container delete [-r] | <container>
```

其中，-r 表示在删除容器前递归删除其中对象。

（三）container list

查看容器列表：

```
openstack container list
```

（四）　container show

查看某一容器详细信息：

```
openstack container show <container>
```

二、Object 管理命令

（一）object create

在容器中创建新对象：

```
openstack object create [--name <name>] <container> <filename>
```

其中，<name> 表示上传至容器后的文件名，<filename> 表示本地文件名。

（二）object delete

从容器中删除对象。

```
openstack object delete <container> <object>
```

（三）object list

查看对象列表：

```
openstack object list <container>
```

（四）object save

将对象保存到本地：

```
openstack object save [--file <filename>] <container> <object>
```

其中，< filename > 表示目标文件名。

任务实施

一、基于命令行管理存储

任务实施目标：

在 controller 节点上，使用命令行方式练习容器、对象管理操作命令。

（一）容器管理

（1）以 admin 身份登录，新建一个名为 container01 的容器：

```
openstack container create container01
```

```
[root@controller ~]# openstack container create container01
+----------------------------------------+-------------+------------------------------------+
| account                                | container   | x-trans-id                         |
+----------------------------------------+-------------+------------------------------------+
| AUTH_c035827059164a8f96a2a56f181cb193 | container01 | txcc93645c8a6446a0b7605-005ef1a570 |
+----------------------------------------+-------------+------------------------------------+
```

（2）查看容器列表：

```
openstack container list
```

```
[root@controller ~]# openstack container list
+-------------+
| Name        |
+-------------+
| container01 |
| container1  |
```

也可以使用 swift list 命令查看：

```
[root@controller ~]# swift list
container01
container1
```

（3）执行 swift stat 命令，可以看到当前账户下有两个容器：

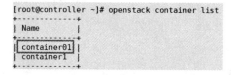

```
[root@controller ~]# swift stat
                        Account: AUTH_c035827059164a8f96a2a56f181cb193
                     Containers: 2
                        Objects: 0
                          Bytes: 0
      Containers in policy "policy-0": 2
         Objects in policy "policy-0": 0
           Bytes in policy "policy-0": 0
       X-Account-Project-Domain-Id: default
         X-Openstack-Request-Id: txa0902ea4e2f345e5b71b4-005ef1a5f3
                    X-Timestamp: 1592882777.60369
                      X-Trans-Id: txa0902ea4e2f345e5b71b4-005ef1a5f3
                   Content-Type: application/json; charset=utf-8
                   Accept-Ranges: bytes
```

（4）删除原有容器 contain1：

```
openstack container delete container1
```

```
[root@controller ~]# openstack container delete container1
[root@controller ~]# openstack container list
+-------------+
| Name        |
+-------------+
| container01 |
+-------------+
```

（二）对象管理

以 admin 身份，在当前目录下创建文件 file01、file02。

（1）将 file01、file02 上传至容器 container01 中：

```
openstack object create container01 file01 file02
```

```
[root@controller ~]# openstack object create container01 file01 file02
+--------+-------------+----------------------------------+
| object | container   | etag                             |
+--------+-------------+----------------------------------+
| file01 | container01 | d41d8cd98f00b204e9800998ecf8427e |
| file02 | container01 | d41d8cd98f00b204e9800998ecf8427e |
+--------+-------------+----------------------------------+
```

（2）查看容器 container01 中对象：

```
openstack object list container01
```

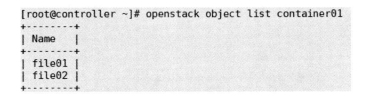

（3）查看容器中 file01 文件：

```
openstack object show container01 file01
```

视　频

图形化容器
操作

二、基于 dashboard 管理存储

任务实施目标：

基于 dashboard 组件，使用图形化界面练习容器、对象管理操作方法。

（一）容器管理

（1）以 admin 身份登录，新建一个名为"容器 1"的容器，如图 10-8 所示。

图 10-8　创建容器

图 10-8　创建容器（续）

（2）单击"容器 1"，可以查看相关信息，如图 10-9 所示。

图 10-9　进入容器

（二）对象管理

（1）在容器中创建目录"目录 1"，如图 10-10 所示。

图 10-10　创建目录

（2）在目录中上传文件，如图 10-11 所示。

图 10-11　上传文件

任务验收

（1）基于命令行方式，管理容器。

（2）基于 Web 界面，测试新建、删目录，并上传和管理文件。

项目十一

→ Ceilometer 计量服务部署

    云平台中包括大量组件和资源，如何合理利用资源，首先需要对平台中的资源进行监控，了解资源实际利用率，进而才能分析平台资源优化与调度等方案，节约服务器资源和能耗。因此，在大规模云基础架构平台，尤其是公有云平台中，计量服务已成为云平台的重要组件之一。可以说，计量是云计算资源租用和分配的重要基础。

    OpenStack 作为公有云部署平台时，Telemetry（遥测）组件提供计量和监测服务，统计云中物理和虚拟资源使用的数据，并将这些数据加以保存便于后续查找和分析，当数据满足定义的条件时，触发相应的处置方案。通过本项目中两个典型工作任务的学习，读者能在理解 Ceilometer 组件原理基础上，独立安装、部署和管理 Ceilometer 组件，计量计算等资源。

学习目标

- 了解 Ceilometer 组件架构及其功能；
- 掌握 Ceilometer 组件安装部署方法；
- 理解和掌握计量对象部署方法。

任务一　安装计量和监控服务

任务描述

安装部署 Gnocchi 和 Ceilometer 服务，并对计算资源进行监控与统计。

知识准备

    OpenStack 作为公有云部署平台时，Telemetry（遥测）组件提供计量和监测服务，统计云中物理和虚拟资源使用的数据，并将这些数据加以保存便于后续查找和分析，当数据满足定义的条件时，触发相应的处置方案。当前，Telemetry 服务主要包括 4 个子项目：Ceilometer、Gnocchi、Aodh 和 Panko。Ceilometer 负责采集资源使用量相关数据，推送到 Gnocchi，采集操作时间数据，推送到 Panko。Gnocchi 为 Ceilometer 数据提供更有效的存储和统计分析，以解决 Ceilometer 在将标准数据库用作计量数据的存储后端时遇到的性能问题。Aodh 提供告警服务，基于计量和事件数据提供告警通知。Panko 作为 Telemetry 提供事件存储服务，存储和查询由 Ceilometer 产生的事件数据，如图 11-1 所示。

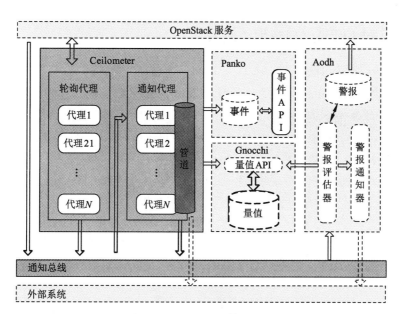

图 11-1　Telemetry 体系架构

一、Ceilometer 服务

Ceilometer 的主要概念：

（1）Resource：被监控的资源对象，可以是一台虚拟机，一台物理机、一块云硬盘，或者 OpenStack 其他服务组件。

（2）Meter：Ceilometer 定义的监控项。这些监控项分为 3 种类型：Cumulative——累积的，随着时间增长（如磁盘读/写）；Gauge——计量单位，离散的项目（如浮动 IP、镜像上传）和波动的值（如对象存储数值）；Delta——增量，随着时间的改变而增加的值（如带宽变化）。

（3）Sample：采样值，是每个采集时间点上 meter 对应的具体值。

（4）Alarm：Ceilometer 的报警系统，可以通过阈值或者组合条件报警，并设置报警时的触发动作。

Ceilometer 是 OpenStack 计量体系中的数据采集组件，主要功能有：

（1）采集其他 OpenStack 服务的计量数据，如虚拟机创建、删除操作等。

（2）从消息队列中读取其他服务发送的计量数据，如虚拟机的 CPU 使用率、IO 等。

（3）将采集到的数据发送到后端存储，如 Gnocchi、MongoDB、RabbitMQ 等。

Ceilometer 主要组件包括：

（1）ceilometer-agent-compute：运行在计算节点上，轮询代理的一种，用于获取计算节点的测量值。使用 libvirt 接口采集虚拟机和宿主机的资源消耗数据，并发送到消息队列。

（2）ceilometer-agent-central：运行在控制节点上，轮询代理的一种，用于获取 OpenStack 服务的测量值。采集服务层面的计量数据，并发送到消息队列。

（3）ceilometer-agent-notification：运行在控制节点上，通过监听 OpenStack 消息队列上的通知消息来获取数据。从消息队列读取计量数据和事件，并将它们发送到后端存储。

二、Gnocchi 时间序列数据库服务

（一）Meters 数据的收集

Gnocchi 接收来自 Ceilometer 的原始计量数据，进行聚合运算后保存到持久化后端。Ceilometer 有两种数据收集方式：

（1）Poller Agents：Compute agent（ceilometer-agent-compute）运行在每个 compute 节点上，以轮询的方式通过调用 Image 的 driver 来获取资源使用统计数据。Central agent（ceilometer-agent-central）运行在 management server 上，以轮询的方式通过调用 OpenStack 各个组件（包括 Nova、Cinder、Glance、Neutron、Swift 等）的 API 收集资源使用统计数据。

（2）Notificaiton Agents：Collector（ceilometer-collector）是一个运行在一个或者多个 management server 上的数据收集程序，它会监控 OpenStack 各组件的消息队列。队列中的 notification 消息会被它处理并转化为计量消息，再发回到消息系统中。计量消息会被直接保存到存储系统中，如图 11-2 所示。

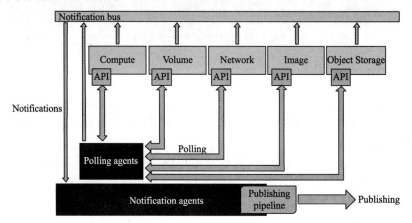

图 11-2　消息代理交互（1）

除了监控这些对象以外，Ceilometer 还可以监控 Neutron 的 Bandwidth 及 hardware。

（3）Notification Agents：Listening for data（监听数据），如图 11-3 所示。

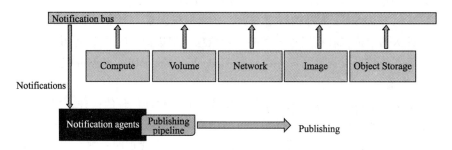

图 11-3　消息代理交互（2）

（4）Polling Agents：Asking for data（获取数据），如图 11-4 所示。

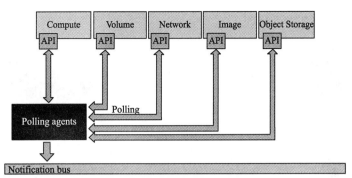

图 11-4 消息代理交互（3）

（二）Meters 数据的处理

1. Pipeline Manager

Ceilometer 的计量数据处理采用了 Pipeline 机制，Pipeline 由源（Source）和目标（Sink）两部分组成。源中定义了需要测量哪些数据、数据的采集频率、在哪些端点上进行数据采样，以及这些数据的目标。目标中定义了获得的数据要经过哪些 Transformer 进行数据转换，并且最终交由哪些 Publisher 发布。Ceilometer 中同时允许有多个 Pipeline，每个 Pipeline 都有自己的源和目标，这就解决了不同的采样频率、不同发布方式的问题，如图 11-5 所示。

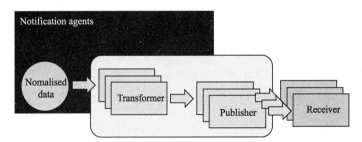

Pipeline: a set of transformers mutating data points into something that publishers know how to send to external systems.

图 11-5 消息代理交互（4）

2. Transforming the data

多个 sample 通过数据转换，成为一个 sample，如图 11-6 所示。

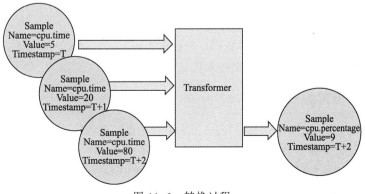

图 11-6 转换过程

3. Publishing the data（见图 11-7）

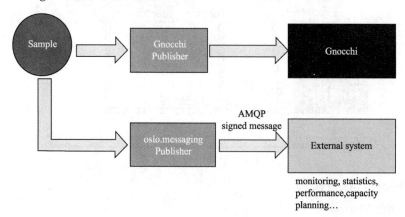

图 11-7　发布流程

（三）Meters 数据的存储

Gnocchi 中保存与资源使用量相关的计量数据，为了提高检索效率，额外将计量数据的元数据信息单独存储。另外，由于从原始输入数据到最终存储的聚合数据，需要进行大量计算，为了缓冲输入与处理间的速率，引入缓存后端。因此，Gnocchi 中涉及 3 种存储后端：

（1）索引后端：存储计量对象和采集项的基础属性，如对象类型（虚拟机、硬盘、网络）、原始资源 uuid 等。索引数据量不大，一半用 MySQL。

（2）聚合数据后端：存储经过聚合计算的计量数据，如 CPU 使用率的平均值、最大值、最小值等。推荐用 Ceph，可以支持多实例共享数据。

（3）传入数据后端：保存来自 Ceilometer 的原始计量数据。默认与聚合后端一致，推荐使用 Redis。

（四）Gnocchi 组件

主要组件包括：

（1）gnocchi-api：提供数据传入接口，接收原始计量数据，并将它们保存到传入数据后端。同时提供聚合计量数据的查询接口，从聚合数据后端读取计量数据返回给用户。

（2）gnocchi-metricd：从传入数据后端读取原始计量数据，进行聚合计算，然后将聚合数据保存到聚合数据后端。

三、Panko 事件存储服务

Panko 接收来自 Ceilometer 的事件数据，并提供查询接口。主要组件包括：

panko-api: 提供事件数据的插入和查询接口。

四、Aodh 告警服务

Aodh 根据 Gnocchi 和 Panko 中存储的计量和事件数据，当收集的度量或事件数据打破了界定的规则时，计量报警服务会发出报警。主要组件包括：

（1）aodh-api：运行在中心控制节点上，提供警告 CRUD 接口。

（2）aodh-evaluator：运行中心控制节点上，根据计量数据判断告警是否触发。

（3）aodh-listener：运行在中心控制节点上，根据事件数据判断告警是否触发。

（4）aodh-notifier：运行在中心控制节点上，当告警被触发时执行预设的通知动作。

任务实施

依据表 11-1 所示参数完成相应任务。

表 11-1　计量组件安装相关参数

节　　点	服　　务	账　　号	用户名/密码
controller （192.168.154.11）	ceilometer-agent-central ceilometer-agent-notification	mysql 登录	root/123
		ceilometer 用户	ceilometer / cm123
		Gnocchi 用户	gnocchi / gc123

一、先决环境配置

任务实施目标：

在 controller 节点上完成基础配置。

（一）创建服务凭据

`.admin-openrc`

（1）创建 ceilometer 用户，并为该用户设置密码：

```
openstack user create --domain default -password cm123 ceilometer
```

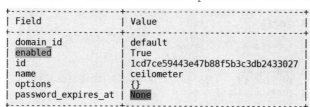

```
+---------------------+----------------------------------+
| Field               | Value                            |
+---------------------+----------------------------------+
| domain_id           | default                          |
| enabled             | True                             |
| id                  | 1cd7ce59443e47b88f5b3c3db2433027 |
| name                | ceilometer                       |
| options             | {}                               |
| password_expires_at | None                             |
+---------------------+----------------------------------+
```

（2）将 admin 角色添加到 ceilometer 用户：

```
openstack role add --project service --user ceilometer admin
```

（3）依次执行以下命令创建 gnocchi 用户，创建 gnocchi 的服务条目，并将管理员角色授予该用户。

```
openstack user create --domain default -password gc123 gnocchi
```

```
+---------------------+----------------------------------+
| Field               | Value                            |
+---------------------+----------------------------------+
| domain_id           | default                          |
| enabled             | True                             |
| id                  | 6a14b0282bbd4fc88a26f220d1ed980b |
| name                | gnocchi                          |
| options             | {}                               |
| password_expires_at | None                             |
+---------------------+----------------------------------+
```

```
openstack service create --name gnocchi  --description "Metric Service"
metric
```

```
+----------------+----------------------------------+
| Field          | Value                            |
+----------------+----------------------------------+
| description    | Metric Service                   |
| enabled        | True                             |
| id             | 15c0d325a7884886adf18086fdbe7d5b |
| name           | gnocchi                          |
| type           | metric                           |
+----------------+----------------------------------+
```

```
openstack role add --project service --user gnocchi admin
```

（二）创建 Gnocchi 度量服务 API 端点

```
openstack endpoint create --region RegionOne metric public http://controller:8041
```

```
+--------------+----------------------------------+
| Field        | Value                            |
+--------------+----------------------------------+
| enabled      | True                             |
| id           | e8b7a334e488483c92ba33b8691cbb3f |
| interface    | public                           |
| region       | RegionOne                        |
| region_id    | RegionOne                        |
| service_id   | 15c0d325a7884886adf18086fdbe7d5b |
| service_name | gnocchi                          |
| service_type | metric                           |
| url          | http://controller:8041           |
+--------------+----------------------------------+
```

```
openstack endpoint create --region RegionOne metric internal http://controller:8041
```

```
+--------------+----------------------------------+
| Field        | Value                            |
+--------------+----------------------------------+
| enabled      | True                             |
| id           | 5c9cb5c5b2054914a015dea4ca208f08 |
| interface    | internal                         |
| region       | RegionOne                        |
| region_id    | RegionOne                        |
| service_id   | 15c0d325a7884886adf18086fdbe7d5b |
| service_name | gnocchi                          |
| service_type | metric                           |
| url          | http://controller:8041           |
+--------------+----------------------------------+
```

```
openstack endpoint create --region RegionOne metric admin http://controller:8041
```

```
+--------------+----------------------------------+
| Field        | Value                            |
+--------------+----------------------------------+
| enabled      | True                             |
| id           | 4a4af0d62e4646f48a60455aa767417c |
| interface    | admin                            |
| region       | RegionOne                        |
| region_id    | RegionOne                        |
| service_id   | 15c0d325a7884886adf18086fdbe7d5b |
| service_name | gnocchi                          |
| service_type | metric                           |
| url          | http://controller:8041           |
+--------------+----------------------------------+
```

二、安装配置 Gnocchi

任务实施目标：

在 controller 节点安装 Gnocchi。

（一）安装 Gnocchi 包

```
yum -y install openstack-gnocchi-api openstack-gnocchi-metricd python-
gnocchiclient
```

（二）Gnocchi 服务创库授权

```
mysql -uroot -p123
CREATE DATABASE gnocchi;
GRANT ALL PRIVILEGES ON gnocchi.* TO 'gnocchi'@'localhost' IDENTIFIED BY
'gc123>';
GRANT ALL PRIVILEGES ON gnocchi.* TO 'gnocchi'@'%' IDENTIFIED BY 'gc123 ';
exit
```

（三）编辑配置文件

执行命令 vim /etc/gnocchi/gnocchi.conf 编辑配置文件/etc/gnocchi/gnocchi.conf，并且修改以下配置：

（1）配置 Gnocchi 功能参数、log 地址以及对接 redis url 端口：

```
[DEFAULT]
debug=true
verbose=true
log_dir=/var/log/gnocchi
parallel_operations=4
coordination_url=redis://controller:6379
```

（2）配置 Gnocchi 工作端口信息,host 为控制节点管理 IP：

```
[api]
auth_mode=keystone
host=192.168.154.11
port=8041
uwsgi_mode=http-socket
max_limit=1000
```

（3）配置元数据默认存储方式：

```
[archive_policy]
default_aggregation_methods=mean,min,max,sum,std,count
```

（4）配置允许的访问来源：

```
[cors]
allowed_origin=http://controller:3000
```

（5）配置数据库检索：

```
[indexer]
url=mysql+pymysql://gnocchi:gc123@controller/gnocchi
```

（6）配置 ceilometer 测试指标：

```
[metricd]
workers=4
```

```
metric_processing_delay=60
greedy=true
metric_reporting_delay=120
metric_cleanup_delay=300
```

（7）配置存储计量数据的位置，使用本地文件系统：

```
[storage]
coordination_url=redis://controller:6379
file_basepath=/var/lib/gnocchi
driver=file
```

（8）配置 Keystone 认证信息，该模块需要另外添加：

```
[keystone_authtoken]
region_name=RegionOne
www_authenticate_uri=http://controller:5000
auth_url=http://controller:5000/v3
memcached_servers=controller:11211
auth_type=password
project_domain_name=default
user_domain_name=default
project_name=service
username=gnocchi
password=gc123
service_token_roles_required=true
```

（四）安装配置 redis

在控制节点执行以下操作：

（1）安装 redis server。

```
yum -y install redis
```

（2）编辑配置文件。编辑"/etc/redis.conf"，完成以下配置：

● 配置 redis 可以在后台启动：

```
daemonize yes
```

● 配置 redis 关闭安全模式：

```
protected-mode no
```

● 配置 redis 绑定控制节点主机：

```
bind 192.168.154.11
#bind 0.0.0.0
```

（3）以配置好的 redis.conf 启动 redis server service：

```
redis-server /etc/redis.conf
```

说明：redis 服务不会开机自启动，可以将上述命令放入开机启动项里，否则每次关机需要手动启动。方法如下：

编辑配置文件"/etc/rc.d/rc.local"：

```
vim /etc/rc.d/rc.local
```

并新增以下内容：

```
redis-server /etc/redis.conf
```

保存退出后，赋予 "/etc/rc.d/rc.local" 文件执行权限：

```
chmod +x /etc/rc.d/rc.local
```

（五）安装 uWSGI 插件

在控制节点安装 uWSGI 插件：

```
yum -y install uwsgi-plugin-common uwsgi-plugin-python uwsgi
```

（六）完成 Gnocchi 安装

在控制节点执行以下操作。

（1）初始化 Gnocchi：

```
gnocchi-upgrade
```

（2）赋予 "/var/lib/gnocchi" 文件可读写权限：

```
chmod -R 777 /var/lib/gnocchi
```

（3）完成 Gnocchi 的安装：

● 启动 Gnocchi 服务并将其配置为在系统引导时启动：

```
systemctl enable openstack-gnocchi-api.service openstack- gnocchi-metricd.service
systemctl start openstack-gnocchi-api.service openstack-gnocchi-metricd.service
```

● 查看 Gnocchi 服务状态：

```
systemctl status openstack-gnocchi-api.service openstack-gnocchi-metricd.service
```

三、安装和配置 Ceilometer

任务实施目标：

在 controller 节点安装 Ceilometer。

（一）安装和配置控制节点

在控制节点执行以下操作。

（1）安装 Ceilometer 包：

```
yum -y install openstack-ceilometer-notification openstack-ceilometer-central
```

（2）编辑配置文件 "/etc/ceilometer/pipeline.yaml" 并完成以下操作。

配置 Gnocchi 连接：

```
publishers:
   - gnocchi://?filter_project=service&archive_policy=low
```

（3）编辑配置文件 "/etc/ceilometer/ceilometer.conf" 并完成以下操作。

- 配置身份认证方式及消息列队访问：

```
[DEFAULT]
debug=true
auth_strategy=keystone
transport_url=rabbit://openstack:rb123@controller
pipeline_cfg_file=pipeline.yaml
```

- 配置日志消息窗口：

```
[notification]
store_events=true
messaging_urls=rabbit://openstack:rb123@controller
```

- 定义轮询配置文件：

```
[polling]
cfg_file=polling.yaml
```

- 配置服务凭据：

```
[service_credentials]
auth_type=password
auth_url=http://controller:5000/v3
project_domain_id=default
user_domain_id=default
project_name=service
username=ceilometer
password=cm123
interface=internalURL
region_name=RegionOne
```

（4）在 Gnocchi 创建 Ceilometer 资源：

```
ceilometer-upgrade
```

注意：Gnocchi 必须在这个阶段为运行状态。

（5）完成 Ceilometer 安装：

```
systemctl enable openstack-ceilometer-notification.service\
openstack-ceilometer-central.service
systemctl start openstack-ceilometer-notification.service\
openstack-ceilometer-central.service
```

（6）查看 Ceilometer 服务状态：

```
systemctl status openstack-ceilometer-notification.service\
openstack-ceilometer-central.service
```

```
[root@controller ~]# systemctl status openstack-ceilometer-notification.service \
> openstack-ceilometer-central.service
● openstack-ceilometer-notification.service - OpenStack ceilometer notification agent
   Loaded: loaded (/usr/lib/systemd/system/openstack-ceilometer-notification.service; enabled; vendor preset: disabled)
   Active: active (running) since Sat 2020-08-15 10:51:53 CST; 112ms ago
 Main PID: 35894 (/usr/bin/python)
   CGroup: /system.slice/openstack-ceilometer-notification.service
           └─35894 /usr/bin/python2 /usr/bin/ceilometer-agent-notification --logfile /var/log/ceilometer/agent-notification.log

Aug 15 10:51:53 controller systemd[1]: Started OpenStack ceilometer notification agent.

● openstack-ceilometer-central.service - OpenStack ceilometer central agent
   Loaded: loaded (/usr/lib/systemd/system/openstack-ceilometer-central.service; enabled; vendor preset: disabled)
   Active: active (running) since Sat 2020-08-15 10:51:53 CST; 60ms ago
 Main PID: 35899 (/usr/bin/python)
   CGroup: /system.slice/openstack-ceilometer-central.service
           └─35899 /usr/bin/python2 /usr/bin/ceilometer-polling --polling-namespaces central --logfile /var/log/ceilometer/central.log

Aug 15 10:51:53 controller systemd[1]: Started OpenStack ceilometer central agent.
```

（二）安装和配置计算节点

在计算节点执行以下操作：

（1）安装软件，其中 openstack-ceilometer-ipmi 为可选安装项：

```
yum -y install openstack-ceilometer-compute
yum -y install openstack-ceilometer-ipmi
```

（2）编辑配置文件"/etc/ceilometer/ceilometer.conf"并完成以下操作。

● 配置消息列队访问：

```
[DEFAULT]
transport_url=rabbit://openstack:rb123@controller
```

● 配置度量服务凭据：

```
[service_credentials]
  auth_type=password
  auth_url=http://controller:5000/v3
  project_domain_id=default
  user_domain_id=default
  project_name=service
  username=ceilometer
  password=cm123
  interface=internalURL
  region_name=RegionOne
```

（三） 配置 nova

在计算节点编辑"/etc/nova/nova.conf"文件并在以下[DEFAULT]部分配置消息通知：

```
[DEFAULT]
  instance_usage_audit=True
  instance_usage_audit_period=hour
  [notifications]
  notify_on_state_change=vm_and_task_state
  [oslo_messaging_notifications]
  driver=messagingv2
```

（四）配置轮询 ipmi

在计算节点执行以下操作。

（1）编辑"/etc/sudoers"文件使其包含以下内容：

ceilometer ALL =（root） NOPASSWD: /usr/bin/ceilometer-rootwrap /etc/ceilometer/rootwrap.conf*

注意："/etc/sudoers"文件属性为只读，需要执行:wq!强制保存退出。

（2）编辑"/etc/ceilometer/polling.yaml"，添加以下度量项目（注意格式对齐）：

```
- name: ipmi
interval: 300
meters:
- hardware.ipmi.temperature
```

（五）完成安装（nova）

在计算节点执行以下操作。

（1）启动代理并将其配置在系统引导时启动：

```
systemctl enable openstack-ceilometer-compute.service
systemctl start openstack-ceilometer-compute.service
systemctl enable openstack-ceilometer-ipmi.service（optional）
systemctl start openstack-ceilometer-ipmi.service（optional）
```

（2）重新启动 Compute 服务：

```
systemctl restart openstack-nova-compute.service
```

```
● openstack-ceilometer-compute.service - OpenStack ceilometer compute agent
   Loaded: loaded (/usr/lib/systemd/system/openstack-ceilometer-compute.service; enabled; vendor preset: disabled)
   Active: active (running) since Sat 2020-08-15 11:30:05 CST; 39s ago
 Main PID: 41843 (ceilometer-poll)
    Tasks: 5
   CGroup: /system.slice/openstack-ceilometer-compute.service
           ├─41843 ceilometer-polling: master process [/usr/bin/ceilometer-polling --polling-namespaces compute --logfile /var/log/ceilometer/compute.log]
           └─41866 ceilometer-polling: AgentManager worker(0)

Aug 15 11:30:05 compute1 systemd[1]: Started OpenStack ceilometer compute agent.

● openstack-ceilometer-ipmi.service - OpenStack ceilometer ipmi agent
   Loaded: loaded (/usr/lib/systemd/system/openstack-ceilometer-ipmi.service; enabled; vendor preset: disabled)
   Active: active (running) since Sat 2020-08-15 11:30:05 CST; 39s ago
 Main PID: 41844 (ceilometer-poll)
    Tasks: 5
   CGroup: /system.slice/openstack-ceilometer-ipmi.service
           ├─41844 ceilometer-polling: master process [/usr/bin/ceilometer-polling --polling-namespaces ipmi --logfile /var/log/ceilometer/agent-ipmi.log]
           └─41865 ceilometer-polling: AgentManager worker(0)

Aug 15 11:30:05 compute1 systemd[1]: Started OpenStack ceilometer ipmi agent.

● openstack-nova-compute.service - OpenStack Nova Compute Server
   Loaded: loaded (/usr/lib/systemd/system/openstack-nova-compute.service; enabled; vendor preset: disabled)
   Active: activating (start) since Sat 2020-08-15 11:30:43 CST; 1s ago
 Main PID: 42091 (nova-compute)
    Tasks: 1
   CGroup: /system.slice/openstack-nova-compute.service
           └─42091 /usr/bin/python2 /usr/bin/nova-compute
```

四、控制节点验证

任务实施目标：

在 controller 节点，验证配置。

（一）源码修改

在控制节点执行以下操作。

（1）OpenStack 源码脚本有一处报错，在使用 Ceilometer 之前需要进行修改：

```
vim /usr/lib/python2.7/site-packages/gnocchiclient/shell.py
```

（2）将 130 行内容由：

```
os.environ.set（"OS_AUTH_TYPE", "password"）
```

修改为：

```
os.environ["OS_AUTH_TYPE"]="password"
```

（二）验证操作

须知：请确保前面所有内容安装配置无误后再进行以下验证操作。

（1）列出所有计量 resource 资源：

```
# gnocchi resource list
```

id	type	project_id	user_id	original_resource_id
e9a28be7-d2e5-5a3a-aa57-24b19ac7dc10	instance_network_interface	50767c898b084d66ae301bdcc6566dcf	41943a912d3243d589ae1cfb3df6f85b	instance-00000001-8d31a5e7-ab4a-4da2-b248-984896474627-tap473ccd98-8f
eb27171d-e322-59e1-b69b-95bd436f780f	instance_network_interface	50767c898b084d66ae301bdcc6566dcf	41943a912d3243d589ae1cfb3df6f85b	instance-00000003-0dffeb6b-2ec1-4720-9bbf-a3b41fac7926-tapf0e6d92e-62
ba8adb18-e599-5aa5-a568-76b5a58740e5	instance_disk	50767c898b084d66ae301bdcc6566dcf	41943a912d3243d589ae1cfb3df6f85b	8d31a5e7-ab4a-4da2-b248-984896474627-vda
bc9dfcdb-a413-5b5a-8ea0-b9825a536296	instance_disk	50767c898b084d66ae301bdcc6566dcf	41943a912d3243d589ae1cfb3df6f85b	8d31a5e7-ab4a-4da2-b248-984896474627-vdb
0a111b34-b17b-5c33-88ad-b4bd6e348167	instance_disk	50767c898b084d66ae301bdcc6566dcf	41943a912d3243d589ae1cfb3df6f85b	8d31a5e7-ab4a-4da2-b248-984896474627-vdc
b318d276-f53d-542f-8141-7cb6961d5529	instance_disk	50767c898b084d66ae301bdcc6566dcf	41943a912d3243d589ae1cfb3df6f85b	0dffeb6b-2ec1-4720-9bbf-a3b41fac7926-vda

started_at	ended_at	revision_start	revision_end	creator
2020-08-15T06:09:29.658194+00:00	None	2020-08-15T06:09:29.658240+00:00	None	ddf3a041c18b462dbd5e5b1b3faf82d1:9df4d8fd7976424395221fec234d4a7b
2020-08-15T06:09:29.705588+00:00	None	2020-08-15T06:09:29.705599+00:00	None	ddf3a041c18b462dbd5e5b1b3faf82d1:9df4d8fd7976424395221fec234d4a7b
2020-08-15T06:09:29.722536+00:00	None	2020-08-15T06:09:29.722546+00:00	None	ddf3a041c18b462dbd5e5b1b3faf82d1:9df4d8fd7976424395221fec234d4a7b
2020-08-15T06:09:29.756284+00:00	None	2020-08-15T06:09:29.756313+00:00	None	ddf3a041c18b462dbd5e5b1b3faf82d1:9df4d8fd7976424395221fec234d4a7b
2020-08-15T06:09:29.784037+00:00	None	2020-08-15T06:09:29.784049+00:00	None	ddf3a041c18b462dbd5e5b1b3faf82d1:9df4d8fd7976424395221fec234d4a7b
2020-08-15T06:09:29.826427+00:00	None	2020-08-15T06:09:29.826455+00:00	None	ddf3a041c18b462dbd5e5b1b3faf82d1:9df4d8fd7976424395221fec234d4a7b

（2）列出所有可计量的 metric 计量类型：

```
# gnocchi metric list
```

id	archive_policy/name	name	unit	resource_id
62fd8a9a-5980-4ef7-b885-5b4583da0d2d	ceilometer-low-rate	disk.device.read.bytes	B	bc9dfcdb-a413-5b5a-8ea0-b9825a536296
9e6608f3-172d-4df8-9529-46dc4e836f26	ceilometer-low-rate	network.outgoing.bytes	B	eb27171d-e322-59e1-b69b-95bd436f780f
9f817de4-c4f2-4ea3-82f7-3c74575b7129	ceilometer-low-rate	disk.device.read.bytes	B	0a111b34-b17b-5c33-88ad-b4bd6e348167
aa3c27b5-b18e-4211-8265-ad73b8a805ac	ceilometer-low-rate	disk.device.read.bytes	B	b318d276-f53d-542f-8141-7cb6961d5529
ecb3a9de-c4c0-4ee1-bebc-3bbb5a4faab4	ceilometer-low-rate	disk.device.read.bytes	B	ba8adb18-e599-5aa5-a568-76b5a58740e5
ffa4d43f-c021-4d56-90c2-48a798f2d3b3	ceilometer-low-rate	network.outgoing.bytes	B	e9a28be7-d2e5-5a3a-aa57-24b19ac7dc10

（3）验证 Ceilometer 对虚拟机中硬件资源的监控：

```
# gnocchi measures show ID
```

```
[root@controller ~]# gnocchi measures show 62fd8a9a-5980-4ef7-b885-5b4583da0d2d
+--------------------------+-------------+---------+
| timestamp                | granularity | value   |
+--------------------------+-------------+---------+
| 2020-08-15T14:05:00+08:00 |       300.0 | 12288.0 |
+--------------------------+-------------+---------+
```

五、工程化操作

任务实施目标：

基于脚本方式配置系统。

基于终端软件使用 SSH 方式登录 CentOS 主机，执行以下代码：

```
#3.1
. admin-openrc
openstack user create --domain default -password cm123 ceilometer
openstack role add --project service --user ceilometer admin
openstack user create --domain default -password gc123 gnocchi
openstack service create --name gnocchi --description "Metric Service" metric
openstack role add --project service --user gnocchi admin
openstack endpoint create --region RegionOne metric public http://
controller:8041
openstack endpoint create --region RegionOne metric internal http://
controller:8041
openstack endpoint create --region RegionOne metric admin http://
controller:8041
#3.2
##2 controller 安装配置 Gnocchi

yum -y install openstack-gnocchi-api openstack-gnocchi-metricd python-
gnocchiclient
mysql -uroot -p123
```

```
CREATE DATABASE gnocchi;
GRANT ALL PRIVILEGES ON gnocchi.* TO 'gnocchi'@'localhost' IDENTIFIED BY
'gc123';
GRANT ALL PRIVILEGES ON gnocchi.* TO 'gnocchi'@'%' IDENTIFIED BY 'gc123';
quit

openstack-config --set /etc/gnocchi/gnocchi.conf DEFAULT debug true
openstack-config --set /etc/gnocchi/gnocchi.conf DEFAULT verbose true
openstack-config --set /etc/gnocchi/gnocchi.conf DEFAULT log_dir /var/log/
gnocchi
openstack-config --set /etc/gnocchi/gnocchi.conf DEFAULT parallel_
operations 4
openstack-config --set /etc/gnocchi/gnocchi.conf DEFAULT coordination_url
redis://controller:6379
openstack-config --set /etc/gnocchi/gnocchi.conf api auth_mode keystone
openstack-config --set /etc/gnocchi/gnocchi.conf api host 192.168.154.11
openstack-config --set /etc/gnocchi/gnocchi.conf api port 8041
openstack-config --set /etc/gnocchi/gnocchi.conf api uwsgi_mode http-socket
openstack-config --set /etc/gnocchi/gnocchi.conf api max_limit 1000
openstack-config --set /etc/gnocchi/gnocchi.conf archive_policy default_
aggregation_methods mean,min,max,sum,std,count
openstack-config --set /etc/gnocchi/gnocchi.conf cors allowed_origin http:
//controller:3000
openstack-config --set /etc/gnocchi/gnocchi.conf indexer url mysql+pymysql:
//gnocchi:gc123@controller/gnocchi
openstack-config --set /etc/gnocchi/gnocchi.conf metricd workers 4
openstack-config --set /etc/gnocchi/gnocchi.conf metricd metric_ processing_
delay 60
openstack-config --set /etc/gnocchi/gnocchi.conf metricd greedy true
openstack-config --set /etc/gnocchi/gnocchi.conf metricd metric_reporting
delay 120
openstack-config --set /etc/gnocchi/gnocchi.conf metricd metric_cleanup
delay 300
openstack-config --set /etc/gnocchi/gnocchi.conf storage coordination_url
redis://controller:6379
openstack-config --set /etc/gnocchi/gnocchi.conf storage file_basepath /var
/lib/gnocchi
openstack-config --set /etc/gnocchi/gnocchi.conf storage driver file
openstack-config --set /etc/gnocchi/gnocchi.conf keystone_authtoken region
name RegionOne
openstack-config --set /etc/gnocchi/gnocchi.conf keystone_authtoken www_
authenticate_uri http://controller:5000
openstack-config --set /etc/gnocchi/gnocchi.conf keystone_authtoken auth
url http://controller:5000/v3
openstack-config --set /etc/gnocchi/gnocchi.conf keystone_authtoken memcached_
servers controller:11211
openstack-config --set /etc/gnocchi/gnocchi.conf keystone_authtoken auth
type password
openstack-config --set /etc/gnocchi/gnocchi.conf keystone_authtoken project_
domain_name default
```

```
openstack-config --set /etc/gnocchi/gnocchi.conf keystone_authtoken user_
domain_name default
openstack-config --set /etc/gnocchi/gnocchi.conf keystone_authtoken project_
name service
openstack-config --set /etc/gnocchi/gnocchi.conf keystone_authtoken username
gnocchi
openstack-config --set /etc/gnocchi/gnocchi.conf keystone_authtoken password
gc123
openstack-config --set /etc/gnocchi/gnocchi.conf keystone_authtoken service_
token_roles_required true
grep -Ev '^$|^#' /etc/gnocchi/gnocchi.conf
```

##3 controller 安装配置 redis

```
yum -y install redis
sed -i 's/^bind 127.0.0.1/bind 192.168.154.11/g' /etc/redis.conf
sed -i 's/^protected-mode yes/protected-mode no/g' /etc/redis.conf
sed -i 's/^daemonize no/daemonize yes/g' /etc/redis.conf
redis-server /etc/redis.conf
echo '
redis-server /etc/redis.conf' >> /etc/rc.d/rc.local
chmod +x /etc/rc.d/rc.local

yum -y install uwsgi-plugin-common uwsgi-plugin-python uwsgi
gnocchi-upgrade
chmod -R 777 /var/lib/gnocchi
systemctl enable openstack-gnocchi-api.service openstack-gnocchi- metricd.
service
systemctl start openstack-gnocchi-api.service openstack-gnocchi-metricd.
service
systemctl status openstack-gnocchi-api.service openstack-gnocchi-metricd.
service
```

```
#3.3
//controller 节点 ceilometer 部署
# 控制节点
yum -y install openstack-ceilometer-notification openstack-ceilometer-
central

echo '
publishers:
   - gnocchi://?filter_project=service&archive_policy=low
' >> /etc/ceilometer/pipeline.yaml

openstack-config --set /etc/ceilometer/ceilometer.conf DEFAULT debug true
openstack-config --set /etc/ceilometer/ceilometer.conf DEFAULT auth
strategy keystone
openstack-config --set /etc/ceilometer/ceilometer.conf DEFAULT transport
url rabbit://openstack:rb123@controller
```

```
openstack-config --set /etc/ceilometer/ceilometer.conf DEFAULT pipeline_
cfg_file pipeline.yaml
openstack-config --set /etc/ceilometer/ceilometer.conf notification
store_events true
openstack-config --set /etc/ceilometer/ceilometer.conf notification
messaging_urls rabbit://openstack:rb123@controller
openstack-config --set /etc/ceilometer/ceilometer.conf polling cfg_file
polling.yaml
openstack-config --set /etc/ceilometer/ceilometer.conf service_credentials
auth_type password
openstack-config --set /etc/ceilometer/ceilometer.conf service_credentials
auth_url http://controller:5000/v3
openstack-config --set /etc/ceilometer/ceilometer.conf service_credentials
project_domain_id default
openstack-config --set /etc/ceilometer/ceilometer.conf service_credentials
user_domain_id default
openstack-config --set /etc/ceilometer/ceilometer.conf service_credentials
project_name service
openstack-config --set /etc/ceilometer/ceilometer.conf service_credentials
username ceilometer
openstack-config --set /etc/ceilometer/ceilometer.conf service_credentials
password cm123
openstack-config --set /etc/ceilometer/ceilometer.conf service_credentials
interface internalURL
openstack-config --set /etc/ceilometer/ceilometer.conf service_credentials
region_name RegionOne
grep -Ev '^$|^#' /etc/ceilometer/ceilometer.conf

yum -y install libvirt
systemctl start libvirtd;systemctl enable libvirtd

ceilometer-upgrade

systemctl enable openstack-ceilometer-notification.service\
openstack-ceilometer-central.service
systemctl start openstack-ceilometer-notification.service\
openstack-ceilometer-central.service
systemctl status openstack-ceilometer-notification.service\
openstack-ceilometer-central.service

#计算节点
yum -y install openstack-ceilometer-compute
yum -y install openstack-ceilometer-ipmi
openstack-config --set /etc/ceilometer/ceilometer.conf DEFAULT transport
url rabbit://openstack:rb123@controller
openstack-config --set /etc/ceilometer/ceilometer.conf service_credentials
auth_type password
openstack-config --set /etc/ceilometer/ceilometer.conf service_credentials
auth_url http://controller:5000/v3
```

```
openstack-config --set /etc/ceilometer/ceilometer.conf service_credentials
project_domain_id default
openstack-config --set /etc/ceilometer/ceilometer.conf service_credentials
user_domain_id default
openstack-config --set /etc/ceilometer/ceilometer.conf service_credentials
project_name service
openstack-config --set /etc/ceilometer/ceilometer.conf service_credentials
username ceilometer
openstack-config --set /etc/ceilometer/ceilometer.conf service_credentials
password cm123
openstack-config --set /etc/ceilometer/ceilometer.conf service_credentials
interface internalURL
openstack-config --set /etc/ceilometer/ceilometer.conf service_credentials
region_name RegionOne
openstack-config --set /etc/nova/nova.conf DEFAULT instance_usage_audit =
True
openstack-config --set /etc/nova/nova.conf DEFAULT instance_usage _audit
period=hour
openstack-config --set /etc/nova/nova.conf notifications notify_on_state
change=vm_and_task_state
openstack-config --set /etc/nova/nova.conf oslo_messaging_notifications
driver=messagingv2
echo '
ceilometer ALL= (root) NOPASSWD: /usr/bin/ceilometer-rootwrap /etc/
ceilometer/rootwrap.conf*' >>/etc/sudoers
echo '
    - name: ipmi
      interval: 300
      meters:
        - hardware.ipmi.temperature
' >>/etc/ceilometer/polling.yaml
systemctl enable openstack-ceilometer-compute.service
systemctl start openstack-ceilometer-compute.service
systemctl restart openstack-nova-compute.service
systemctl status openstack-ceilometer-compute.service openstack-nova-
compute.service
```

📖 任务验收

使用命令：gnocchi resource list；gnocchi metric list；gnocchi measures show ID 统计计量计算资源使用情况。

任务二　启用其他服务计量

💻 任务描述

部署 Ceilometer 服务，支持对块存储、镜像服务、网络服务和对象服务的计量统计。

知识准备

Telemetry 使用 notifications 方式收集块存储服务计量值。在控制节点和块存储节点上，编辑 /etc/cinder/cinder.conf，在[DEFAULT]中，notification_driver = messagingv2。

Telemetry 使用通知收集镜像服务计量信息。在控制节点上，编辑"/etc/glance/glance-api.conf" 和"/etc/glance/glance-registry.conf"，同时完成如下动作：在``[DEFAULT]``、``[oslo_messaging_ notifications]``和 ``[oslo_messaging_rabbit]``部分，配置通知和 RabbitMQ 消息队列访问。

Telemetry 结合使用代理和通知收集对象存储计量。

任务实施

一、启用块存储服务计量

任务实施目标：

部署 controller 和 block 节点，启用通知块存储（cinder）计量数据。

（一）配置 Cinder 使用 Telemetry

（1）编辑/etc/cinder/cinder.conf 文件，在[oslo_messaging_notifications]节中配置通知：

```
driver=messagingv2
```

（2）启用与块存储相关的周期性使用统计。必须按以下格式执行该命令：

```
cinder-volume-usage-audit  --start_time='YYYY-MM-DD HH:MM:SS'\
  --end_time='YYYY-MM-DD HH:MM:SS' --send_actions
```

（二）完成配置

（1）在控制节点上重启块存储服务：

```
systemctl restart openstack-cinder-api.service openstack-cinder-scheduler.
service
```

（2）在存储节点上重启块存储服务：

```
systemctl restart openstack-cinder-volume.service
```

（三）验证

（1）执行命令 gnocchi resource list：

```
[root@controller ~]# gnocchi resource list
+--------------------------------------+----------------------------+----------------------------------+----------------------------------+
| id                                   | type                       | project_id                       | user_id                          |
+--------------------------------------+----------------------------+----------------------------------+----------------------------------+
| e9a28be7-d2e5-5a3a-aa57-24b19ac7dc10 | instance_network_interface | 50767c898b084d66ae301bdcc6566dcf | 41943a912d3243d589ae1cfb3df6f85b |
| eb27171d-e322-59e1-b69b-95bd436f780f | instance_network_interface | 50767c898b084d66ae301bdcc6566dcf | 41943a912d3243d589ae1cfb3df6f85b |
| ba8adb18-e599-5aa5-a568-76b5a58740e5 | instance_disk              | 50767c898b084d66ae301bdcc6566dcf | 41943a912d3243d589ae1cfb3df6f85b |
| bc9dfcdb-a413-5b5a-8ea0-b9825a536296 | instance_disk              | 50767c898b084d66ae301bdcc6566dcf | 41943a912d3243d589ae1cfb3df6f85b |
| 0a111b34-b17b-5c33-88ad-b4bd6e348167 | instance_disk              | 50767c898b084d66ae301bdcc6566dcf | 41943a912d3243d589ae1cfb3df6f85b |
| b318d276-f53d-542f-8141-7cb6961d5529 | instance_disk              | 50767c898b084d66ae301bdcc6566dcf | 41943a912d3243d589ae1cfb3df6f85b |
| 0dffeb6b-2ec1-4720-9bbf-a3b41fac7926 | instance                   | 50767c898b084d66ae301bdcc6566dcf | 41943a912d3243d589ae1cfb3df6f85b |
| 8d31a5e7-ab4a-4da2-b248-984896474627 | instance                   | 50767c898b084d66ae301bdcc6566dcf | 41943a912d3243d589ae1cfb3df6f85b |
+--------------------------------------+----------------------------+----------------------------------+----------------------------------+
```

（2）执行命令 gnocchi metric list：

```
[root@controller ~]# gnocchi metric list
+--------------------------------------+--------------------+--------------------------+---------+--------------------------------------+
| id                                   | archive_policy/name | name                    | unit    | resource_id                          |
+--------------------------------------+--------------------+--------------------------+---------+--------------------------------------+
| 003a2dfc-d424-4966-9d4f-c96c4a8c4e46 | ceilometer-low-rate | network.incoming.packets | packet  | eb27171d-e322-59e1-b69b-95bd436f780f |
| 01be6e07-1305-4aa2-9f11-86bcc022aa84 | ceilometer-low-rate | disk.device.read.requests| request | b318d276-f53d-542f-8141-7cb6961d5529 |
| 06b6ef54-02ae-407a-a1f8-c24fdb2a4ffa | ceilometer-low-rate | disk.device.write.bytes  | B       | 0a111b34-b17b-5c33-88ad-b4bd6e348167 |
| 160dd6f5-915b-4449-b581-93f2eee1a1d3 | ceilometer-low-rate | cpu                      | ns      | 0dffeb6b-2ec1-4720-9bbf-a3b41fac7926 |
| 1959697f-cf55-4dd3-879c-ec379df72928 | ceilometer-low-rate | disk.device.read.requests| request | bc9dfcdb-a413-5b5a-8ea0-b9825a536296 |
| 218720bc-b8b6-4633-a9fa-08e31b21c152 | ceilometer-low-rate | network.outgoing.packets | packet  | eb27171d-e322-59e1-b69b-95bd436f780f |
| 3512f24a-0374-4dd0-bdc9-8938498579bf | ceilometer-low-rate | network.incoming.bytes   | B       | eb27171d-e322-59e1-b69b-95bd436f780f |
| 5697b525-5ee5-4c7d-ab7c-aebe07d049d1 | ceilometer-low-rate | disk.device.read.requests| request | ba8adb18-e599-5aa5-a568-76b5a58740e5 |
| 62fd8a9a-5980-4ef7-b885-5b4583da0d2d | ceilometer-low-rate | disk.device.read.bytes   | B       | bc9dfcdb-a413-5b5a-8ea0-b9825a536296 |
| 71491536-dc33-436f-9fcc-cf711164518a | ceilometer-low-rate | disk.device.read.requests| request | 0a111b34-b17b-5c33-88ad-b4bd6e348167 |
| 85267d60-179f-477d-a7a2-5b616ef7af7b | ceilometer-low-rate | network.incoming.bytes   | B       | e9a28be7-d2e5-5a3a-aa57-24b19ac7dc10 |
| 90a2a124-3be6-4648-bb19-b0660d5b3f43 | ceilometer-low-rate | cpu                      | ns      | 8d31a5e7-ab4a-4da2-b248-984896474627 |
| 9b3b4375-68f3-4514-bf28-3b9a5d0d7515 | ceilometer-low-rate | disk.device.write.bytes  | B       | bc9dfcdb-a413-5b5a-8ea0-b9825a536296 |
| 9e6608f3-172d-4df8-9529-46dc4e836f26 | ceilometer-low-rate | network.outgoing.bytes   | B       | eb27171d-e322-59e1-b69b-95bd436f780f |
| 9f817da6-c4f2-4ea3-82f7-3c74575b7129 | ceilometer-low-rate | disk.device.write.bytes  | B       | 0a111b34-b17b-5c33-88ad-b4bd6e348167 |
| a4cea641-3471-41c4-a542-19ca9535252b | ceilometer-low-rate | disk.device.write.bytes  | B       | ba8adb18-e599-5aa5-a568-76b5a58740e5 |
| aa3c27b5-b18e-4211-8265-ad73b8a805ac | ceilometer-low-rate | disk.device.read.bytes   | B       | b318d276-f53d-542f-8141-7cb6961d5529 |
| b3e3bcf7-40c4-470b-be9b-053a0fecf771 | ceilometer-low-rate | disk.device.write.requests| request| bc9dfcdb-a413-5b5a-8ea0-b9825a536296 |
| b6668f58-ca5f-436d-bd35-8c3a59f0307b | ceilometer-low-rate | network.outgoing.packets | packet  | e9a28be7-d2e5-5a3a-aa57-24b19ac7dc10 |
| b88dfb4b-01d0-41f5-824b-83676f86a6c7 | ceilometer-low-rate | disk.device.write.bytes  | B       | b318d276-f53d-542f-8141-7cb6961d5529 |
| d3570ea9-cab7-47cd-9c2c-4a8c66b34bee | ceilometer-low-rate | disk.device.write.requests| request| ba8adb18-e599-5aa5-a568-76b5a58740e5 |
| d5e926b5-ef3e-4594-acff-decc7b8ec094 | ceilometer-low-rate | disk.device.write.requests| request| b318d276-f53d-542f-8141-7cb6961d5529 |
| ea029d92-02eb-421a-be14-3a7cc345bac9 | ceilometer-low-rate | disk.device.write.requests| request| 0a111b34-b17b-5c33-88ad-b4bd6e348167 |
| ecb3a9de-c4c0-4ee1-bebc-3bbb5a4faab4 | ceilometer-low-rate | disk.device.read.bytes   | B       | ba8adb18-e599-5aa5-a568-76b5a58740e5 |
| f3b6bc1f-bf4d-4c3b-a121-fdd67d7a5b4f | ceilometer-low-rate | network.incoming.packets | packet  | e9a28be7-d2e5-5a3a-aa57-24b19ac7dc10 |
| ffa4d43f-c021-4d56-90c2-48a798f2d3b3 | ceilometer-low-rate | network.outgoing.bytes   | B       | e9a28be7-d2e5-5a3a-aa57-24b19ac7dc10 |
+--------------------------------------+--------------------+--------------------------+---------+--------------------------------------+
```

二、启用镜像服务计量

任务实施目标:

部署 controller 节点,启用镜像(glance)计量数据。

(一)控制节点配置

(1)加载 admin 凭据的环境变量。

(2)在/etc/glance/glance-api.conf 中添加以下内容:

```
[DEFAULT]
transport_url=rabbit://openstack:rb123@controller
[oslo_messaging_notifications]
driver=messagingv2
```

(3)重启服务:

```
systemctl restart openstack-glance-api.service openstack-glance-registry.
service
```

(二)验证

类似前面小节,执行命令 gnocchi resource list 等。

三、启用网络服务计量

任务实施目标:

部署 controller 节点,启用网络(neutron)计量数据。

(一)控制节点配置

(1)加载 admin 凭据的环境变量。

(2)在/etc/neutron/neutron.conf 中添加以下内容:

```
[oslo_messaging_notifications]
driver=messagingv2
```

（3）重启服务：

```
systemctl restart neutron-server.service
```

（二）验证

类似前面小节，执行命令 gnocchi resource list 等。

四、启用对象存储服务计量

任务实施目标：

部署 controller 和 object 节点，启用通知对象存储（Swift）计量数据。

（一）控制节点准备

（1）加载 admin 凭据的环境变量。

（2）创建 ResellerAdmin 角色：

```
openstack role create ResellerAdmin
```

（3）将 ResellerAdmin 角色授予 ceilometer 用户：

```
openstack role add --project service --user ceilometer ResellerAdmin
```

（二）控制节点软件包安装

```
yum install python-ceilometermiddleware
```

（三）配置对象存储使用 Telemetry

编辑/etc/swift/proxy-server.conf 文件。

（1）在[filter:keystoneauth]节中添加 ResellerAdmin 角色：

```
operator_roles=admin, user, ResellerAdmin
```

（2）在[pipeline:main]节中添加 ceilometer：

```
pipeline=catch_errors gatekeeper healthcheck proxy-logging cache container_
sync bulk ratelimit authtoken keystoneauth container-quotas account-quotas
slo dlo versioned_writes proxy-logging ceilometer proxy-server
```

（3）在[filter:ceilometer]节中配置通知：

```
paste.filter_factory=ceilometermiddleware.swift:filter_factory
…
control_exchange=swift
url=rabbit://openstack:rb123@controller:5672/
dirver=messagingv2
topic=notifications
log_level=WARN
```

（四） 重启服务

（1）控制节点重启对象存储代理服务：

```
systemctl restart openstack-swift-proxy.service
```

（2）存储节点重启服务：

```
systemctl restart openstack-swift-container.service\
  openstack-swift-container-auditor.service
openstack-swift-container-replicator.service\
  openstack-swift-container-updater.service\
```

```
openstack-swift-object.service openstack-swift-object-auditor.service\
  openstack-swift-object-replicator.service
openstack-swift-object-updater.service
```

五、启用编排服务计量

任务实施目标:

部署 controller 节点，启用编排（heat）计量数据。

（一）控制节点配置

（1）加载 admin 凭据的环境变量。

（2）在/etc/heat/heat.conf 中添加以下内容:

```
[oslo_messaging_notifications]
driver=messagingv2
```

（3）重启服务:

```
systemctl restart openstack-heat-api openstack-heat-api-cfn openstack-heat
-engine
```

（二）验证

类似前面小节，执行命令 gnocchi resource list 等。

任务验收

使用命令 gnocchi resource list，统计计量其他资源使用情况。

项目十二

→ Heat 编排服务部署

在 OpenStack 环境中，编排（Orchestration）服务用来集中管理整个云架构、服务和应用的生命周期。编排可以通过预先设定来协调配置同一节点或不同节点的部署资源和部署顺序。用户将对各种资源的需求写入模板文件中，Heat 基于模板文件自动调用相关服务的接口来配置资源，从而实现自动化的云部署。通过本项目中两个典型工作任务的学习，读者能在理解 Heat 组件原理基础上，独立安装、部署和管理 Heat 组件，编排主机实例和软件服务。

学习目标

- 了解 Heat 组件架构及其功能；
- 掌握 Heat 组件安装部署方法；
- 理解和掌握主机实例和软件编排方法。

任务一　安装编排服务

任务描述

参考安装手册，在控制节点安装部署 heat 服务。

知识准备

一、Heat 架构

在 OpenStack 环境中，编排（Orchestration）服务用来集中管理整个云架构、服务和应用的生命周期。编排可以通过预先设定来协调配置同一节点或不同节点的部署资源和部署顺序。用户将对各种资源的需求写入模板文件中，Heat 基于模板文件自动调用相关服务的接口来配置资源，从而实现自动化的云部署。Heat 自带 Hot 模板支持丰富的资源类型，不仅覆盖了常用的基础架构，包括计算、网络、存储、镜像，还覆盖了像 Ceilometer 的警报、Sahara 的集群、Trove 的实例等高级资源。此外，Heat 还拥有出色的跨平台兼容性，支持亚马逊的 CloudFormation 模板格式，可以将 AWS 模板引入 OpenStack 环境当中。Heat 与 OpenStack 其他组件之间的关系如图 12-1 所示。

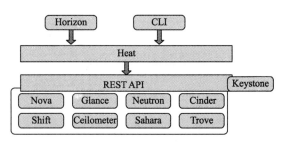

图 12-1　Heat 与其他组件关联

Heat 架构如图 12-2 所示。

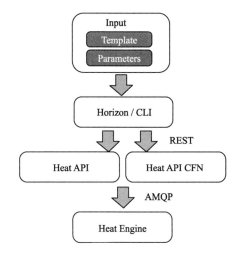

图 12-2　Heat 架构

主要包含以下组件：

（1）Heat API 组件：实现 OpenStack 的 REST API。该组件通过把 API 请求经由 AMQP 传送给 Heat engine 来处理 API 请求。

（2）Heat API CFN 组件：提供兼容 AWS CloudFormation 的 API，同时也会把 API 请求通过 AMQP 转发给 Heat Engine。

（3）Heat-engine 组件：提供 Heat 最主要的协作功能，负责编排模板，并提供事件返回给 API 请求者。

用户在 Horizon 中或者 CLI 中提交包含模板和参数输入的请求，将请求转化为 REST 格式的 API 调用，调用 HEAT API 或者 HEAT API CFN。HEAT API 和 HEAT API CFN 会验证模板的正确性，然后通过 AMQP 异步传递给 Heat Engine 来处理请求。

当 Heat Engine 获得请求后，将请求解析为各种类型的资源，每种资源都对应 OpenStack 其他的服务客户端，然后通过发送 REST 的请求给其他服务。通过如此的解析和协作，最终完成请求的处理，如图 12-3 所示。Heat Engine 的作用分为三层：第一层处理 Heat 层面的请求，根据模板和输入参数创建 Stack，Stack 是由各种资源组合而成；第二层解析 Stack 中各种资源的依赖关系，Stack 和嵌套 Stack 的关系；第三层是根据解析出来的关系，依次调用各种服务客户段来创建各种资源。

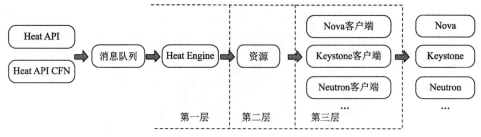

图 12-3　Heat Engine 结构

为深入理解 Heat 原理，需了解相关概念：

（1）堆栈（Stack）：管理资源的集合。单个模板中定义的实例化资源的集合，是 Heat 管理应用程序的逻辑单元，往往对应一个应用程序。

（2）模板（Template）：如何使用代码定义和描述堆栈。描述了所有组件资源以及组件资源之间的关系，是 Heat 的核心。

（3）资源（Resource）：将在编排期间创建或修改的对象。资源可以是网络、路由器、子网、实例、卷、浮动 IP、安全组等。

（4）参数（Parameters）：Heat 模板中的顶级 key，定义在创建或更新 Stack 时可以传递哪些数据来定制模板。

（5）参数组（parameter_groups）：用于指定如何对输入参数进行分组，以及提供参数的顺序。

（6）输出（Outputs）：Heat 模板中的顶级 key，定义实例化后 Stack 将返回的数据。

二、Heat 编排

编排，顾名思义，就是按照一定的目的依次排列。在 IT 世界里，一个完整的编排一般包括设置服务器上架、安装 CPU、内存、硬盘、通电、插入网络接口、安装操作系统、配置操作系统、安装中间件、配置中间件、安装应用程序、配置应用发布程序。对于复杂的需要部署在多台服务器上的应用，需要重复这个过程，而且需要协调各个应用模块的配置，比如配置前面的应用服务器连上后面的数据库服务器。图 12-4 所示为了一个典型应用需要编排的项目。

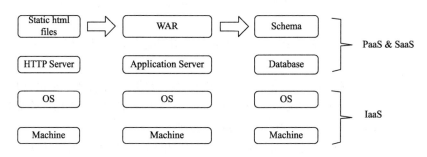

图 12-4　编排框架

在云计算中，物理机由虚拟机（VM）或者容器代替。管理 VM 所需要的各个资源要素和操作系统以及本身安装完后的配置就成了 IaaS 层编排的重点。除此之外，提供能够接入 PaaS 和 SaaS 编排的框架也是 IaaS 编排的范围。

虽然 OpenStack 从最开始就提供命令行和 Horizon 来供用户管理资源，但依赖靠敲一行行的命令和在浏览器中的点击相当费时费力。即使把命令行保存为脚本，也需要额外的脚本来进行维护，而且不易于扩展。用户或者直接通过 REST API 编写程序，同样不易于维护和扩展。这都不利于用户使用 Openstack 来进行大批量的管理，更不利于使用 OpenStack 来编排各种资源以支撑 IT 应用。

Heat 在这种情况下应运而生。Heat 采用了业界流行使用的模板方式来设计或者定义编排。用户只需要打开文本编辑器，编写一段基于 Key-Value 的模板，就能够方便地得到想要的编排。为了方便用户使用，Heat 提供了大量模板例子，大多数时候用户只需要选择想要的编排，通过复制、粘贴的方式来完成模板的编写。

Heat 从 4 个方面来支持编排。首先是 OpenStack 自己提供的基础架构资源，包括计算、网络和存储等资源。通过编排这些资源，用户就可以得到最基本的 VM。值得提及的是，在编排 VM 的过程中，用户可以提供一些简单的脚本，以便对 VM 做一些简单的配置。然后，用户可以通过 Heat 提供的 Software Configuration 和 Software Deployment 等对 VM 进行复杂的配置，如安装软件、配置软件。接着如果用户有一些高级的功能需求，比如需要一组能够根据负荷自动伸缩的 VM 组，或者需要一组负载均衡的 VM，Heat 提供了 AutoScaling 和 Load Balance 等进行支持。如果要用户自己单独编程来完成这些功能，所花费的时间和编写的代码都是不菲的。现在通过 Heat，只需要一段长度的 Template，就可以实现这些复杂的应用。Heat 对诸如 AutoScaling 和 Load Blance 等复杂应用的支持已经非常成熟，有各种各样的模板供参考。最后，如果用户的应用足够复杂，或者说用户的应用已经有了一些基于流行配置管理工具的部署，比如已经基于 Chef 有了 Cookbook，就可以通过集成 Chef 来复用这些 Cookbook，这样就能够节省大量的开发时间或者迁移时间。图 12-5 所示为 Heat 编排案例。

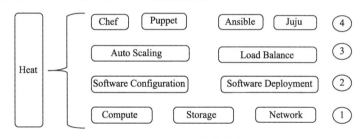

图 12-5　Heat 编排案例

三、Heat 编排模板

Heat 目前支持两种格式的模板：一种是基于 JSON 格式的 CFN（CloudFormation-compatible）模板；另外一种是基于 YAML 格式的 HOT（Heat Orchestration Template）模板。CFN 模板主要是为了保持对 AWS 的兼容性；HOT 模板是 Heat 自有的模板，资源类型更加丰富，更能体现出 Heat 特点，比 CFN 更好，本书主要关注 HOT 模板。HOT 模板的总体结构如下：

```
heat_template_version: 2016-10-14        #版本
description:
    # 模板的描述信息
parameter_groups:
    # 输入参数组和排序
parameters:
    # 输入参数
resources:
```

```
  # 模板资源
outputs:
  # 输出参数
conditions:
  # 条件
```

主要由下列元素构成：

（1）模板版本（heat_template_version）：必填，指定所对应的模板版本。Heat 通过版本不仅获知模板格式，而且确定有效的和可支持的语法或函数，该字段值可以是 Heat 发行日期，也可以是 Heat 发行的代码。

（2）描述（description）：可填，提供关于该模板的说明信息。如果说明信息较长，可以使用多行文本。

（3）参数组（parameter_groups）：定义输入参数的分组和在该组中提供参数的顺序，参数组以列表形式定义，每组包括所关联的参数的列表。语法格式如下：

```
parameter_groups:
- label: <定义关联参数组的可读标签>
  description: <参数组描述信息>
  parameters:
  - <parameters 节中已定义的参数名>
  - <parameters 节中已定义的参数名>
```

（4）参数列表（parameters）：选填，指输入参数列表，输入参数主要来源于模板文件、环境变量和命令行参数等三方面。

输入参数语法格式如下：

```
parameters:
  <参数名>:
    type: <string | number | json | comma_delimited_list | boolean>    #类型
    label: <参数标签>
    description: <参数的描述信息>
    default: <参数默认值>
    hidden: <true | false>        #是否隐藏
    constraints:                  #参数约束列表
      <参数约束>
    immutable: <true | false>     #参数是否可更新
    tags: <参数类目列表>
```

（5）参数约束（Parameter Constraints）用于检验实例化模板由用户提供的参数值的有效性。在参数定义中使用专门的 constraints 块来定义，约束定义的语法格式：

```
constraints:
  - <约束类型>: <约束定义>
    description: <约束描述信息>
```

约束主要由约束类型和约束定义来表示，后者根据前者来实现约束。目前支持的约束类型有 length、range、modulo、allowed_values、allowed_pattern、custom_constraint。

以下为一个输入参数示例：

```
parameters:
  user_name:
    type: string
```

```
    label: User Name
    description: User name to be configured for the application
    constraints:
      - length: { min: 6, max: 8 }
      - allowed_pattern: "[A-Z]+[a-zA-Z0-9]*"
        description: User name must start with an uppercase character
  port_number:
    type: number
    label: Port Number
description: Port number to be configured for the WEB server
```

（6）资源列表（resources）：必填，指生成的 Stack 所包含的各种资源。可以定义资源间的依赖关系，如生成 Port，然后再用 port 来生成 VM。每个资源作为一个独立的嵌套块定义。语法格式：

```
resources:
  <资源 ID>:
    type: <资源类型>
    properties:
      <属性名>: <属性值>
    metadata:
      <资源特定的元数据>
    depends_on: <资源 ID 或资源 ID 列表>
    update_policy: <更新策略>
    deletion_policy: <删除策略>
    external_id: <外部资源 ID>
    condition: <条件名、表达式或逻辑值>
```

（7）depends_on 属性定义该资源与一个或多个其他资源之间的依赖关系。例如：

```
resources:
  server1:
    type: OS::Nova::Server
    depends_on: [ server2, server3 ]
  server2:
    type: OS::Nova::Server
  server3:
type: OS::Nova::Server
```

（8）输出列表（outputs）：选填，指生成的 Stack 暴露出来的信息，可以用来给用户使用，也可以用来作为输入提供给其他的 Stack。语法格式如下：

```
outputs:
  <参数名>:
    description: <描述信息>
    value: <参数值>
condition: <条件名、表达式或逻辑值>
```

定义一个计算资源的 IP 地址作为一个输出参数。例如：

```
outputs:
  instance_ip:
    description: IP address of the deployed compute instance
```

```
value: { get_attr: [my_instance, first_address] }
```

（9）条件（Conditions）：定义一个或者多个条件，根据用户创建或更改一个栈时提供的参数值评估这些条件。条件可以与资源、资源属性和输出相关。例如，根据条件结果，可以创建资源、设置属性值，或者给出出栈的输出参数。语法格式如下：

```
conditions:
  <条件名 1>: {表达式 1}
  <条件名 2>: {表达式 2}
```

将条件关联至资源的示例如下：

```
parameters:
  env_type:
    default: test
    type: string
conditions:
  create_prod_res: {equals : [{get_param: env_type}, "prod"]}
resources:
  volume:
    type: OS::Cinder::Volume
    condition: create_prod_res
    properties:
    size: 1
```

（10）内置函数（Intrinsic functions）：HOT 提供一套内置函数，用于在模板中执行特定任务。get_attr 函数用于引用某资源的某属性：

```
get_attr:
  - <资源名>
  - <属性名>
  - <键/索引 1> （可选）
  - <键/索引 2> （可选）
  - ...
```

get_param 函数获取模板的一个输入参数，解析运行时提供给输入参数的值：

```
get_param:
  - <参数名>
  - <键/索引 1> （可选）
  - <键/索引 2> （可选）
  - ...
```

在编排服务中，资源（Resource）特指编排期间创建或修改的对象。模板以文本文件的形式描述云应用的基础设施，主要是需要被创建的资源的细节。Heat 模板的使用简化了复杂的基础设施、服务和应用的定义和部署。

作为一套业务流程平台，Heat 旨在帮助用户更轻松地配置以 OpenStack 为基础的云体系。利用 Heat 应用程序，开发人员能够在程序中使用模板以实现资源的自动化部署，启动应用、创建虚拟机并自动处理整个流程。模板的使用简化了复杂基础设施、服务和应用的定义及部署。

任务实施

依据表 12-1 所示参数完成相应任务。

表 12-1 编排组件安装相关参数

节点	服务	域	角 色	账 号	用户名/密码
controller（192.168.154.11）	openstack-heat-api			mysql 登录	root/123
				heat 用户	heat / ht123
	openstack-heat-api-cfn	heat		heat_domain_admin 用户	heat_domain_admin/ha123
	openstack-heat-engine		heat_stack_owner	myuser	
			heat_stack_user		

一、准备工作

任务实施目标：

在 controller 节点上，创建编排服务数据库、服务凭证和 API 端点，配置身份服务信息。

视频

编排服务安装

（一）建库授权

```
mysql -uroot -p
CREATE DATABASE heat;
GRANT ALL PRIVILEGES ON heat.* TO 'heat'@'localhost'  IDENTIFIED BY 'ht123';
GRANT ALL PRIVILEGES ON heat.* TO 'heat'@'%' IDENTIFIED BY 'ht123';
```

（二）创建服务凭证

```
. admin-openrc
openstack user create --domain default --password-prompt heat
```

```
+---------------------+----------------------------------+
| Field               | Value                            |
+---------------------+----------------------------------+
| domain_id           | default                          |
| enabled             | True                             |
| id                  | 83fc848954774325807197bf2c0ecc56 |
| name                | heat                             |
| options             | {}                               |
| password_expires_at | None                             |
+---------------------+----------------------------------+
```

```
openstack role add --project service --user heat admin
openstack service create --name heat  --description "Orchestration" orchestration
```

```
+-------------+----------------------------------+
| Field       | Value                            |
+-------------+----------------------------------+
| description | Orchestration                    |
| enabled     | True                             |
| id          | b3bd862d552b489396f7985d62a4c75a |
| name        | heat                             |
| type        | orchestration                    |
+-------------+----------------------------------+
```

```
openstack service create --name heat-cfn --description "Orchestration"
cloudformation
```

```
+-------------+---------------------------------+
| Field       | Value                           |
+-------------+---------------------------------+
| description | Orchestration                   |
| enabled     | True                            |
| id          | ffc4e03a87eb441c829ba48bb27ffa76|
| name        | heat-cfn                        |
| type        | cloudformation                  |
+-------------+---------------------------------+
```

（三）创建服务 API

```
openstack endpoint create --region RegionOne\
  orchestration public http://controller:8004/v1/%\(tenant_id\)s
```

```
+--------------+----------------------------------------+
| Field        | Value                                  |
+--------------+----------------------------------------+
| enabled      | True                                   |
| id           | b2b0bb5a1bdf43789761d86dabbfb32d       |
| interface    | public                                 |
| region       | RegionOne                              |
| region_id    | RegionOne                              |
| service_id   | b3bd862d552b489396f7985d62a4c75a       |
| service_name | heat                                   |
| service_type | orchestration                          |
| url          | http://controller:8004/v1/%(tenant_id)s|
+--------------+----------------------------------------+
```

```
openstack endpoint create --region RegionOne\
  orchestration internal http://controller:8004/v1/%\(tenant_id\)s
```

```
+--------------+----------------------------------------+
| Field        | Value                                  |
+--------------+----------------------------------------+
| enabled      | True                                   |
| id           | e959373c82bc4601980ffa7ec334e847       |
| interface    | internal                               |
| region       | RegionOne                              |
| region_id    | RegionOne                              |
| service_id   | b3bd862d552b489396f7985d62a4c75a       |
| service_name | heat                                   |
| service_type | orchestration                          |
| url          | http://controller:8004/v1/%(tenant_id)s|
+--------------+----------------------------------------+
```

```
openstack endpoint create --region RegionOne\
  orchestration admin http://controller:8004/v1/%\(tenant_id\)s
```

```
+--------------+----------------------------------------+
| Field        | Value                                  |
+--------------+----------------------------------------+
| enabled      | True                                   |
| id           | 6a3b165acd3a4dab957817b059ca5b90       |
| interface    | admin                                  |
| region       | RegionOne                              |
| region_id    | RegionOne                              |
| service_id   | b3bd862d552b489396f7985d62a4c75a       |
| service_name | heat                                   |
| service_type | orchestration                          |
| url          | http://controller:8004/v1/%(tenant_id)s|
+--------------+----------------------------------------+
```

```
openstack endpoint create --region RegionOne\
  cloudformation public http://controller:8000/v1
```

```
+--------------+----------------------------------------+
| Field        | Value                                  |
+--------------+----------------------------------------+
| enabled      | True                                   |
| id           | 51ba8ea7c78544d8804f0bb2dc37d541       |
| interface    | public                                 |
| region       | RegionOne                              |
| region_id    | RegionOne                              |
| service_id   | ffc4e03a87eb441c829ba48bb27ffa76       |
| service_name | heat-cfn                               |
| service_type | cloudformation                         |
| url          | http://controller:8000/v1              |
+--------------+----------------------------------------+
```

```
openstack endpoint create --region RegionOne\
  cloudformation internal http://controller:8000/v1
```

```
+--------------+----------------------------------+
| Field        | Value                            |
+--------------+----------------------------------+
| enabled      | True                             |
| id           | 1452099cf72848ef9011e106a8f4dfd1 |
| interface    | internal                         |
| region       | RegionOne                        |
| region_id    | RegionOne                        |
| service_id   | ffc4e03a87eb441c829ba48bb27ffa76 |
| service_name | heat-cfn                         |
| service_type | cloudformation                   |
| url          | http://controller:8000/v1        |
+--------------+----------------------------------+
```

```
openstack endpoint create --region RegionOne\
  cloudformation admin http://controller:8000/v1
```

```
+--------------+----------------------------------+
| Field        | Value                            |
+--------------+----------------------------------+
| enabled      | True                             |
| id           | 642f8c0fa5c74af49620d74deb7bd58f |
| interface    | admin                            |
| region       | RegionOne                        |
| region_id    | RegionOne                        |
| service_id   | ffc4e03a87eb441c829ba48bb27ffa76 |
| service_name | heat-cfn                         |
| service_type | cloudformation                   |
| url          | http://controller:8000/v1        |
+--------------+----------------------------------+
```

（四）创建身份服务

编排服务需要在身份服务中提供额外的信息来管理栈。

（1）创建包含用于栈的项目和用户的 heat 域：

```
openstack domain create --description "Stack projects and users" heat
```

```
+-------------+----------------------------------+
| Field       | Value                            |
+-------------+----------------------------------+
| description | Stack projects and users         |
| enabled     | True                             |
| id          | 54b5eb13bc5f48e7998cf68fc48c8b01 |
| name        | heat                             |
| tags        | []                               |
+-------------+----------------------------------+
```

使用 openstack domain list 查看域列表：

```
[root@controller ~]# openstack domain list
+----------------------------------+---------+---------+--------------------------+
| ID                               | Name    | Enabled | Description              |
+----------------------------------+---------+---------+--------------------------+
| 54b5eb13bc5f48e7998cf68fc48c8b01 | heat    | True    | Stack projects and users |
| default                          | Default | True    | The default domain       |
+----------------------------------+---------+---------+--------------------------+
```

（2）创建管理 heat 域中的项目和用户的 heat_domain_admin 用户：

```
openstack user create --domain heat --password-prompt heat_domain_admin
#密码设置为 ha123
```

```
+---------------------+----------------------------------+
| Field               | Value                            |
+---------------------+----------------------------------+
| domain_id           | 54b5eb13bc5f48e7998cf68fc48c8b01 |
| enabled             | True                             |
| id                  | 6c1ce3b99bc944198670bf2c48338d15 |
| name                | heat_domain_admin                |
| options             | {}                               |
| password_expires_at | None                             |
+---------------------+----------------------------------+
```

（3）将 admin 角色赋予 heat 域中的的 heat_domain_admin 用户，让 heat_domain_admin 用户获取栈管理特权：

```
openstack role add --domain heat --user-domain heat --user heat_domain_admin
admin
```

（4）创建 heat_stack_owner 角色：

```
openstack role create heat_stack_owner
```

```
+-----------+----------------------------------+
| Field     | Value                            |
+-----------+----------------------------------+
| domain_id | None                             |
| id        | ee3275fe0a544e2bab4a582f1e8b0156 |
| name      | heat_stack_owner                 |
+-----------+----------------------------------+
```

（5）将 heat_stack_owner 角色赋予 myproject 项目和用户，让 myuser 用户能够管理栈。必须将 heat_stack_owner 角色赋予管理栈的每个用户：

```
openstack role add --project myproject --user myuser heat_stack_owner
```

（6）创建 heat_stack_user 角色：

```
openstack role create heat_stack_user
```

```
+-----------+----------------------------------+
| Field     | Value                            |
+-----------+----------------------------------+
| domain_id | None                             |
| id        | b4d052a1302e43669dfcc28af180a54d |
| name      | heat_stack_user                  |
+-----------+----------------------------------+
```

编排服务自动将 heat_stack_user 角色赋予栈部署期间创建的用户。默认情况下，该角色 API 操作不要将角色再赋给具有 heat_stack_owner 的用户。

执行代码：

```
mysql -uroot -p123
CREATE DATABASE heat;
GRANT ALL PRIVILEGES ON heat.* TO 'heat'@'localhost'  IDENTIFIED BY 'ht123';
GRANT ALL PRIVILEGES ON heat.* TO 'heat'@'%' IDENTIFIED BY 'ht123';
quit
. admin-openrc
openstack user create --domain default --password=ht123 heat
openstack role add --project service --user heat admin
openstack service create --name heat  --description "Orchestration"
orchestration
openstack service create --name heat-cfn --description "Orchestration"
cloudformation
openstack endpoint create --region RegionOne\
  orchestration public http://controller:8004/v1/%\(tenant_id\)s
openstack endpoint create --region RegionOne\
  orchestration internal http://controller:8004/v1/%\(tenant_id\)s
openstack endpoint create --region RegionOne\
  orchestration admin http://controller:8004/v1/%\(tenant_id\)s
openstack endpoint create --region RegionOne\
  cloudformation public http://controller:8000/v1
openstack endpoint create --region RegionOne\
  cloudformation internal http://controller:8000/v1
```

```
openstack endpoint create --region RegionOne\
  cloudformation admin http://controller:8000/v1
openstack domain create --description "Stack projects and users" heat
openstack user create --domain heat --password=ha123 heat_domain_admin
openstack role add --domain heat --user-domain heat --user heat_domain_admin
admin
openstack role create heat_stack_owner
openstack role add --project myproject --user myuser heat_stack_owner
openstack role create heat_stack_user
```

二、安装配置组件

任务实施目标：

在 controller 节点上，安装软件包，完成组件配置。

（一）安装软件包

```
yum install -y openstack-heat-api openstack-heat-api-cfn openstack-heat-engine
```

（二）配置组件

（1）编辑/etc/heat/heat.conf 文件完成以下配置：

```
[database]
connection=mysql+pymysql://heat:ht123@controller/heat
[defatult]
transport_url=rabbit://openstack:rb123@controller
heat_metadata_server_url=http://controller:8000
heat_waitcondition_server_url=http://controller:8000/v1/waitcondition
stack_domain_admin=heat_domain_admin
stack_domain_admin_password=ha123
stack_user_domain_name=heat
[keystone_authtoken]
www_authenticate_uri=http://controller:5000
auth_url=http://controller:5000
memcached_servers=controller:11211
auth_type=password
project_domain_name=default
user_domain_name=default
project_name=service
username=heat
password=ht123
[trustee]
auth_type=password
auth_url=http://controller:5000
username=heat
password=ht123
user_domain_name=default
[clients_keystone]
auth_uri=http://controller:5000
```

（2）初始化数据库：

```
su -s /bin/sh -c "heat-manage db_sync" heat
```

（三）启动服务

启动 Orchestration 编排服务 heat 组件，并将其设置为随系统启动：

```
systemctl enable openstack-heat-api.service\
  openstack-heat-api-cfn.service openstack-heat-engine.service
systemctl restart openstack-heat-api.service\
  openstack-heat-api-cfn.service openstack-heat-engine.service
systemctl list-unit-files |grep openstack-heat*
```

```
[root@controller ~]# systemctl list-unit-files |grep openstack-heat*
openstack-heat-api-cfn.service                    enabled
openstack-heat-api.service                        enabled
openstack-heat-engine.service                     enabled
```

```
systemctl status openstack-heat-api.service\
  openstack-heat-api-cfn.service openstack-heat-engine.service
```

```
[root@controller ~]# systemctl status openstack-heat-api.service openstack-heat-api-cfn.service openstack-heat-engine.service
● openstack-heat-api.service - OpenStack Heat API Service
   Loaded: loaded (/usr/lib/systemd/system/openstack-heat-api.service; enabled; vendor preset: disabled)
   Active: active (running) since Thu 2020-07-09 08:23:05 CST; 10min ago
 Main PID: 89227 (heat-api)
   CGroup: /system.slice/openstack-heat-api.service
           ├─89227 /usr/bin/python /usr/bin/heat-api --config-file /usr/share/heat/heat-dist.conf --config-file /etc/heat/heat.conf
           ├─89262 /usr/bin/python /usr/bin/heat-api --config-file /usr/share/heat/heat-dist.conf --config-file /etc/heat/heat.conf
           └─89263 /usr/bin/python /usr/bin/heat-api --config-file /usr/share/heat/heat-dist.conf --config-file /etc/heat/heat.conf

Jul 09 08:23:05 controller systemd[1]: Started OpenStack Heat API Service.

● openstack-heat-api-cfn.service - Openstack Heat CFN-compatible API Service
   Loaded: loaded (/usr/lib/systemd/system/openstack-heat-api-cfn.service; enabled; vendor preset: disabled)
   Active: active (running) since Thu 2020-07-09 08:23:05 CST; 10min ago
 Main PID: 89228 (heat-api-cfn)
   CGroup: /system.slice/openstack-heat-api-cfn.service
           └─89228 /usr/bin/python /usr/bin/heat-api-cfn --config-file /usr/share/heat/heat-dist.conf --config-file /etc/heat/heat.conf

Jul 09 08:23:05 controller systemd[1]: Started Openstack Heat CFN-compatible API Service.

● openstack-heat-engine.service - Openstack Heat Engine Service
   Loaded: loaded (/usr/lib/systemd/system/openstack-heat-engine.service; enabled; vendor preset: disabled)
   Active: active (running) since Thu 2020-07-09 08:23:05 CST; 10min ago
 Main PID: 89229 (heat-engine)
   CGroup: /system.slice/openstack-heat-engine.service
           ├─89229 /usr/bin/python /usr/bin/heat-engine --config-file /usr/share/heat/heat-dist.conf --config-file /etc/heat/heat.conf
           ├─89264 /usr/bin/python /usr/bin/heat-engine --config-file /usr/share/heat/heat-dist.conf --config-file /etc/heat/heat.conf
           ├─89265 /usr/bin/python /usr/bin/heat-engine --config-file /usr/share/heat/heat-dist.conf --config-file /etc/heat/heat.conf
           ├─89266 /usr/bin/python /usr/bin/heat-engine --config-file /usr/share/heat/heat-dist.conf --config-file /etc/heat/heat.conf
           └─89267 /usr/bin/python /usr/bin/heat-engine --config-file /usr/share/heat/heat-dist.conf --config-file /etc/heat/heat.conf
```

执行代码：

```
yum install -y openstack-heat-api openstack-heat-api-cfn  openstack-heat-
engine
. admin
openstack-config --set /etc/heat/heat.conf database connection mysql+
pymysql://heat:ht123@controller/heat
openstack-config --set /etc/heat/heat.conf DEFAULT transport_url rabbit:
//openstack:rb123@controller
openstack-config --set /etc/heat/heat.conf DEFAULT heat_metadata_server
_url http://controller:8000
openstack-config --set /etc/heat/heat.conf DEFAULT heat_waitcondition_
server_ url http://controller:8000/v1/waitcondition
openstack-config --set /etc/heat/heat.conf DEFAULT stack_domain_admin
heat_domain_admin
openstack-config --set /etc/heat/heat.conf default stack_domain_admin_
password ha123
openstack-config --set /etc/heat/heat.conf default stack_user_domain_name
heat
```

```
openstack-config --set /etc/heat/heat.conf keystone_authtoken www_
authenticate_uri  http://controller:5000
openstack-config --set /etc/heat/heat.conf keystone_authtoken auth_url
http://controller:5000
openstack-config --set /etc/heat/heat.conf keystone_authtoken memcached
_servers controller:11211
openstack-config --set /etc/heat/heat.conf keystone_authtoken auth_type
password
openstack-config --set /etc/heat/heat.conf keystone_authtoken project_
domain_name default
openstack-config --set /etc/heat/heat.conf keystone_authtoken user_domain_
name default
openstack-config --set /etc/heat/heat.conf keystone_authtoken project_name
service
openstack-config --set /etc/heat/heat.conf keystone_authtoken username heat
openstack-config --set /etc/heat/heat.conf keystone_authtoken password
ht123
openstack-config --set /etc/heat/heat.conf trustee auth_type password
openstack-config --set /etc/heat/heat.conf trustee auth_url http://
controller:5000
openstack-config --set /etc/heat/heat.conf trustee username heat
openstack-config --set /etc/heat/heat.conf trustee password ht123
openstack-config --set /etc/heat/heat.conf trustee user_domain_name default
openstack-config --set /etc/heat/heat.conf clients_keystone auth_uri
http://controller:5000
su -s /bin/sh -c "heat-manage db_sync" heat
systemctl enable openstack-heat-api.service \
  openstack-heat-api-cfn.service openstack-heat-engine.service
systemctl restart openstack-heat-api.service \
  openstack-heat-api-cfn.service openstack-heat-engine.service
systemctl list-unit-files |grep openstack-heat*
systemctl status openstack-heat-api.service \
  openstack-heat-api-cfn.service openstack-heat-engine.service
```

（四）验证服务

（1）查看 orchestration 服务列表：

```
.admin-openrc
openstack orchestration service list
```

可以发现在控制节点上，包含 4 个 heat-engine 组件。

（2）查看进程：

```
ps aux | grep heat
```

```
[root@controller ~]# ps aux | grep heat
heat     89227  0.0  2.0 403584 78304 ?    Ss  08:23  0:01 /usr/bin/python /usr/bin/heat-api --config-file /usr/share/heat/heat-dist.conf --config-file /etc/heat/heat.conf
heat     89228  0.0  2.0 402672 77340 ?    Ss  08:23  0:01 /usr/bin/python /usr/bin/heat-api-cfn --config-file /usr/share/heat/heat-dist.conf --config-file /etc/heat/heat.conf
heat     89229  0.9  2.4 423640 96208 ?    Ss  08:23  4:45 /usr/bin/python /usr/bin/heat-engine --config-file /usr/share/heat/heat-dist.conf --config-file /etc/heat/heat.conf
heat     89262  0.0  2.0 405544 81020 ?    S   08:23  0:00 /usr/bin/python /usr/bin/heat-api --config-file /usr/share/heat/heat-dist.conf --config-file /etc/heat/heat.conf
heat     89263  0.0  2.1 405544 81104 ?    S   08:23  0:00 /usr/bin/python /usr/bin/heat-api --config-file /usr/share/heat/heat-dist.conf --config-file /etc/heat/heat.conf
heat     89264  0.0  2.7 431532 104572 ?   S   08:23  0:17 /usr/bin/python /usr/bin/heat-engine --config-file /usr/share/heat/heat-dist.conf --config-file /etc/heat/heat.conf
heat     89265  0.0  2.7 431428 104492 ?   S   08:23  0:18 /usr/bin/python /usr/bin/heat-engine --config-file /usr/share/heat/heat-dist.conf --config-file /etc/heat/heat.conf
heat     89266  0.0  2.7 431828 104760 ?   S   08:23  0:17 /usr/bin/python /usr/bin/heat-engine --config-file /usr/share/heat/heat-dist.conf --config-file /etc/heat/heat.conf
heat     89267  0.0  2.7 431444 104388 ?   S   08:23  0:18 /usr/bin/python /usr/bin/heat-engine --config-file /usr/share/heat/heat-dist.conf --config-file /etc/heat/heat.conf
root    109620  0.0  0.0 112712   976 pts/0  S+ 16:51  0:00 grep --color=auto heat
```

ps -A | grep heat

```
[root@controller ~]# ps -A | grep heat
89227 ?        00:00:01 heat-api
89228 ?        00:00:01 heat-api-cfn
89229 ?        00:04:45 heat-engine
89262 ?        00:00:00 heat-api
89263 ?        00:00:00 heat-api
89264 ?        00:00:17 heat-engine
89265 ?        00:00:18 heat-engine
89266 ?        00:00:17 heat-engine
89267 ?        00:00:18 heat-engine
```

netstat -ltunp | grep 8000

```
[root@controller ~]# netstat -ltunp | grep 8000
tcp      0      0 0.0.0.0:8000          0.0.0.0:*           LISTEN      89228/python
```

netstat -ltunp | grep 8004

```
[root@controller ~]# netstat -ltunp | grep 8004
tcp      0      0 0.0.0.0:8004          0.0.0.0:*           LISTEN      89227/python
```

任务验收

（1）查看基于 heat 方式创建的主机实例和软件配置，验收命令。

（2）简述阿里云和腾讯云主要服务功能及租用方式：

- openstack stack list。
- openstack stack output show --all my_stack。

任务二　部署编排服务

任务描述

通过编排服务，采用命令行方式，基于模板创建栈和软件配置。

知识准备

一、对基础架构编排

对于不同的资源，Heat 都提供了对应的资源类型。比如，对于 VM，Heat 提供了 OS::Nova::Server。OS::Nova::Server 有一些参数，如 key、image、flavor 等，这些参数可以直接指定，可以由客户在创建 Stack 时提供，也可以由上下文其他的参数获得。

以创建 VM 为例，从输入参数获得 OS::Nova::Server 所需的值，利用 user_data 做了一些简单的配置。样例模板如下：

```
resources:
```

```
server:
  type: OS::Nova::Server
  properties:
  key_name:{get_param: key_name}
  image:{get_param: image}
  flavor:{get_param: flavor}
user_data:|
  #!/bin/bash
  echo "10.10.10.10 testvm" >> /etc/hosts
```

二、对软件配置编排

Heat 提供了多种资源类型来支持对于软件配置和部署的编排，如下所列：

OS::Heat::CloudConfig：VM 引导程序启动时的配置，由 OS::Nova::Server 引用。

OS::Heat::SoftwareConfig：描述软件配置。

OS::Heat::SoftwareDeployment：执行软件部署。

OS::Heat::SoftwareDeploymentGroup：对一组 VM 执行软件部署。

OS::Heat::SoftwareComponent：针对软件的不同生命周期部分，对应描述软件配置。

OS::Heat::StructuredConfig：与 OS::Heat::SoftwareConfig 类似，但是用 Map 来表述配置。

OS::Heat::StructuredDeployment：执行 OS::Heat::StructuredConfig 对应的配置。

OS::Heat::StructuredDeploymentsGroup：对一组 VM 执行 OS::Heat::StructuredConfig 对应的配置。

其中，最常用的是 OS::Heat::SoftwareConfig 和 OS::Heat::SoftwareDeployment。

（1）OS::Heat::SoftwareConfig 用法样例模板如下：

```
resources:
install_db_sofwareconfig
type: OS::Heat::SoftwareConfig
properties:
group: script
outputs:
- name: result
config: |
#!/bin/bash -v
yum -y install mariadb mariadb-server httpd wordpress
touch /var/log/mariadb/mariadb.log
chown mysql.mysql /var/log/mariadb/mariadb.log
systemctl start mariadb.service
```

（2）OS::Heat::SoftwareDeployment 指定了在哪台服务器上做哪项配置，也 SofwareDeployment 也指定了以何种信号传输类型来和 Heat 进行通信。样例模板如下：

```
sw_deployment:
type: OS::Heat::SoftwareDeployment
properties:
config:{ get_resource: install_db_sofwareconfig}
server:{ get_resource: server}
signal_transport: HEAT_SIGNAL
```

任务实施

一、使用栈完成编排

视频

使用模板创建虚拟机

任务实施目标：

以 myuser 用户身份创建栈，通过编排服务创建一个虚机：网络属于 RD_net，使用 chen-test 镜像，chen.nano 为 flavor，密钥对为 chenkey。

（一）准备编排所需资源

对于创建实例的栈，需要准备镜像、实例类型和秘钥等资源，因为前期项目任务中已创建过实例，因此相关资源都存在。

使用以下命令查看：

```
.myuser-openrc
openstack image list
```

```
[root@controller ~]# openstack image list
+--------------------------------------+--------------+--------+
| ID                                   | Name         | Status |
+--------------------------------------+--------------+--------+
| 65ec38fe-95c7-405e-911c-343067d6199a | RD_snapshot1 | active |
| b6356d77-9cea-4353-97b0-029d083721fb | chen-test    | active |
| 88ccf511-0a56-4078-bf64-53daa5554dc0 | cirros       | active |
+--------------------------------------+--------------+--------+
```

```
openstack flavor list
```

```
[root@controller ~]# openstack flavor list
+----+-----------+-----+------+-----------+-------+-----------+
| ID | Name      | RAM | Disk | Ephemeral | VCPUs | Is Public |
+----+-----------+-----+------+-----------+-------+-----------+
| 0  | chen.nano | 512 | 2    |         0 |     1 | True      |
+----+-----------+-----+------+-----------+-------+-----------+
```

```
openstack keypair list
```

```
+---------+-------------------------------------------------+
| Name    | Fingerprint                                     |
+---------+-------------------------------------------------+
| chenkey | 21:70:20:79:9d:6c:2c:47:6b:69:b1:6a:1d:68:54:b2 |
+---------+-------------------------------------------------+
```

（二）创建模板

本例创建一个用于创建虚拟机实例的简单模板，保存/root 下模板文件 my_template.yaml 中，只需要提供一个输入参数：网络 ID；资源定义：镜像、实例类型、秘钥对。

具体如下：

```
heat_template_version: 2018-08-31
description: Launch a simple instance with existing resources, "chen-test"
image, "chen.nano" flavor, "chenkey" key-pair, and "RD_net" network.
parameters:
  NetID:
    type: string
    description: Network ID to use for the instance.
resources:
  server:
    type: OS::Nova::Server
    properties:
      image: chen-test
      flavor: chen.nano
```

```
      key_name: chenkey
      networks:
      - network:{get_param: NetID}
outputs:
  instance_name:
    description: Name of the instance.
    value:{get_attr: [ server, name ]}
  instance_ip:
    description: IP address of the instance.
    value:{get_attr: [ server, first_address ]}
```

（三）创建栈

基于上述模板文件创建栈，查看网络 ID。

```
[root@controller ~]# openstack network list
+--------------------------------------+--------+--------------------------------------+
| ID                                   | Name   | Subnets                              |
+--------------------------------------+--------+--------------------------------------+
| a5bf8362-ff2c-415c-bf5a-fc8d3bf911b0 | SL_net | 0c7a9fa7-48fc-45f3-b87f-4dc25cfa30a3 |
| b126a449-5fcf-4376-8d58-e324fdb2b071 | public | 61fc8358-87bd-46c7-95a3-923b2c1d9ce5 |
| c9a537fd-fd86-4065-a7b0-517eb0cab372 | RD_net | 7f52777c-63b1-438a-bc2d-233cb03c1d24 |
+--------------------------------------+--------+--------------------------------------+
```

（1）设置环境变量 NET_ID：

export NET_ID=c9a537fd-fd86-4065-a7b0-517eb0cab372

export NET_ID=$（openstack network list | awk '/ RD_net/ { print $2 }'）

（2）使用模板创建名为 my_stack 的栈，用于创建 RD_net 网络的实例：

openstack stack create -t my_template.yaml --parameter "NetID=$NET_ID" my_stack

```
[root@controller ~]# openstack stack create -t my_template.yaml --parameter "NetID=$NET_ID" my_stack
+---------------------+------------------------------------------------------------------------------------------------------------+
| Field               | Value                                                                                                      |
+---------------------+------------------------------------------------------------------------------------------------------------+
| id                  | 771b2e16-0ac5-4749-a9c2-b8155ae2034e                                                                       |
| stack_name          | my_stack                                                                                                   |
| description         | Launch a simple instance with existing resources, "chen-test" image, "chen.nano" flavor, "chenkey" key-pair, and "RD_net" network. |
| creation_time       | 2020-07-09T12:38:33Z                                                                                       |
| updated_time        | None                                                                                                       |
| stack_status        | CREATE_IN_PROGRESS                                                                                         |
| stack_status_reason | Stack CREATE started                                                                                       |
+---------------------+------------------------------------------------------------------------------------------------------------+
```

（3）查看栈列表：

openstack stack list

```
[root@controller ~]# openstack stack list
+--------------------------------------+------------+--------------------+----------------------+--------------+
| ID                                   | Stack Name | Stack Status       | Creation Time        | Updated Time |
+--------------------------------------+------------+--------------------+----------------------+--------------+
| 771b2e16-0ac5-4749-a9c2-b8155ae2034e | my_stack   | CREATE_IN_PROGRESS | 2020-07-09T12:38:33Z | None         |
+--------------------------------------+------------+--------------------+----------------------+--------------+
```

（4）显示虚拟机实例名称和 IP 地址：

openstack stack output show --all my_stack

```
[root@controller ~]# openstack stack output show --all my_stack
+---------------+-------------------------------------------------+
| Field         | Value                                           |
+---------------+-------------------------------------------------+
| instance_name | {                                               |
|               |   "output_value": "my_stack-server-yrme4qq3sa25", |
|               |   "output_key": "instance_name",               |
|               |   "description": "Name of the instance."       |
|               | }                                               |
| instance_ip   | {                                               |
|               |   "output_value": "172.16.1.6",                |
|               |   "output_key": "instance_ip",                 |
|               |   "description": "IP address of the instance." |
|               | }                                               |
+---------------+-------------------------------------------------+
```

结果显示：成功创建了名为 my_stack-server-yrme4qq3sa25 的实例，IP 地址为 172.16.1.6。

```
[root@controller ~]# openstack server list
+--------------------------------------+-------------------------------+---------+----------------------------------+-----------+-----------+
| ID                                   | Name                          | Status  | Networks                         | Image     | Flavor    |
+--------------------------------------+-------------------------------+---------+----------------------------------+-----------+-----------+
| 0dc4a8ba-b3aa-43c2-bed0-8f1c4f87b42f | my_stack-server-yrme4qq3sa25  | ACTIVE  | RD_net=172.16.1.6                | chen-test | chen.nano |
| c0aaa951-d155-4b83-a9c8-a35e78ce6b68 | SL-instance                   | SHUTOFF | SL_net=172.16.2.4                | chen-test | chen.nano |
| 04fd296f-2934-4573-9dc4-8aac225f22bd | RD-instance                   | SHUTOFF | RD_net=172.16.1.7, 203.0.113.17  | chen-test | chen.nano |
+--------------------------------------+-------------------------------+---------+----------------------------------+-----------+-----------+
```

二、创建模板定制编排

任务实施目标：

利用模板，编排网络、存储等基础设施，编排启动脚本等。

（一）编排基础设施

1. 管理虚拟机实例

对于实例，Heat 提供资源类型 OS::Nova::Server，主要属性包括 key_name、image、flavor、network。

对于安全组，Hear 提供资源类型 OS::Neutron::SecurityGroup，如果需要将安全组关联至某一实例，需要定义资源类型 OS::Neutron::Port 的 Security_groups 属性，关联至端口，再将端口关联至实例。

本例创建一个允许 tcp 80 端口传入的安全组（WEB_secgroup），并将其连接到一个实例（new_instance）端口（instance_port）。模板如下：

```
resources:
  WEB_secgroup:
    type: OS::Neutron::SecurityGroup
    properties:
      rules:
        - protocol: tcp
          remote_ip_prefix: 0.0.0.0/0
          port_range_min: 80
          port_range_max: 80
  instance_port:
    type: OS::Neutron::Port
    properties:
      network: private
      security_groups:
        - default
        - { get_resource: WEB_secgroup }
      fixed_ips:
        - subnet_id: private-subnet
  new_instance:
    type: OS::Nova::Server
    properties:
      flavor: m1.small
      image: ubuntu-trusty-x86_64
      networks:
        - port: { get_resource: instance_port }
```

2. 管理网络

对于网络，首先使用资源 OS::Neutron::Net 创建网络，再使用资源 OS::Neutron::Subnet 创建子网。

本例创建网络（new_net）和子网（new_subnet），IP 地址为 172.16.2.0。模板如下：

```
resources:
  new_net:
    type: OS::Neutron::Net
  new_subnet:
    type: OS::Neutron::Subnet
    properties:
      network_id: {get_resource: new_net}
      cidr: "172.16.2.0/24"
      dns_nameservers: [ "8.8.8.8", "8.8.4.4" ]
      ip_version: 4
```

3. 管理卷存储

对于卷存储，使用资源 OS::Cinder::Volume 创建存储，在使用资源 OS::Cinder::VolumeAttachment 连接卷至实例。

本例将 new_volume 连接至 new_instance。模板如下：

```
resources:
  new_volume:
    type: OS::Cinder::Volume
    properties:
      size: 1
  new_instance:
    type: OS::Nova::Server
    properties:
      flavor: m1.small
      image: ubuntu-trusty-x86_64
  volume_attachment:
    type: OS::Cinder::VolumeAttachment
    properties:
      volume_id:{get_resource: new_volume}
      instance_uuid: {get_resource: new_instance}
```

（二）编排软件配置

1. 用户数据（user-data）启动脚本和 cloud-init

使用 user_data 属性定义实例启动时执行的脚本，输出 Testing boot script：

```
resources:
  the_server:
    type: OS::Nova::Server
    properties:
      # image 等其他属性
      user_data: |
        #!/bin/bash
        echo "Testing boot script"
        # ...
```

资源 OS::Heat::SoftwareConfig 用于存储由脚本提供的配置：

```
resources:
  boot_script:
    type: OS::Heat::SoftwareConfig
    properties:
      group: ungrouped
      config: |
        #!/bin/bash
        echo "Running boot script"
        # ...
  server_with_boot_script:
    type: OS::Nova::Server
    properties:
      # flavor, image etc
      user_data_format: SOFTWARE_CONFIG
      user_data: {get_resource: boot_script}
```

2. 软件部署资源

OS::Heat::SoftwareDeployment 资源可在一个实例的生命周期内添加或删除任意数量的软件配置。

OS::Heat::SoftwareConfig 资源用于存储软件配置，而 OS::Heat::SoftwareDeployment 将一个配置资源关联到实例。OS::Heat::SoftwareConfig 的 group 属性指定要使用配置内容的工具。

相关模板，读者可以参考官网文档。

三、工程化操作

任务实施目标：

基于脚本方式配置系统。

基于终端软件使用 SSH 方式登录 CentOS 主机，执行以下代码：

```
#3.1
.myuser-openrc
openstack image list
openstack flavor list
openstack keypair list

echo '
heat_template_version: 2018-08-31
description: Launch a simple instance with existing resources, "chen-test"
image, "chen.nano" flavor, "chenkey" key-pair, and "RD_net" network.
parameters:
  NetID:
    type: string
    description: Network ID to use for the instance.
resources:
  server:
    type: OS::Nova::Server
    properties:
      image: chen-test
      flavor: chen.nano
```

```
      key_name: chenkey
      networks:
      - network: {get_param: NetID}
outputs:
  instance_name:
    description: Name of the instance.
    value: {get_attr: [ server, name ]}
  instance_ip:
    description: IP address of the instance.
    value: {get_attr: [ server, first_address ]}
' > /root/my_template.yaml
openstack network list
export NET_ID=c9a537fd-fd86-4065-a7b0-517eb0cab372
#注意 c9a537fd-fd86-4065-a7b0-517eb0cab372 对应 openstack network list 中实际
#网络 ID)
export NET_ID=$(openstack network list | awk '/ RD_net/ { print $2 }')
openstack stack create -t my_template.yaml --parameter "NetID=$NET_ID"
my_stack
```

任务验收

查看基于 heat 方式创建的主机实例和软件配置，验收命令：

- openstack orchestration service list。

- ps aux | grep heat。

- ps −A | grep heat。

- netstat −ltunp | grep 8000。

- netstat −ltunp | grep 8004。

参 考 文 献

[1] 钟小平. OpenStack 云计算实战[M]. 北京：人民邮电出版社，2020.

[2] 杰克逊. OpenStack 云计算实战手册：第 3 版[M]. 宋秉金，黄凯，杜玉杰，等译. 北京：人民邮电出版社，2019.

[3] 肖睿. OpenStack 云平台部署与高可用实战[M]. 北京：人民邮电出版社，2019.

[4] 华为技术有限公司. 鲲鹏云平台解决方案部署指南：OpenStack Stein 虚拟机&裸金属服务混合部署指南（CentOS 7.6）[R]. 2020.